氧化剂微纳米化
技术及应用

刘 杰 李凤生 著

国防工业出版社
·北京·

内 容 简 介

氧化剂微纳米化技术是支撑固体推进剂与混合炸药及火工烟火药剂等火炸药产品性能提升的关键技术，是武器装备实现精确打击、高效毁伤的重要保障。本书分别针对基于结晶构筑原理、基于机械粉碎原理和基于气流粉碎原理的氧化剂微纳米化技术及应用进行了系统论述，并对新近研究出的新型粉碎与分级力场的气流粉碎技术（如多级引射耦合加速气流粉碎技术），以及气流粉碎过程相关自动化技术及应用进行了详细阐述。围绕氧化剂高品质微纳米化制备及其高性能应用，对相关技术的研究与发展方向进行了凝练和预示。

本书既有基础理论，又囊括相应的技术及设备，可作为火炸药领域专业人员和科技管理人员，以及微纳米材料专业人员的参考书；也可作为"兵器科学与技术""材料科学与工程""安全科学与工程"等学科本科生与研究生教学以及专业技能人才培养的教材或参考书。

图书在版编目(CIP)数据

氧化剂微纳米化技术及应用/刘杰,李凤生著. —
北京:国防工业出版社,2022.12
ISBN 978-7-118-12812-3

Ⅰ.①氧… Ⅱ.①刘… ②李… Ⅲ.①氧化剂-纳米
技术 Ⅳ.①TQ421.3

中国版本图书馆 CIP 数据核字(2022)第 257029 号

※

国防工业出版社出版发行
(北京市海淀区紫竹院南路 23 号 邮政编码 100048)
北京虎彩文化传播有限公司印刷
新华书店经售
*
开本 710×1000 1/16 插页 3 印张 17¾ 字数 330 千字
2022 年 12 月第 1 版第 1 次印刷 印数 1—1000 册 定价 88.00 元

(本书如有印装错误,我社负责调换)

国防书店：(010)88540777 书店传真：(010)88540776
发行业务：(010)88540717 发行传真：(010)88540762

前　　言

氧化剂是固体推进剂与混合炸药及火工烟火药剂等火炸药产品的重要组分，是武器装备实现远程打击、高效毁伤的重要保障。氧化剂微纳米化后，其应用效果将获得显著提升。例如，可使固体推进剂的燃速大幅度提高、力学性能增强，也可使混合炸药的爆炸性能显著改善，还可使火工烟火药剂的起爆灵敏度大幅度提高。

微纳米化技术是提供相应的输入能量以确保氧化剂粒度达到微纳米级别并调控产品质量的关键保障，也是氧化剂微纳米化过程及时输出多余的能量以保证制备过程安全的关键。微纳米化技术若设计和应用得当，将大大提高氧化剂微纳米化制备效率和产品质量，进而使微纳米氧化剂在实际应用中获得超常效果。然而，至今尚缺乏系统阐述关于火炸药产品中氧化剂微纳米化技术及应用方面的著作。这严重制约了微纳米氧化剂的快速顺利发展，对国防军工领域关于火炸药方面的读者，以及教学、科研、生产人员系统掌握这方面的基础知识、提高理论和技术水平及职业技能极为不利。同时，也不利于相关单位合理利用氧化剂微纳米化技术，制约了微纳米氧化剂的高效推广应用。

本书作者在查阅了国内外相关研究领域的文献资料基础上，结合所在研究团队近30年的科学技术创新、装备研究、成果转化与应用，以及与国内外学者的交流等所积累的理论和技术知识，撰写了此书。分别针对基于结晶构筑原理、基于机械粉碎原理和基于气流粉碎原理的氧化剂微纳米化技术及应用进行了系统阐述，并对新近研究出的新型粉碎与分级力场的气流粉碎技术（如多级引射耦合加速气流粉碎技术）及相关自动化技术与应用进行了详细阐述。氧化剂微纳米化技术所涉及的知识面广，并且国内外公开报道的相关资料甚少，因此撰写此书十分困难。加之作者水平有限，书中疏漏和不妥之处在所难免。欢迎读者批评指正，由衷希望本书能达到抛砖引玉的目的。

本书由刘杰副教授执笔，李凤生教授负责统稿。本书主要内容是基于李凤生教授所领导的团队多年的研究工作总结、归纳与提升，同时参考了国内外许多同仁在这方面的论文与著作。在写作过程中，得到了南京理工大学国家特种超细粉体工程技术研究中心的各位老师和学生，以及相关院所和企业的工程技术人员的大力支持与帮助；还得到了中华人民共和国科学技术部、国家国防科工局、中央军委科学技术委员会、中央军委装备发展部、国家自然科学基金委，以及中国兵器工业集团公司、中国航天科技集团公司、中国航天科工集团公司、江苏省科技厅、中国北方化学工业集团公司等单位，在氧化剂微纳米化制备技术及应用研究方面给予的立项资助支持。在此一并表示衷心的感谢！

作　者
2022 年 6 月于南京

目　　录

第1章 绪 论

1.1 氧化剂及其在火炸药中的作用

1.1.1 氧化剂及其微纳米化概述

高氯酸铵（NH_4ClO_4，简称 AP）、高氯酸钾（$KClO_4$）、高氯酸钠（$NaClO_4$）、高氯酸锂（$LiClO_4$）、硝酸钾（KNO_3）、硝酸铵（NH_4NO_3）、氯酸钾（$KClO_3$）等固体强氧化剂，是固体推进剂与混合炸药及火工烟火药剂等火炸药产品的重要组分。氧化剂在火炸药燃爆过程中为燃烧或爆炸化学反应提供氧（得到电子），其得电子能力越强，氧化性越强，引发燃烧或爆炸反应的潜在能力也越强。研究表明，这些氧化剂的粒度与粒度分布及形貌，对武器装备实现效能充分发挥进而达到远程打击、高效毁伤的目标至关重要。对这些氧化剂进行微纳米化处理后，由于表面效应和小尺寸效应，将使火炸药产品（如高燃速固体推进剂、燃料-空气炸药（也称云爆药剂）、温压炸药）的燃烧或爆炸化学反应的灵敏性与完全性及效率和速率获得显著提升，并产生力学增强效应。为此，国内外投入大量的人力和物力开展氧化剂微纳米化技术及应用研究。

然而，这些氧化剂自身也具有燃烧或爆炸特性，并且往往是粒度越小、感度也越高，发生燃烧或爆炸的安全风险越大、破坏性也越强，进而导致微纳米氧化剂制备和应用的难度也急剧增大。例如，对于高氯酸铵、硝酸钾、硝酸铵等氧化剂，当它们受到撞击、摩擦、热等作用时，容易分解并产生大量气体和热量，因此有引起燃烧或爆炸的风险[1]。尤其是当它们的粒度越小、所受到的外界刺激作用越强烈，越容易引发燃烧或者爆炸事故。这是因为，这些氧化剂在受到刺激引发自身热分解时，若所放出的热量足以维持引发后续热分解并继续放热，则在一定条件下即可引起燃烧或者爆炸事故。

当硝酸钾受热时，可分解为亚硝酸钾和原子氧，若遇易燃品或还原剂时则容易发生燃烧或爆炸，并且还可以促使硝酸钾进一步分解，扩大其危险性。若原子氧不进行其他反应，则立即自行结合为氧气分子。硝酸钾的分解方程式为

$$2KNO_3 \stackrel{\triangle}{=\!=\!=} 2KNO_2 + O_2 \tag{1-1}$$

当含有铵盐的氧化剂（如高氯酸铵、硝酸铵）在受到剧烈的光、热、摩擦、撞击等作用时，氧化剂自身将可能发生爆炸，从而释放出较强的能量。氧化剂的粒度越小，其发生爆炸的敏感性越高，并且爆炸反应越完全，进而释放的能量也越大。

例如，硝酸铵在一定条件下发生剧烈反应，化学方程式为

$$2NH_4NO_3 \stackrel{\triangle}{=\!=\!=} 2N_2 + O_2 + 4H_2O \tag{1-2}$$

又如，高氯酸铵在一定条件下发生剧烈反应的化学方程式为

$$2NH_4ClO_4 \stackrel{\triangle}{=\!=\!=} N_2 + Cl_2 + 2O_2 + 4H_2O \tag{1-3}$$

为此，氧化剂的微纳米化技术与普通材料（如二氧化钛（TiO_2）、三氧化二铝（Al_2O_3）、碳酸钙（$CaCO_3$））的微纳米化技术相比，要求更高，既要保证氧化剂被微纳米化，又要确保微纳米化制备过程安全可靠。因此，微纳米化过程能量输入与能量输出的设计和控制难度更大。关于这方面的系统论述国内外尚未见报道。微纳米化技术是提供相应的输入能量并及时输出体系内多余的能量，使能量的输入与输出达到平衡并有效控制，进而确保氧化剂安全、高效、高品质微纳米化制备的基础保障。本书将针对氧化剂的微纳米化制备技术及其相关应用进行系统阐述。为了便于表述，如无特别说明，本书所述的"微纳米氧化剂"特指粒度小于 10μm 的微米级、亚微米级、纳米级氧化剂，重点是高氯酸铵、高氯酸钾、高氯酸钠、硝酸铵、硝酸钾、氯酸钾等感度较高的固体强氧化剂。

1.1.2　氧化剂及其在火炸药中的应用

黑火药作为现代火炸药的始祖，是我国的古代四大发明之一，由氧化剂和燃烧剂按一定比例均匀混合后制得。早在 1200 多年前的唐代，我国即有了黑火药配方的记载：硝石（硝酸钾）、硫黄和木炭组成的一种混合物。在 10 世纪初（五代末或北宋初），即出现黑火药配方记载 100 年后，黑火药开始步入军事应用，使武器由冷兵器逐渐转变为热兵器。宋朝军队曾大量使用以黑火药为推进动力或爆炸物组分的武器，如霹雳炮、火枪、铁火炮、火箭等，以击退金兵。13 世纪前期，我国黑火药开始经印度传入阿拉伯国家，再逐渐传入欧洲，并获得进一步快速发展，一直使用到 19 世纪中叶，延续近千年之久[1]。黑火药对军事技术、人类文明和社会进步所产生的深远影响，一直为世所公认并被载诸史册，"一硫、二硝、三木炭"的古老方子也在世界上广为流传。即便在现代，黑火药由于具有易于点燃、燃速可控等特点，目前在军民领域仍有许多难于替代的用途。作为我国古代四大发明之一，黑火药的发明，开启了

氧化剂在火炸药中的应用大门。黑火药作为推进动力源与爆炸能量源，是氧化剂在固体推进剂与混合炸药等火炸药产品中应用的第一个里程碑。

我国的黑火药传入欧洲后，获得了快速的应用发展，不仅用在火箭、枪炮方面，还被用于工程爆破领域。例如，1548—1572 年黑火药被用于疏通尼曼河河床；1672 年黑火药首次用于煤矿爆破，黑火药在采矿工业中的应用标志着中世纪的结束和工业革命的开始。然而，由于黑火药燃烧或爆炸后生成硫酸钾、碳酸钾等大量的固体产物，烟尘较大，很不利于先进火箭技术的发展，并且由于黑火药对静电火花、摩擦、撞击等刺激作用非常敏感，在制造和使用过程中的安全风险较大，从而限制了其进一步在新型推进或爆炸功能领域的应用。

18 世纪末期，以氯酸钾作为氧化剂的工业炸药，获得逐步发展。例如，1788 年法国化学家贝托莱（Berthollet）就尝试利用氯酸钾代替黑火药中的硝酸钾来制成含氯酸钾的炸药，但在试制中多次发生爆炸，极不安全进而未能推广使用。1818 年，贝托莱也曾尝试采用氯酸钾与糖类混合制成"白火药"，同样也由于特别敏感而无法实际运用。进入 19 世纪中叶以后，随着欧美国家对炸药的需求量日益增大，氧化剂的制备及应用获得了迅猛发展，这也大大促进了新型混合炸药的出现。1871 年，曾出现了以 79% 的氯酸钾和 21% 的硝基苯所组成的氯酸盐炸药，并用于纽约港湾的建筑工程，然而该炸药也因机械感度高而导致意外爆炸事故频繁发生，未能获得进一步推广使用。此后，由于发现蓖麻油可使氯酸钾钝感，还可使炸药略具塑性，这又使氯酸盐炸药获得发展。例如，法国在第一次世界大战中所使用的"瑟狄特"（Cheddite）炸药配方为氯酸钾 80%、硝基苯 12%、蓖麻油 8%。

19 世纪下半叶，以高氯酸钾为氧化剂的炸药也获得了发展和应用。1865 年，英国的尼赛尔（Nisser）采用高氯酸钾代替氯酸钾，经过研究发现所制造的炸药的安全性获得明显改善。德国曾使用过的高氯酸盐炸药配方为高氯酸钾 35%、硝酸钠 31%、二硝基甲苯 25%、硝化甘油 6%、木粉 3%。然而，由于当时高氯酸钾的价格比较昂贵限制了其发展，仅在日本获得较多应用。此外，以氧化剂硝酸铵为主要成分的炸药体系，由于安全性较高、爆炸性能好而开始逐步取代黑火药，用于军事和工程爆破领域。

20 世纪 30 年代以来，含有氧化剂（如高氯酸铵、硝酸铵、高氯酸钾）的新型固体推进剂与混合炸药等火炸药产品开始出现，由于安全性较高、能量性能高、使用稳定性好等优点，获得了快速迅猛的发展[2]。在固体推进剂方面，美国于 1942 年首先研制成功了第一个复合推进剂——高氯酸钾-沥青复合推进剂，为发展更高能量的固体推进剂开拓了新的领域。1947 年，美国制得了另一个现代复合推进剂——聚硫橡胶推进剂，这使火箭性能有了较大的提高，此后复合推进剂得到了迅速发展，并相继研制成功了聚氨酯、聚丁二烯丙烯酸、聚丁二烯丙烯酸丙烯腈、端羧基与端羟基聚丁二烯等多种复合推进剂。这些推进剂的性能不断提升和改善，使其在大、中型火箭及导弹中获得了广泛的应用[3]。20世纪70—80年代，美国、法国、俄罗斯等国成功研制出了交联改性双基推进剂及硝酸酯增塑聚醚（NEPE）推进剂，又进一步提高了固体推进剂的应用性能，使其在战略战术导弹中获得实际应用。我国也于20世纪80年代成功研制出了NEPE推进剂，其能量水平、燃烧性能、安全性能、力学性能等均已达到国际先进水平。高氯酸铵作为主要的氧化剂，伴随着固体推进剂技术的进步而发展。

在混合炸药方面，从20世纪50年代中期开始，以硝酸铵为主要成分的铵油炸药、乳化炸药等逐步被发明并获得推广应用，在矿山爆破和工程爆破中展现出良好的实用效果。20世纪70年代初期，美国在越南战争中使用了全新的、威力巨大的燃料-空气炸药，这种炸药含有高氯酸铵等氧化剂，展现出惊人的杀伤力。在海湾战争和伊拉克战争中，美国又展示了基于高氯酸铵的温压炸药，具有巨大的杀伤力和破坏力。之后，以高氯酸铵、铝粉、单质炸药（单质含能材料）等为主要成分的压装型混合炸药，获得了快速发展和长足进步。

进入21世纪以来，以高氯酸铵、硝酸铵、氯酸钾、硝酸钾等为代表的固体氧化剂，在固体推进剂、军用混合炸药及工业炸药中表现出越来越出色的应用效果，进而对国防军工领域和国民经济建设领域发挥着更加显著的推动作用[2]。例如，以高氯酸铵为氧化剂的复合固体推进剂，已成为各种大型火箭及导弹的重要动力源；以高氯酸铵为氧化剂的燃料-空气炸药、温压炸药等，已成为高性能杀伤战斗部的主要装药；以硝酸钾为氧化剂的点火药，在引信、火工品、汽车安全气囊等军用及民用产品中发挥着重要作用；以氯酸钾为氧化剂的特种弹药，在反恐、维稳、军事对抗等方面发挥着重要作用；以硝酸铵为氧化剂的工业炸药，在高精度、高灵敏度、高起爆可靠性结构装药方面发挥着至关重要的作用，不仅对矿山与工程领域定向爆破具有重要的意义，还对特殊环境作业具有关键性作用，如深海油气开采爆破作业、地壳深处油气开采爆破作业、雪崩控制等。总体来说，以高氯酸铵等氧化剂为主要组分的固体推进剂与混合炸药等火炸药产品，在运载火箭、战略战术导弹武器、救生用弹射座椅等方面获得广泛应用，发挥着难以替代的作用。

随着军事发展与社会进步，高氯酸铵、硝酸铵、氯酸钾、硝酸钾等氧化剂也将伴随着相关军用或民用产品的发展而不断获得新的用途，尤其是在固体推进剂与混合炸药等火炸药产品应用方面，将继续扮演着重要的角色。随着武器装备发展的需求牵引，火炸药产品的相关性能将随之改变，作为核心材料的氧化剂，其粒度、形貌、表面特性等特征指标，也会发展变化并不断完善。

1.1.3 氧化剂在火炸药产品中的作用

固体推进剂通常由氧化剂（如 AP）、燃烧剂（如 Al 粉）、单质炸药（如 RDX、HMX、CL-20）、黏结剂（如硝化纤维素（NC）、端羟基聚丁二烯（HTPB）、聚环氧乙烷（PEO）、环氧乙烷-四氢呋喃共聚醚）及功能助剂（如增塑剂、固化剂、催化剂）等组成。混合炸药如含铝压装型混合炸药也通常由氧化剂（如 AP）、燃烧剂（如 Al 粉）、单质炸药（如 RDX、HMX）、黏结剂（如氟橡胶、顺丁橡胶）及功能添加剂（如钝感剂）等组成。在固体推进剂与混合炸药等火炸药产品中，氧化剂、燃烧剂、单质炸药等组分会按照一定的计量比设计，使配方体系达到所需的氧平衡要求，进而有利于充分释放推进剂与混合炸药等产品的能量，并满足不同的应用目标需求。

固体推进剂燃烧或混合炸药爆炸，其本质是氧化剂、燃烧剂等组分发生快速的氧化-还原反应，放出大量的热，产生高温、高压气体做功，在混合炸药爆炸过程中还会伴随有冲击波等效应[3]。氧化剂作为提供氧的关键性物质，在固体推进剂与混合炸药中的含量较大，通常需具备以下特点：①有效氧含量尽可能高，且在反应时容易放出氧；②在释氧反应的同时，能放出大量的热和气体产物，不生成或少生成固体产物；③物理、化学安定性好，受环境影响小；④与其他成分混合后机械感度要小，以提高使用安全性；⑤来源广泛、价格低廉，储存、运输方便，熔点较高（如推进剂尽可能不低于120℃，混合炸药尽可能不低于80℃）。

氧化剂对推进剂的燃烧及混合炸药的爆炸化学反应，具有至关重要的影响。氧化剂的化学组成、含氧量、密度、熔点、分解温度、生成热、吸湿性、气体生成量等物理与化学性质，直接影响推进剂与混合炸药的配方设计，并对推进剂与混合炸药的燃烧/爆炸性能、力学性能、弹道性能、工艺成型性及储存稳定性能等产生重要影响[4]。氧化剂在应用时，其与推进剂与混合炸药中其他组分的相容性，以及其自身的储存安全性，通常是首先需要考虑的问题。

总体来说，氧化剂作为固体推进剂与混合炸药等火炸药产品的主要成分，如固体推进剂中氧化剂含量可达 60%~80%，部分混合炸药中氧化剂含量更是达到90%以上，其含量和性能在很大程度上直接决定了应用产品的能量性能、安全性能及综合性能[4]。目前，氧化剂正在火炸药产品中发挥着难以替代的作用，是武器装备性能的充分发挥及进一步提升的重要支撑。

1.2　氧化剂微纳米化研究的目的及意义

自 20 世纪 70 年代以来，随着火箭及导弹技术的发展，要求固体推进剂有较高的燃速和能量释放效率、可控的能量释放规律、良好的环境适应性及良好的物理性能。为了提高固体推进剂与混合炸药等火炸药产品的性能，一方面可设计采用新型的单质炸药、氧化剂、燃烧剂或黏合剂等材料，这就需要设计构建（合成）新型的物质；另一方面也可对已有的单质炸药、氧化剂、燃烧剂等的物化性能加以优化，如对粒度与形貌及表面特性进行优化，使它们在燃烧或爆炸化学反应中能量释放更加充分、与基体材料的结合更强，进而提高火炸药产品的实测能量水平与力学性能及综合性能。设计构建新的物质，往往研制周期较长，短则 1~2 年，长则 5~10 年甚至更长时间，加之工程化与产业化放大所需时间，使得一种新物质从研发到应用通常需 10 年甚至 20 年以上，这非常不利于武器装备对性能提升的迫切需求。并且所研发的新物质，往往还需要研究解决其与火炸药原有成分的相容性与适应性，以及与之相匹配的新的火炸药配方及工艺，这也进一步加大了新物质在武器装备中工程应用的难度。针对已有的氧化剂、燃烧剂、单质炸药等，开展粒度、粒度分布、形貌、表面特性等物理化学特性优化研究，避免了新物质研发应用所带来的周期长、配方体系相容性及工艺适用性差等问题，可直接将这些微纳米级别的组分应用于固体推进剂与混合炸药等火炸药产品中，提高这些组分之间的反应效率进而提升应用效果，以满足推进剂及混合炸药性能提升的迫切需求。这是一条能够快速转化成实际应用的切实可行的途径。

随着微纳米科学技术的发展，微纳米氧化剂及其应用后的火炸药产品也逐步发展起来，尤其是进入 21 世纪以来，发展势头更为迅猛。将氧化剂微纳米化后，再与微纳米级别的燃烧剂进行均匀分散，如在纳米级别混合均匀，则可形成亚稳态纳米复合含能材料，使体系的燃烧或爆炸效应大幅度提升。并且通过对氧化剂和燃烧剂的粒度进行调控，实现分散水平的调控，达到调节氧化剂/燃烧剂复合微单元性能的目的，这也是国内外研究的重要方向。例如，美国陆军武器装备研究发展与工程中心（Armament Research Development and Engineering Center，ARDEC）就将纳米氧化剂与纳米燃烧剂所构成的纳米复合含能材料，作为火炸药产品的新型能量组分，重点开展相关制备及应用方面的研究工作。这是因为，将氧化剂细化至微米级（粒度小于 10μm）、亚微米级（0.1~10μm）及纳米级（粒度小于 100nm）后，所制得的微纳米氧化剂的比表面积将显著增大，表面活性原子及基团增多。将其与微纳米燃烧剂进行充分均匀分散混合后，两者的接触面积大幅度增加，甚至可达到分子或原子级别接触，因此更有利于燃烧或爆炸化学反应。并且在燃烧或爆炸过程中，燃烧速度提高、爆速提高、能量释放更完全、爆炸威力增强。此外，还具有燃烧及爆轰传播更快更稳定、装药强度提高等特点。这对氧化剂在固体推进剂与混合炸药等火炸药产品中的高效应用十分有利，尤其是在高燃速固体推进剂、燃料-空气炸药及温压炸药中的应用效果将更加凸显。

通常，固体推进剂与混合炸药及火工烟火药剂等火炸药产品中氧化组分与燃烧组分（燃料）的结合方式分为两种：①氧化组分和燃烧组分的结合处于分子或原子水平，这种类型的结合方式主要存在于单质炸药中；②氧化剂和燃料的结合处于微米级、亚微米级或纳米级复合状态，这也是当前氧化剂在火炸药产品中应用时所处的实际状态。单质炸药虽然存在氧化组合和燃烧组分结合紧密（处于原子或分子级别），氧化还原反应程度高的优势，但也存在受化学结构限制所引起的氧化组分/燃烧组分比例难以达到理想状态的不足，进而使其能量密度也受到限制。由氧化剂和燃烧剂在微纳米级别复合所形成的复合含能材料，也已在火炸药产品中获得广泛应用，并且由于其能量密度高而受到青睐。然而，由于氧化剂和燃烧剂的结合状态致使其能量释放效率受到限制，虽然通过设计能够使氧化剂与燃烧剂的比例达到理想值，但在实际应用时往往难以充分释放能量，这就需要开展对氧化剂与燃烧剂提升燃烧/爆炸过程能量释放效率的研究。

通过对氧化剂的粒度进行微纳米化，使其与燃烧剂结合更加紧密、充分，提高氧化剂与燃烧剂的接触面积，进而提高能量释放速率、效率及完全性。这是行之有效的途径，避免了采用表面包覆、表面改性等技术手段所引起的体系相容性及能量降低问题，因而氧化剂的微纳米化研究也受到越来越多的关注。若构建形成氧化剂/燃烧剂纳米杂化材料，使氧化剂与燃烧剂在纳米尺度充分均匀、紧密接触，或进一步趋近于分子水平复合，这将显著提高氧化还原反应的速率、效果及完全性，使燃爆性能大幅度提高，进而可获得超常的应用效果。这比研发新的单质炸药省时、省力，更加高效、快速、便捷。

将微纳米氧化剂应用于固体推进剂、混合炸药及火工烟火药剂等产品中，可使这些产品的性能获得改善和提升，进而使武器装备的综合性能得以提高。随着微纳米科学技术的发展和武器装备性能提升的需求牵引，微纳米氧化剂逐渐进入科研工作者的视野并于近 30 年取得巨大进展。大量研究表明：氧化剂经微纳米化处理并应用后，不仅能够改善固体推进剂与混合炸药的力学性能、燃爆性能和环境适应性等，还不影响配方体系的相容性，具有得天独厚的应用优势。国内外的研究还表明，火工烟火药剂中的氧化剂经微纳米化处理后，其性能也可大幅度提高。

例如，当氧化剂 AP 应用于固体推进剂中时，其粒度越大，比表面积越小，越不利于其自身热分解和推进剂凝聚相的放热反应；AP 粒度增大会导致推进剂在燃烧表面放热量减少，使传给新生表面的热量随之减少，进而导致固体推进剂的燃速降低，甚至会导致燃烧中断。为了提高固体推进剂的燃速，需要使 AP 微纳米化，使其粒度尽量小。当粒度为 $100\sim200\mu m$ 的 AP 应用于固体推进剂时，推进剂的燃速仅为 $10\sim20mm/s$，而当粒度小于 $3\mu m$ 的 AP 应用后，在相同条件下的燃速可达 $60\sim80mm/s$，提高了 $5\sim10$ 倍。并且，降低 AP 的粒度还可使推进剂的燃速温度敏感系数降低，有利于克服燃烧不稳定性、提高弹道再现性水平及固体推进剂的力学性能。

又如，新近研究的燃料-空气炸药及温压炸药也表明，采用微纳米 AP 等固体氧化剂后，制成的燃料-空气炸药及温压炸药的发火灵敏度大大提高，引燃引爆的效果、可靠性及燃烧与爆炸强度等都大大提高，而且战斗部的结构装置还可以简化。此外，当火工烟火药剂中的氧化剂经微纳米化处理后，所制成的火工烟火药剂具有发火快、灵敏度提高等优点，并且烟火剂的成烟、焰效果好，烟雾细浓，维持时间长，外观颜色好。

微纳米氧化剂作为普通粗颗粒氧化剂的补充和拓展，对氧化剂的体系完善、应用推广及性能提高与优化具有重要的科学技术意义，并对军民领域火炸药产品的性能提升与优化及更新换代产生显著的影响。微纳米化技术是实现氧化剂安全、高效、高品质微纳米化制备的关键保障，自然也受到越来越多的关注和重视。

1.3　氧化剂微纳米化制备的方法与技术途径

对氧化剂进行微纳米化制备，可通过两大类技术途径实现：其一，从小到大法，也称自下而上法（或称 Bottom-Up 方法），该过程首先将氧化剂变成分子状态，如溶液中的氧化剂分子、气相中的氧化剂分子；然后通过控制结晶工艺条件，使溶液中的溶剂分子或气相中的溶剂分子过饱和析出，构筑得到微纳米级氧化剂颗粒，即结晶构筑法。其二，从大到小法，也称自上而下法（或称 Top-Down 方法），该过程通过对化学合成的粗颗粒氧化剂施加特定的粉碎力场，使颗粒破碎而实现尺度微纳米化，即粉碎法。结晶构筑法包括气相结晶构筑法和液相结晶构筑法，其中液相结晶构筑法又可进一步分为液相合成结晶构筑法和液相重结晶构筑法。粉碎法包括干法粉碎法（如气流粉碎、干式机械粉碎）和湿法粉碎法（如湿式高速旋转机械粉碎、湿式机械研磨等）。本书第 2~5 章将对液相结晶构筑法、机械粉碎法、气流粉碎法等微纳米氧化剂的制备方法所涉及的相关理论，以及相关技术与设备及其在氧化剂微纳米化制备方面的应用进展进行阐述。

当前，能够实现氧化剂大批量微纳米化制备的主要技术途径有 5 种：基于液氮或氟利昂冷冻降温的低温球磨粉碎法、基于惰性气体的气流粉碎法、基于机械研磨的湿态粉碎法、以压缩空气为工质的流化床式气流粉碎法、以压缩空气为工质的扁平式气流粉碎法。另外，虽然目前基于重结晶原理的微纳米化构筑法尚不能实现微纳米氧化剂大批量工业化制备，但其制备的微纳米氧化剂及复合粒子，具有产物粒度调控范围广、球形度高、与燃烧催化剂复合均匀等优点。为此，本章将对这 6 种制备方法的基本原理与过程进行逐一简介。

1.3.1　基于重结晶原理的微纳米化构筑法

基于重结晶原理的微纳米化构筑法，对氧化剂进行微纳米化处理时，首先需将氧化剂颗粒变为分子状态，如将氧化剂溶解到某种溶剂或复合溶剂中形成溶液。然后通过控制溶液体系的过饱和度，采用冷却降温、蒸发浓缩、将分子状态的氧化剂引入非溶剂等手段，使氧化剂分子重结晶析出，并进一步调控重结晶工艺参数，如冷却速度、搅拌速度、重结晶温度、表面活性剂用量等，从而获得微纳米氧化剂颗粒。该方法在液相中进行，对结晶工艺条件进行控制可实现微米级、亚微米级及纳米级氧化剂的制备，并且通过对温度等严格控制，能够保证制备过程安全。然而，该方法存在工艺比较复杂、重复稳定性较难控制和溶剂所引起的环保，以及成本较高、得率较低等问题。目前，尚未见到能够实现大批量稳定制备方面的研究报道，这也限制了其实际工业化的大规模应用。

1.3.2　基于液氮或氟利昂冷冻降温的低温球磨粉碎法

基于液氮或氟利昂冷冻降温的低温球磨粉碎法，首先将氧化剂（如 AP）粗颗粒原料在低温下冷冻脆化，然后将冷冻后的 AP 颗粒引入低温球磨粉碎机中，在粉碎机的高频振动、高速撞击、高速剪切等作用下，实现将 AP 微纳米化制备。这种粉碎方法一方面粉碎过程温度低，另一方面由于颗粒表面附着惰性包覆层起到了缓冲外界刺激的作用，进而避免了粉碎过程过热或局部粉碎作用过度所引起的安全问题，基本能够保证粉碎过程安全。另外，粉碎时新生细颗粒的表面容易立即被氟利昂等物质成膜包覆，有效防止了新生细颗粒的团聚，因而可制得分散性良好的微细粉体。该方法能够实现较小粒度（小于 $5\mu m$）AP 微粉的制备，但其成本高、粉碎效率较低，并且粉碎时氟利昂等制冷剂处于连续挥发状态，会对环境造成污染。此外，这种设备工作时噪声大、系统自动化程度较低、设备清洗难度较大，进而使得操作人员的人工劳动强度增大，生产成本较高，因而工业化大规模生产较难采用。

1.3.3 基于惰性气体的气流粉碎法

基于惰性气体的气流粉碎法，是以压缩后的氮气（N_2）或氩气（Ar）等惰性气体为粉碎介质，在高速惰性气体的作用下，使氧化剂受到强烈撞击、摩擦、冲刷等粉碎力场，实现氧化剂微纳米化粉碎制备。这种方法在制备微纳米 AP 时，虽然能够通过设计工艺流程并配套相关工艺设备实现惰性气体循环利用，但其成本仍然较高。更重要的是，惰性气体与微细氧化剂颗粒无法彻底分离，气固分离及除尘处理后惰性气体中仍然携带有微细氧化剂颗粒，当这种携带微细氧化剂颗粒的惰性气体通过压缩机再循环压缩使用时，惰性气体中携带的微细氧化剂易与压缩机气缸中的润滑油脂发生强烈摩擦而导致燃烧或爆炸。因此，该方法不适用于 AP 工业化大规模微纳米化生产。此外，这种方法本质上还是气流粉碎法，普通以压缩空气为工质的气流粉碎技术及设备不能实现产品粒度及产能等目标，这种方法也不能实现。

1.3.4 基于机械研磨的湿态粉碎法

基于机械研磨的湿态粉碎法，是采用高效机械研磨粉碎机，如微力高效精确施加机械研磨粉碎设备，对氧化剂浆料施加强烈撞击、剪切、挤压、碾磨等粉碎力场，使氧化剂颗粒逐步细化。通过对粉碎力场、粉碎时间、物料浓度、分散剂及分散介质等进行调控，可实现亚微米级或纳米级氧化剂的制备，如可以使氧化剂的粒度控制在 300nm 以下。并且通过采用放大型机械研磨粉碎设备，还可实现氧化剂大批量湿法微纳米化制备。然而，这种制备方法所获得的微纳米氧化剂浆料，还需进一步进行干燥处理变成干粉后，才能满足固体推进剂、混合炸药及火工烟火药剂等火炸药产品的使用要求。

采用普通的烘干方式对微纳米氧化剂浆料进行干燥后，样品结块严重，需搓筛分散处理。这种处理方式不仅由于微纳米氧化剂感度高，过筛安全风险极大，还存在微纳米氧化剂过筛处理效率很低、人工劳动强度很大等问题，难以实现大规模推广应用。此外，过筛获得的微纳米氧化剂样品，其分散性仍然不理想、存在较多团聚体，这又进一步导致普通干燥方式无法对微纳米氧化剂进行大批量、高效干燥。另外，这种微纳米氧化剂浆料的分散介质往往是有机溶剂，当微细氧化剂颗粒与有机溶剂混在一起进行升温干燥时，安全风险较大。

雾化干燥能够获得分散性良好的微纳米氧化剂粉体。但是，由于氧化剂溶于水，在机械研磨时其分散介质需采用有机溶剂。当采用雾化干燥方式对分散在有机溶剂中的氧化剂浆料进行干燥时，安全风险极大，难以大规模推广应用。真空冷冻干燥是另一种能够获得分散良好的微纳米氧化剂粉体的干燥方式，并且干燥过程安全、可靠。然而，真空冷冻干燥过程周期长，难以满足微纳米氧化剂大批量干燥需求，因而也难以实现微纳米氧化剂的工业化干燥应用。

机械研磨的湿态粉碎法需"湿法粉碎"和"高效干燥"两步工序才能完成，对微纳米氧化剂进行高效防团聚干燥的能力及效率较低，制约了这种方法在当前大批量需求的微纳米氧化剂制备方面的实际工程化应用。更重要的是，由于氧化剂易溶于水，必须采用有机溶剂作为分散介质，微纳米氧化剂长期与有机溶剂混合在一起，大批量粉碎与干燥时的安全风险很大。然而，这种方法在制备由氧化剂与催化剂等构成的微纳米复合粒子时，还是可行的。

1.3.5　以压缩空气为工质的流化床式气流粉碎法

以压缩空气为工质的流化床式气流粉碎法，是将粗颗粒氧化剂（如 AP）原料引入两股或多股压缩空气高速气流的高速对撞粉碎区，通过粉碎区内所形成的强烈撞击、摩擦、冲刷等粉碎力场，将 AP 粗颗粒初步粉碎细化；初步细化后的 AP 微粉，在引风机作用下，随气流一起运动至分级叶轮，对 AP 微粉进行分级，较小粒度的 AP 穿过分级叶轮进入后端收集装置中；较大粒度的 AP 颗粒在高速旋转的分级叶轮所产生的离心力作用下被抛向粉碎室内壁，然后沿内壁向下运动再回落至高速气流所形成的对撞粉碎区、经进一步细化粉碎后再被引风机引入分级叶轮进行分级，如此反复，实现将 AP 粗颗粒微纳米化粉碎制备。当 AP 微粉通过分级叶轮后，经过一级或多级旋风分离器收集，未被收集的 AP 微粉通过后续除尘装置（如布袋除尘器）进一步收集。

这种类型的粉碎设备往往难以实现较小粒度（小于 $5\mu m$）AP 微粉的制备，因为要实现更小粒度 AP 微粉制备，必须依靠更高压力、更快流速的压缩空气产生更强的粉碎力场。并且因为分级叶轮转速有限，很难进一步提高转速，这样所产生的离心分级力场受限，分级精度很难进一步提高，使得当前现有分级叶轮对氧化剂的极限分级粒度为 $5\sim10\mu m$，这就使得 AP 颗粒在尚未被粉碎至 $5\mu m$ 以下就已经穿过分级叶轮排出粉碎室而被后续收集系统收集。当其用于较小粒度的微纳米 AP 等氧化剂生产时，虽然产品中也可能含有一部分较小粒度的氧化剂颗粒，但产品的粒度分布范围宽，而且颗粒形状也不规则，难以满足固体推进剂与混合炸药等火炸药产品的使用需求。

分级叶轮长期高速旋转，不仅其自身磨蚀严重，影响产品纯度，还会由于高速旋转的轴承对进入轴承缝隙内的微纳米 AP 产生强烈的机械摩擦，引起 AP 颗粒与轴承内的润滑油脂发生燃烧甚至爆炸反应，存在较大的安全风险。此外，这种粉碎设备占地面积大、更换产品品种时清洗难度大，并且在高压引风机作用下微细 AP 颗粒难以在旋风分离器内实现气固分离，进而附着在除尘器的滤袋上而导致除尘器堵塞，使得粉碎效率降低。这就使得操作人员人工劳动强度增大，且反复拆卸设备也会导致由微纳米 AP 颗粒所引起的人员健康危害和安全风险威胁。

因此，以压缩空气为工质的流化床式气流粉碎能够实现平均粒度在 5μm 以上 AP 等氧化剂的大批量、稳定生产，所制备的相关产品也已经在固体推进剂中获得工业化应用。然而，对于平均粒度小于 5μm 的 AP 等氧化剂产品来说，采用流化床气流粉碎设备已经难以实现安全、大批量、高品质粉碎制备。

1.3.6　以压缩空气为工质的扁平式气流粉碎法

以压缩空气为工质的扁平式气流粉碎法，是采用压缩空气高速气流所产生的强烈冲击、摩擦、剪切、磨削等粉碎力场，对氧化剂进行粉碎细化；同时在高速旋转的气流场所形成的离心力与向心力场的综合作用下，实现粗细颗粒自动分级；粗颗粒被甩向粉碎室（腔）周边，沿粉碎室周边内壁高速旋转，经冲击、摩擦、剪切、磨削等作用被继续粉碎；细颗粒向粉碎室中心运动至排气口排出，从而达到粗细颗粒自动分级的目的，随后进一步进行气固分离而被收集；携带少量固体颗粒的尾气经除尘装置净化后排空。这种粉碎方法基于自行分级原理，避免了流化床式气流粉碎机靠分级叶轮高速旋转进行粗细颗粒分级所带来的安全风险以及分级粒度受限的难题。通过合理设计（如优化粉碎腔体结构进而提高粉碎与分级力场），这种自行分级方式能够使物料颗粒获得更高的旋转离心力场，不仅能够分离出更细的氧化剂产品颗粒，而且分级精度获得进一步提高，从而使得微纳米 AP 等产品的粒度更小（可达 5μm 以下，一般能达 1~3μm），粒度分布更窄。此外，由于微细颗粒在粉碎室内受到磨削力场作用，能够消去微细颗粒的表面棱角，因而使得产品颗粒的形状比较规则。若进一步优化粉碎机结构和粉碎流场与力场，还能够制备类球形微纳米 AP 产品或平均粒度小于 1μm 的 AP 产品。

以压缩空气为工质的扁平式气流粉碎法避免了流化床式气流粉碎机由于分级叶轮所引起的安全风险，以及分级叶轮的分级精度和分级极限所带来的产品粒度较大的问题，能够制备出平均粒度 $0.5\sim5\mu m$ 的 AP 等氧化剂产品，但对于平均粒度小于 $3\mu m$ 的 AP，传统扁平式气流粉碎设备及传统改进型扁平式气流粉碎设备较难实现大批量生产。研究表明，若研制设计出新型气流粉碎设备（如本书第 5 章所述），产生更强的粉碎力场和分级力场，便能够实现粒度小于 $3\mu m$ 的 AP 等氧化剂的大批量生产制备，从而满足高燃速固体推进剂与燃料-空气炸药及温压炸药等火炸药产品的使用需求。

总体来说，不同的氧化剂微纳米化方法由于其制备过程的安全性、产品粒度与粒度分布、产品质量稳定性，以及产能、环保问题等，而具有不同的适用环境。例如，基于重结晶原理的微纳米化构筑法和基于机械研磨的湿态粉碎法，均适用于对微纳米氧化剂及复合粒子开展原理性探索研究工作。以压缩空气为工质的流化床式气流粉碎法可用于平均粒度为 $5\sim10\mu m$ 的细 AP 等氧化剂的批量工业化生产，但需重视分级叶轮高速旋转可能引起的安全风险。以压缩空气为工质的扁平式气流粉碎法可用于平均粒度为 $0.5\sim10\mu m$ 的微纳米 AP 等氧化剂的大批量工业化生产，并可用于类球形微纳米氧化剂的生产。

1.4 氧化剂微纳米化制备过程的科学技术问题

对于平均粒度在同一级别的微纳米氧化剂样品而言，粒度分布越窄，颗粒球形度越高，应用时的工艺性能将越好，推进剂及混合炸药的燃烧或爆炸性能越稳定，并且感度也越低，其制备及后续应用过程中的安全性也越高。氧化剂的粒度、粒度分布与形貌，受制备技术及设备的影响很大，同时由于氧化剂自身的含能特性及危险性，使其微纳米化的难度比普通材料的微纳米化大得多。采用普通微纳米材料的制备技术，很难实现微纳米氧化剂安全、高效、高品质、大批量制备。因此，开展氧化剂的微纳米化制备技术及应用研究是极其重要的。因为在对氧化剂进行微纳米化处理时，必须首先解决以下四大科学技术问题。

1.4.1 安全问题

氧化剂属易燃易爆材料，并且粒度越小，感度越高。然而，对氧化剂进行微纳米化处理的过程，就是将其粒度减小至设计范围进而伴随氧化剂感度升高的过程。所制备的氧化剂粒度越小，其感度越高，制备与后续应用过程的安全风险也越大。例如，在粉碎过程中，通常氧化剂的粒度越小，所需的粉碎力场也越大，这就需要将更大的粉碎力场施加到更危险的物质上，因而安全风险进一步增大。

因此，对氧化剂进行微纳米化处理时，首先要解决的是安全问题。尤其是当制备粒度小于 $3\mu m$ 的 AP 等氧化剂时，不仅微纳米化技术及设备必须设计适当，而且微纳米化处理的工艺技术参数也必须控制在合适的范围内，这样才能确保微纳米化处理的力场（能量场）严格控制在微纳米氧化剂发生热分解，进而引发燃烧或爆炸的临界阈值以下，从而使氧化剂微纳米化处理过程安全可靠、可控。

1.4.2 粒度与粒度分布及形貌精确控制问题

在氧化剂微纳米化处理的过程中，通常会遇到平均粒度很小但粒度分布较宽的情况；或平均粒度达到了设计要求，但粒度分布尚未达到要求；抑或平均粒度与粒度分布均达到了设计要求，但颗粒球形度达不到目标要求等情况。无论是哪种情况，都会降低微纳米氧化剂的产品品质及后续使用性能，进而不利于固体推进剂与混合炸药及火工烟火药剂性能提升。然而，每种微纳米化处理技术都有其特点和局限性，往往都很难同时满足平均粒度适宜（或平均粒度小）、粒度分布窄、颗粒球形度高等要求。例如，采用流化床气流粉碎技术制备平均粒度 $8\sim13\mu m$ 的氧化剂时，当粉碎工艺参数和分级工艺参数设计合适时，产品的粒度分布窄；但是，产品颗粒的球形度却较低，这就会降低后续实际应用效果。又如，采用扁平式气流粉碎技术制备平均粒度为 $1\sim5\mu m$ 的氧化剂时，当粉碎工艺参数控制得当，能够获得粒度小、粒度分布窄且球形度较高的产品；但是，一旦粉碎过程加料速率等参数发生波动，将会对产品的粒度与粒度分布及形貌产生显著的影响。

因此，粒度与粒度分布及形貌的精确控制问题，是氧化剂微纳米化制备过程需要解决的另一大科学技术问题。国内外已开展了大量的研究，大都是围绕提升微纳米氧化剂产品的粒度、粒度分布、形貌等性能指标而展开的。例如，通过对气流粉碎过程的粉碎力场、分级力场加以优化设计，以提高产品的性能，始终都是研究的重点。

1.4.3 产能放大问题

针对高燃速推进剂急需的粒度小于 $3\mu m$ 的 AP 等氧化剂产品，使其制备产能安全、稳定放大，是氧化剂微纳米化制备过程需要重点解决的另一个科学技术问题。一方面，传统微纳米化技术及设备的产能，和其对应的粒度与粒度分布等指标都有一个最优控制区间，不能一味地通过对设备的几何尺寸进行简单的放大来达到产能放大的目的，因为这样基本上都会随着产能放大而引起产品粒度变大、粒度分布变宽、颗粒球形度降低等问题。另一方面，产能放大后，AP 等氧化剂的微纳米化处理过程的物料在制量增大，处理过程所需的辅助设施设备的运转频率也会增大，如阀门的开启、闭合将更加频繁，所形成的摩擦、挤压等不利机械刺激也会增多、增大，进而导致安全风险提高。这两方面因素都反过来制约了产能的进一步放大。

1.4.4　微纳米氧化剂的防吸湿与防团聚结块问题

微纳米 AP 等氧化剂吸湿性较强，并且粒度越小，吸湿性越强，越容易团聚结块，使得筛分、储存等后处理工序的难度大幅度提高，甚至由于吸湿、团聚结块而直接丧失微细颗粒的优异性能，进而无法使用。另外，微纳米 AP 等氧化剂吸湿并团聚结块后，往往都是结成硬块，需要采用很强的搓散力场才能勉强将结块物料分散开来。该过程不仅处理效率低、人工劳动强度大，作业环境粉尘飞扬、对人体危害大，而且由于强烈挤压、摩擦等作用所引起的安全风险很高。如何通过调控微纳米氧化剂颗粒的表面特性，如表面能与表面电荷及表面水分，以及环境温度与湿度等，实现对微纳米 AP 等氧化剂吸湿与团聚结块问题的有效控制，并进一步达到平衡及最优化，将是微纳米氧化剂，尤其是粒度小于 $3\mu m$ 的氧化剂需要解决的另一大科学技术问题。

只有解决了上述科学技术问题及难题后，才能使微纳米氧化剂的性能在现有基础上获得质的飞跃，进而在高能固体推进剂与燃料–空气炸药及温压炸药等火炸药产品中产生超常的应用效果。

1.5　微纳米氧化剂应用过程中存在的科学技术问题

如前所述，通过对 AP 等已获得成熟应用的氧化剂进行微纳米化处理，使其在火炸药产品中应用时与燃烧剂等组分的微观接触面积更大、更充分，从而有利于提高能量释放速率和释放效率，以及燃烧或爆炸化学反应的完全性，进而提升实际能量水平。这是因为，固体推进剂与混合炸药等火炸药产品是含有大量固体颗粒的复合材料体系，其燃烧或爆炸反应的动力学对各固体组分之间的传质传热速率依赖较大，这就使得体系的能量释放速率及效率，难以达到氧化组分与还原组分处于分子层级（或基团水平）混合样品（如单质炸药）的水平。氧化剂与燃烧剂微观接触越充分，接触面积越大、越均匀，其体系能量释放也将越接近理论水平。因此，对于微纳米氧化剂的应用需求是十分迫切的。

当微纳米氧化剂获得应用后,其自身的粒度、粒度分布、形貌等,都会对推进剂及混合炸药的配方优化设计与性能产生重要影响。尤其是对燃烧/爆炸性能、力学性能、工艺成型性等产生显著的影响。例如,若高氯酸铵的粒度小于 $3\mu m$,将其应用于固体推进剂中可使推进剂的燃速获得大幅度提高,通过适当级配还可使推进剂的力学性能获得显著改善。然而,微纳米 AP 由于比表面积大、表面能高,其在应用时也带来了推进剂工艺性能变差、体系的黏度增大、流动性变差等问题,使其难以与其他成分混合分散均匀,导致推进剂加工制造的难度大幅度提高。还会引起推进剂感度升高,导致加工制造过程安全风险升高。因此,为了使微纳米氧化剂获得高效大规模应用,必须首先解决其应用时存在的相关科学技术问题及难题。

1.5.1 安全问题

微纳米氧化剂的感度较高,粒度越小,感度越高。当微纳米氧化剂在火炸药产品中应用时,由于氧化剂自身感度高,当其与火炸药中其他成分(如燃烧剂)混合后,将导致火炸药在制备、运输及使用过程的安全风险更高。例如,对含有粒度小于 $3\mu m$ 的 AP 高燃速固体推进剂进行捏合分散时,安全风险很高,一旦工艺控制不当,将会发生燃爆事故。国内外曾发生多次由于微纳米 AP 的引入而引起高燃速推进剂捏合分散时的爆炸事故,即便在近 5 年,国内外相关单位依然有这种安全事故的发生。尤其是当微纳米氧化剂发生团聚结块后,所形成的块体在推进剂捏合机内容易与捏合桨叶产生干摩擦,从而很有可能导致安全事故的发生,这进一步增大了微纳米氧化剂应用过程的安全风险。

更为重要的是,微纳米氧化剂应用后,其与固体推进剂和混合炸药及火工烟火药剂中的可燃组分接触更加充分,更有利反应速率的提高,这又反过来使得火炸药体系的感度升高,致使在制备、运输、使用等过程的安全风险增大。例如,国内外在对含有微纳米 AP 的高燃速推进剂进行整形处理时,曾多次发生燃爆事故。

安全问题始终是微纳米 AP 等氧化剂在应用时需重视和解决的关键问题,这也是制约微纳米 AP 大规模实际应用的科学技术难题。为了实现微纳米氧化剂高效工业化应用,首要的就是解决安全问题。

1.5.2 高效分散的问题

微纳米氧化剂由于其表面积大、表面能高、表面活性大,在应用时若采用传统的分散混合技术,则很难达到充分分散的效果,进而不能充分发挥其优异特性，导致实际使用效果不佳。例如，随着微纳米 AP 的引入，推进剂药浆的流变性、流平性大大降低，成型效果及产品质量大幅度降低，很难表现出氧化剂微纳米化后的性能优势。

如何解决微纳米 AP 等氧化剂在固体推进剂与混合炸药及火工烟火药剂中应用时，微细颗粒在体系中的安全高效分散问题，是直接制约微纳米氧化剂能够实现高性能应用的一大关键问题及难题。这不仅需要合理的配方设计，更需要安全、高效的分散工艺技术。

1.5.3 其他问题

对于微纳米氧化剂来说，除由于粒度减小所带来的安全问题和分散难题外，普通粗颗粒氧化剂在固体推进剂与混合炸药等产品中应用时所存在的问题，微纳米氧化剂应用时也存在，甚至表现得更突出。例如，粗颗粒 AP 在固体推进剂中应用时，热分解燃烧后会产生氯化氢（HCl），在特定的湿度和温度条件下，HCl 气体会在空气中与水结合形成共沸液滴烟云（称为二次烟），使特征信号增强。二次烟具有散射和吸收等光学效应，对制导信号产生衰减和干扰，影响武器的制导精度，还会因烟雾高度可见而增加了导弹及发射平台的可探测性，导致武器系统的战场生存能力降低。另外，HCl 还会形成酸雾或酸雨，对环境造成巨大的威胁。微纳米 AP 在推进剂中应用后，依然存在这些问题，并且由于微纳米 AP 引入后，推进剂的燃烧速率增快、燃烧效率提高、燃烧释放 HCl 的速率也更快，这会引起推进剂的成烟速率加快、烟雾浓度增大，进而可能导致特征信号更集中、更强烈。

又如，普通粗颗粒高能氧化剂二硝酰胺铵（$NH_4N(NO_2)_2$，简称 ADN）在固体推进剂中应用时，存在感度高、与丁羟推进剂体系相容性较差等问题，而当微纳米 ADN 应用后，由于比表面积大而导致推进剂的成型工艺更差、感度也更高。再如，高氯酸钠极容易形成结晶水，影响推进剂的固化效果，若将高氯酸钠微纳米化处理，则其形成结晶水的能力更强、更快，所需时间更短，进而更容易引起推进剂难以固化的问题。

针对普通粗颗粒氧化剂在应用时可能存在的某些不足，研究避免由于氧化剂的粒度减小所引起的这些既有不足的进一步扩大，保证实际应用效果，这也是微纳米氧化剂在应用时必须重视与解决的问题。

上述这三大问题是微纳米氧化剂应用时亟待解决的难题，为了实现微纳米氧化剂在高燃速固体推进剂与燃料-空气炸药及温压炸药等火炸药产品中高效应用，发挥出超常应用效果，必须加以解决。

1.6　解决微纳米氧化剂制备与应用过程中安全问题的基本原理

特别需指出的是：一方面，氧化剂作为易燃易爆材料，当受到适当的激发能量刺激时就会发生燃烧或爆炸。然而，对氧化剂进行微纳米化处理时，往往必须在比较严格或苛刻的条件下进行，如采用粉碎技术对氧化剂粗颗粒原料进行微纳米化处理时，就必须施加强大的外力（外能）才能使颗粒破碎细化，这个处理过程所施加或产生的力场、温度场、静电等反过来又可能引发燃爆事故。因此，实现氧化剂安全、高效、大批量微纳米化制备的难度极大。

另一方面，微纳米氧化剂在高燃速固体推进剂与燃料-空气炸药及温压炸药等火炸药产品中应用时，不仅自身感度高容易受到刺激而引发燃烧或爆炸，而且当微纳米氧化剂与燃烧剂等成分接触后，感度会更高，更容易引发意外的燃烧或爆炸事故，氧化剂的粒度越小，这种危险性越高。然而，为了实现微纳米氧化剂高效应用，必须使微细氧化剂颗粒在火炸药体系中均匀分散混合，这就必须对含有微纳米氧化剂的火炸药施加很强的分散力场（能量），氧化剂颗粒越小，体系的黏度越高，所需的分散力场也越大，这就使得微纳米氧化剂在火炸药中应用时加工成型的安全风险也越高。因此，微纳米氧化剂在火炸药中安全、高效应用的难度也极大。

通常，对于氧化剂微纳米化制备过程或微纳米氧化剂在火炸药中应用时的分散混合过程，从产品质量角度出发，要求输入能（所施加的粉碎力场、分散混合力场等）的下限阈值尽可能高，这样才能使氧化剂高效细化以及在火炸药中充分均匀混合分散。而从安全角度出发，微纳米氧化剂及其应用时火炸药体系的燃爆特性，却又要求输入能的上限阈值尽可能低。这是一对十分突出的矛盾，是制约氧化剂安全、高效、高品质微纳米化制备技术进步，以及微纳米氧化剂安全、高效应用技术进步的关键瓶颈（图1-1）。

图1-1　微纳米氧化剂制备及应用过程中
相互制约的矛盾关系（见彩插）

对于普通材料（如 TiO_2、Al_2O_3、$CaCO_3$），在对它们进行微纳米化制备或将制备的微纳米粉体实施应用时，不必太多注意输入能与输出能（从微纳米化制备或应用体系中移出的能量）的控制问题，以及相应的能量平衡问题。若追求产品的粒度降低，则所施加的微纳米化制备力场大一些通常即可实现粉碎目标。若追求微纳米颗粒混合分散均匀，则所施加的分散力场大一些、时间长一些，通常也较容易达到良好的分散效果。在这些过程中，除了考虑能量利用率与经济成本，不必考虑安全问题。因此，普通材料微纳米化制备及应用设计时的可操作空间较大、较容易实现。然而，制备与应用过程，微纳米氧化剂与普通材料显著不同，设计难度极大，很难实现。

南京理工大学国家特种超细粉体工程技术研究中心李凤生教授带领团队，在微纳米易燃易爆材料高品质制备与高效应用方面，进行了大量翔实研究，提出要解决"安全"和"质量"这一突出矛盾及技术瓶颈，必须系统地研究易燃易爆氧化剂及其应用时的火炸药体系，在外能作用下发生燃烧或爆炸的分解历程。建立微纳米氧化剂以及含有微纳米氧化剂的火炸药在外界力场作用下吸收并积聚能量，进而引起体系温度升高引发热分解，并进一步产生由热分解自加速效应而引发燃烧或爆炸的延迟时间，与粉碎力场或混合分散力场、外界温度、压力等的关系模型。凝练出了实现氧化剂安全、高品质微纳米化制备，以及微纳米氧化剂在火炸药中高效分散应用的关键科学技术问题，即氧化剂在微纳米化制备或在火炸药中应用加工成型时，某一瞬间向被处理的微纳米氧化剂或含微纳米氧化剂的火炸药输入的能量与输出的能量之差，与该氧化剂体系将发生燃爆的瞬间临界能之间的平衡与控制问题。当瞬间输入能与输出能之差大于体系临界燃爆能，则氧化剂微纳米化制备过程或微纳米氧化剂应用过程将可能发生燃爆。只有当瞬间输入能与输出能之差小于燃爆临界能时，微纳米氧化剂的制备及应用过程才安全可靠。在微纳米氧化剂的制备及后续应用处理过程中，体系的瞬间能量输入与输出的关系，并使之达到安全阈值的能量平衡关系，如图 1-2 所示。

要实现微纳米氧化剂制备及应用过程安全可靠，必须首先寻找并确定微纳米氧化剂及其火炸药体系在动态加工过程中临界能（警戒能 E_*）或临界温度（T_*），并设计出在动态加工时能量的输入与输出方法及快速在线检测与控制能量平衡的方法。再进一步选择合适的能量输入与输出方式，控制瞬间输入能与输出能之差，始终小于燃爆临界能（小于安全阈值）。决定微纳米氧化剂制备及应用过程中瞬间输入能大小或强弱的关键因素是摩擦、撞击、挤压、碾磨、剪切等粉碎或混合分散力场的强弱，以及温度、压力、静电等。通过设计粉碎与混合分散力场类型和强度，实现智能化"柔性"施力，精准控制温度、压力，才能对微纳米氧化剂制备及应用过程的瞬间输入能加以精准有效的控制，并引入高效消除静电的措施，进而确保处理过程安全。

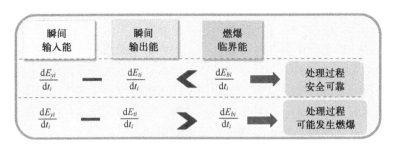

图 1-2　微纳米氧化剂制备及应用处理过程中
的能量平衡关系（见彩插）

在此基础上，还需进一步对微纳米化粉碎或混合分散装置进行特殊设计，使粉碎力场或混合分散力场均匀分布，才能使产品颗粒形貌规则、粒度分布窄、质量稳定，并使微纳米颗粒在火炸药体系中充分均匀混合分散且工艺可控。因此，要实现对微纳米氧化剂进行安全、高品质制备，以及安全、高效混合分散应用，最关键的技术途径在于所施力场的智能化及柔性化设计、温度与压力的精准控制、静电的高效消除，以及特殊粉碎装置内柔性力场的均匀、可控、定向施加。由此可见，微纳米氧化剂制备及后续应用的难度都比普通材料大得多，其制备或混合分散的原理与工艺技术及设备都必须进行系统研发和精准设计，以适应不同敏感度的氧化剂特性，在达到所需产品粒度及应用效果要求的条件下，确保处理过程安全、可靠、可控。

在上述解决微纳米氧化剂制备及应用过程安全与质量这对突出矛盾的基本原理基础上，为了解决微纳米氧化剂的制备及应用难题，可采用以下研究思路。

首先，设计出合理的微纳米氧化剂的粒度与粒度分布及球形度等质量指标以及相关制备工艺原理，同时要研究与之相适应的固体推进剂与混合炸药及火工烟火药剂配方，使微纳米氧化剂的高效制备及其优异性能的充分发挥，在理论层面能够得以实现。

其次，加强微纳米氧化剂的基本特性及应用基础研究，系统掌握微纳米氧化剂的"脾气""习性"，以及与其他组分的相互作用规律。

再次，加强氧化剂微纳米化制备过程，以及含有微纳米氧化剂的火炸药产品其混合分散过程的模拟仿真研究。进而直观形象地揭示出氧化剂微纳米化过程粒度、形貌等的演变规律，和微纳米氧化剂在应用时对火炸药体系流变性、流平性的影响规律，以及物料颗粒在混合分散力场作用下的迁移运动规律，为微纳米化制备及后续混合分散过程的工艺与设备设计提供理论依据。

最后，从理论上计算（或预估）微纳米氧化剂及其在与火炸药中其他成分分散混合时，发生燃烧或爆炸的临界力场（能量），要严格控制所提供的制备或分散混合力场（能量），使输入能与输出能处于良好的平衡。进一步设计智能化的柔性软性分散力场及与之相对应的安全、高效的制备技术，混合分散技术，以及实现这种所需力场的相关配套设备；使所施加的力场（能量）是智能化、柔性化的可控软性力场，既要能确保氧化剂高品质微纳米化制备，或微纳米氧化剂颗粒在火炸药体系中均匀分散与混合，又要不超过引起燃烧或爆炸的能量极限。进而确保微纳米氧化剂安全、高品质制备，并安全、高效分散于固体推进剂与混合炸药及火工烟火药剂中，以获得优异的应用效果。

总之，微纳米氧化剂，尤其是粒度小于 $3\mu m$ 的氧化剂的大批量制备，以及在火炸药中应用时，不要盲目地进行放大验证。同时，也要理性对待微纳米氧化剂的优异性能，并对其应用效果进行合理预估与设计，要坚决避免跟风蹭热度的现象，防止对制备及应用进行鲁莽放大的行为，也要杜绝"井绳"效应发生，避免畏缩不前。只有这样理性地对氧化剂微纳米化制备过程及后续应用过程进行科学评估与精准设计，才有望能够真正发挥微纳米氧化剂的优异性能，进而促进微纳米氧化剂安全、高品质制备及安全、高效应用。

1.7　氧化剂微纳米化研究范畴

氧化剂微纳米化后，由于表面效应、小尺寸效应等特性，使其在固体推进剂与混合炸药及火工烟火药剂中应用时，能够在高效分散的情况下与燃烧剂等组分的接触面积更大、更充分，进而表现出更高的能量释放速率和效率及反应完全性，如使燃烧/爆炸速度提高、实测能量增大，并且还会表现出提高力学性能等优势。微纳米氧化剂在带来性能提升的同时，也由于其自身表面效应，引起吸湿性增大、表面能升高、团聚倾向增大，导致实际应用时工艺性能变差、产品质量均匀性及稳定性变差，还会由于其自身感度升高所引起的推进剂及混合炸药感度提高，在制造及应用过程中安全风险增大。这又在一定程度上限制了微纳米氧化剂的应用。为了充分发挥微纳米氧化剂的性能优势，在实际使用过程中表现出理想的应用效果，进而更好地为国防军工领域服务，需开展系统的科学技术研究工作。针对微纳米氧化剂的研究，主要涉及氧化剂微纳米化原理与技术及设备等关于微纳米氧化剂制备方面的研究工作和微纳米氧化剂性能构效关系方面的研究工作，以及微纳米氧化剂高效应用及效果评估方面的研究工作。

1.7.1　氧化剂微纳米化制备原理与技术及设备研究

氧化剂如高氯酸铵、硝酸铵、氯酸钾等，作为高效提供氧的物质，不仅具有燃烧或爆炸等可能导致人员伤亡及财产损失的"暴戾"特性，还具有吸湿特性，其微纳米化过程需科学精心设计与关注。

在微纳米化产品质量方面，通常希望在达到设计平均粒度范围的条件下，粒度分布越窄越好，颗粒球形度越高越好，对于生产部门往往还希望产量越大越好。要实现这些目标，需采用特殊的装置及部件并对工艺过程加以严格，如在气流粉碎过程中要求进料速度尽可能均匀，甚至有的气流粉碎技术还设计有产品分级装置以实现产品粒度分布的控制。

然而，这些特殊的装置及部件，自身往往会产生高速旋转、振动等相对于机体器壁的运动，会产生较强的摩擦、挤压、撞击等刺激作用。也就是说，氧化剂不仅受到高速气流冲刷引起的复合力场作用，也可能会受到机械部件的强刺激作用，还会受到静电、热、火花、温度升高等刺激作用。这些都是引起氧化剂发生燃烧或爆炸等意外事故的潜在风险。随着设备产能的提升，设备粉碎室内部氧化剂受到的冲刷作用越强，氧化剂颗粒之间的相互摩擦作用就越强，机械部件的刺激作用也越强，导致潜在安全风险也随之增大。

不仅如此，氧化剂的粒度越小、比表面积越大，其吸湿性越强、表面能越高，颗粒之间团聚进而导致结块的倾向越明显。尤其是当微细氧化剂颗粒的形状不规则、粒度分布范围较大时，由吸湿团聚所带来的后处理难度越大，在应用时越难以使之均匀分散，从而丧失微纳米氧化剂的潜在优异特性。

因此，在对氧化剂进行微纳米化处理时，需统筹设计控制产品质量与产量，在充分认识氧化剂特性的基础上，辨识微纳米化制备过程的潜在安全风险，确保产品质量稳定且制备过程安全。我们必须时刻清醒地认识到，与普通材料相比，氧化剂微纳米化制备具有鲜明的特殊性。这表现在：既要保证氧化剂的微纳米化效果（如粒度小、粒度分布窄），又要保证微纳米化制备过程的安全。氧化剂产品粒度越小、产能越高，所需施加的力场（能量）越大，制备过程的安全风险也将越高，这是一对十分突出的矛盾。对于普通材料来说，若追求更小的粒度、更高的产能，往往只需要提高力场（能量）便能实现，无须考虑所施加的力场过大而引起的燃爆风险。因此，氧化剂微纳米化制备，尤其是粒度小于 3μm 的氧化剂产品大批量制备的难度极大。另外，还要充分认识氧化剂吸湿团聚的客观性质，合理控制氧化剂自身物理化学性质及环境因素，使得所制备的微纳米氧化剂能够充分发挥应用效能。这就需要对氧化剂微纳米化制备原理开展系统研究，进一步研制出适宜的微纳米化技术及设备，以提高微纳米氧化剂的性能可控度。这是氧化剂微纳米化研究所涉及的首要关键问题。

1.7.2　微纳米氧化剂性能构效关系研究

一方面，微纳米氧化剂的吸湿性、热分解特性、感度等物理化学性能，随其自身粒度与粒度分布及形貌的变化而变化，这不仅制约着氧化剂微纳米化制备过程，还直接从理论上决定了在固体推进剂与混合炸药及火工烟火药剂中的应用效果。若系统、全面地揭示这方面的构效关系，将为氧化剂的高质量制备及高效应用提供强有力的理论支撑。

另一方面，微纳米氧化剂实际应用时，需具备良好的储存稳定性能，以满足火炸药产品在研究及生产过程中，对同一批次微纳米氧化剂反复采样进行应用验证或大量投产使用的需求。例如，在科研试制过程中，当调控固体推进剂与混合炸药及火工烟火药剂的配方时，整个研制周期较长，通常需要半年到两年甚至更长时间。为了提高配方研制的准确性和重复性，需确保各个组分的质量稳定，对于微纳米氧化剂这一关键组分来说更是如此。针对这一要求，通常是一次性制备一定量的微纳米氧化剂，通过消除静电、去除水分以及筛分等处理后密封保存，以确保粒度、分散性等质量稳定以满足后续多次、长时间配方研制时的使用需求。这就迫切需要微纳米氧化剂具有良好的储存稳定性能，从而避免"即生产即用"的微纳米氧化剂制备模式，所带来的不同批次制备的微纳米氧化剂样品由于环境因素、人员操作等客观条件，导致产品粒度、粒度分布、分散性等质量指标不一致，从而使得配方研制受到影响。在微纳米氧化剂实际投产应用时，由于大型固体发动机装药量大、对微纳米氧化剂的需求量大，需进行多次微纳米化制备，且需多批次将微纳米氧化剂与推进剂其他组分进行捏合分散，才能满足同一个发动机的装药需求。在这种情况下，即便解决了不同批次所制备的微纳米氧化剂的质量稳定性问题，也同样还要求微纳米氧化剂具有良好的储存稳定性能，使先后制备、先后应用的微纳米氧化剂，保持粒度、粒度分布、分散性等指标一致，进而才能确保大装药量发动机的性能稳定。

因此，微纳米氧化剂的构效关系，也是需要重点关注的一个关键科学技术问题。只有在充分掌握微纳米氧化剂的吸湿性、感度、热分解特性，以及储存稳定性能等，随粒度与粒度分布及形貌的变化规律后，才能更好地为微纳米氧化剂的制备和应用服务，保障火炸药产品的科研生产能力及产品性能。

1.7.3　微纳米氧化剂高效应用及效果评估研究

微纳米氧化剂的研究，其根本宗旨在于提升应用于火炸药产品后的效果，尤其是燃烧/爆炸性能、力学性能、安全性能等。因此，微纳米氧化剂的高效应用及效果评估是需要系统研究的另一个关键问题，其直接决定了微纳米氧化剂的"生命力"。

微纳米氧化剂的比表面积大、表面能高，如何实现其在应用时安全、高效均匀分散，是制约应用效果的关键技术难题。尤其是随着火炸药的发展，要求氧化剂的粒度更小（如要求粒度 d_{50} 在 $1 \sim 3\mu m$，甚至小于 $1\mu m$），使得同等质量的氧化剂的比表面积大幅度提高，这就带来了均匀分散的难度和分散过程的安全风险大幅度提高的问题。这急需与之相匹配的微纳米氧化剂的新型分散理论与技术及设备，使混合分散过程的输入能与输出能得到智能化精确控制并及时达到能量平衡，实现微细氧化剂颗粒在火炸药中安全、高效均匀分散，进而达到理想应用效果的目的。此外，微纳米氧化剂在应用时的分散效果实时在线智能分析，也是急需研究解决的问题，以提高制备过程稳定性、产品质量一致性。只有全面地解决了微纳米氧化剂的高效应用难题，才能使微纳米氧化剂的优越性能获得充分发挥，并使微纳米氧化剂获得持续的发展进步，最终不断提升高燃速固体推进剂与燃料-空气炸药及温压炸药等火炸药产品的性能。

总之，氧化剂微纳米化研究，是涉及多学科交叉的理论、技术和设备，以及性能调控与推广应用等多方面的研究，也是从制备到应用的系统工程。与普通微纳米材料相比，微纳米氧化剂制备及应用的技术难度与复杂性及安全风险大得多，必须对其进行独特的系统研究与设计。本书将重点针对氧化剂微纳米化技术及应用，以及配套的工艺设备和自动化控制技术等开展系统阐述，以便促进微纳米氧化剂在未来火炸药产品性能不断提升的需求牵引下，朝着定制化、自动化及智能化等方向不断发展，使微纳米氧化剂更好地服务于国防军工事业。

参 考 文 献

［1］李凤生. 固体推进剂技术及纳米材料的应用［M］. 北京：国防工业出版社，2008.

［2］Venugopalan S. 神奇的含能材料［M］. 赵凤起，安亭，曲文刚，等译. 北京：国防工业出版社，2017.

［3］任慧，焦清介. 微纳米含能材料［M］. 北京：北京理工大学出版社，2015.

［4］RAI A, ZHOU L, PRAKASH A, et al. Understanding and Tuning the Reactivity of Nano-Energetic Materials［C］//In Multifunctional Energetic Materials, Thadhani, 2006, 896: 99-110.

第2章 基于结晶构筑原理的氧化剂微纳米化技术及应用

采用结晶构筑方法对氧化剂进行微纳米化处理，有两种途径：其一，直接在化学合成时通过控制晶核生成和晶体生长，实现氧化剂颗粒尺度微纳米化，即合成构筑法；其二，采用一定手段将化学合成的粗颗粒氧化剂变为分子状态，再通过控制分子重结晶析出的工艺参数，实现氧化剂颗粒尺度微纳米化，即重结晶构筑法。也就是说，基于结晶构筑原理的氧化剂微纳米化技术，可分为合成构筑技术和重结晶构筑技术[1-2]。这两种技术实现氧化剂微纳米化处理时，所需的原材料不同，其中合成构筑技术所需的原材料为氧化剂合成反应的各个组分，如高氯酸铵合成时可采用高氯酸（$HClO_4$）、高纯氨（NH_3）或氨水（$NH_3 \cdot H_2O$）等反应组分；重结晶构筑技术所需的原材料为同种氧化剂，如采用重结晶构筑技术制备微纳米高氯酸铵时，原材料通常是工业粗颗粒高氯酸铵。不论是采用合成构筑方法，还是采用重结晶构筑方法，在微纳米氧化剂的制备过程中，都涉及晶核生成和晶体生长两个关键动力学阶段。通过控制晶核生成速率和晶体生长速率，就能实现对微纳米氧化剂的粒度进行控制。若在微纳米氧化剂结晶构筑制备过程中，引入搅拌、超声、分散剂等辅助措施，还能够进一步对氧化剂的形貌进行控制，进而制备出球形或类球形微纳米氧化剂。

2.1 氧化剂结晶过程概述

氧化剂的结晶过程，本质上是生长基元（氧化剂分子）在化学势能（如浓度差）驱动下，由其他状态（通常是在溶液中呈分子或离子状态）向晶相转变的过程，包括输运过程和界面过程。输运过程是生长基元从体系中转移到结晶位点的过程；界面过程是生长基元在结晶位点附近从晶体表面进入晶格位置的过程，实质上也可看成在生长界面通过分子识别、氧化剂的分子键（通常是离子键）进行自组装的过程。氧化剂结晶时的界面过程在实验过程和自然界中具有普遍性。晶体界面上的分子识别具有类似于生物学中酶与底物、抗体和抗原的专一性，来源于生长基元和晶体生长界面"活性中心"的互补性。

在人工晶体的生长中也常利用分子识别进行改性，如利用溶剂的影响以控制成核等，以利于实施"晶体工程"[3]。

2.1.1　晶核生成过程

氧化剂溶液通过相变可以形成晶体，该过程先生成晶核，然后再围绕晶核不断长大。在晶核生成时，自发产生晶核的过程称为均匀成核；从外界某些不均匀处（如容器壁或外来杂质等）产生晶核的过程称为非均匀成核。

1. 均匀成核

均匀成核是指在理想溶液体系内各个区域具有相同的成核概率。实际上，某一瞬间由于热起伏，局部区域里的分子分布可能出现不均匀，一些分子可能聚集成团，形成胚芽；而在另一瞬间，这些胚芽也可能消失。根据热力学原理，当胚芽长到半径 r 大于晶核的临界尺寸 r_* 时，就可以稳定地继续长大，不会自行消失。因为 $r \geq r_*$ 时，胚芽的自由能变化就明显地降低、稳定性提高，并且胚芽越大其稳定性越高。这种稳定的胚芽称为晶核。相反，当胚芽半径 $r < r_*$ 时，胚芽就可能自行消失。

2. 非均匀成核

通常，单位表面能小的晶面所围成的晶核其生成概率较大，成核速率随结晶潜热增大而变快；改变工艺条件，如降低温度、增加过冷度或增加过饱和度也可提高成核速率。根据均匀成核理论计算，成核时所需的过冷度和过饱和度往往较大，如某些金属凝固的临界过冷度达 $100 \sim 110 \, ℃$。实际上，成核的过冷度和过饱和度并不需要那么大。这是因为，在通常的生长系统中总是存在不均匀的部位（如容器壁、外来的微粒等），有效降低了成核时的表面能垒，使晶核优先在这些不均匀部位生成。这就是非均匀成核现象，其在实际结晶过程中是常见的。例如，在过饱和的铝铵矾溶液中，投入一颗小的固体物，铝铵矾立即围绕此物结晶出来；在饱和比不大又不能均匀成核的云层中，撒入碘化银（AgI）细粒，就能形成雨滴。

2.1.2　晶体生长过程

1. 垂直生长和逐层生长

氧化剂的晶体生长是在晶核上不断添加新分子最终生成晶体颗粒的过程。在某一晶面上，同一材料的新粒子的添加和晶体生长不完全等同。例如，在原子级光滑表面上的吸附还不能当作生长，因为一旦新增原子达到一定浓度，吸附就会停止，这时吸附的分子的化学势开始和环境（氧化剂溶液）中同种分子的化学势相等。并且吸附在台阶内的化学势也和晶体中不同，这些吸附粒子离开时，表面上自由键的数目和相应的表面能发生变化。然而，在扭折处粒子的化学势可以等同于晶体的化学势，因而新粒子添加到扭折上意味着晶体生长。

结晶过程的热涨落保证台阶上有一定的（常常是很大的）扭折密度和原子级粗糙表面，在原子级光滑表面上也可能产生扭折，因为表面层内有一定量的空位，它们可以位于空位或新增原子团簇边界长度为几个原子间距的台阶上。但是表面层中的空位和空位簇会被填充，以致消失，使得新增原子团簇需要通过二维成核才能形成，这时需要克服能垒高度。也就是说，原子级粗糙表面和台阶上的生长只需要克服单个分子连接上去的能垒，而原子级光滑表面的生长还需要台阶形成的能垒。

从宏观角度看，在粗糙界面上的任意位点都可以添加新的原子或分子，所以在生长过程中，表面上任一点都沿着表面法线方向移动，这种生长称为垂直生长。相反，原子级光滑表面通过逐层的淀积，即台阶的切向运动而生长，从而称为切向生长或逐层生长[4]。

2. 完整晶面生长

晶体生长过程实质上是生长的质点从环境相中不断地通过界面而进入晶格的过程。为了解释晶核的生长过程，柯塞尔（Kossel）提出了完整晶面生长模型。该模型的出发点是考虑质点先坐落于一个行列，待排满后再生长相邻的另一行；如此重复排列，长满整个面网（晶面），再长第二层，依此规律，晶面不断向外推移，晶体不断长大。

3. 准理想晶面生长

完整晶面生长模型解释了具有晶核条件下质点布满整个晶面的过程。晶体要继续生长，就必须在完整的晶面上形成一个新的二维晶核作为台阶源，然后质点沿着这个台阶源布满整个晶面。这个二维晶核生成的难易就决定了生长速率的快慢。

形成一个新的二维晶核，要比在台阶上生长需要更大的能量。根据理论计算，在光滑界面上成核需要的过饱和度为 25%～50%。但实际上，在过饱和度不到 1% 的情况下也能长出晶体，而且生长出来的晶体质量与完整界面生长的晶体几乎没有区别。这个实验结果与 Kossel 模型不符。

弗朗克（Frank）等又进一步提出了准理想晶面生长模型，认为晶体中存在螺旋位错再形成的台阶。这个台阶相当于晶面上的三面角的位置，起着二维晶核的作用。在台阶处成核要比在完整晶面上成核容易，成核速率大。这个台阶自形成后不再消失。这样在晶体的整个生长过程中，就存在没有铺满一层再铺新一层的情况[5]。

2.2 合成构筑基础理论及技术

2.2.1 合成构筑过程基础理论与工艺概述

在采用合成构筑法对氧化剂进行微纳米化处理时，相关基础理论主要涉及氧化剂在化学合成时的分子结晶动力学及其控制。

1. 晶核生成和晶体生长的驱动力

晶核生成和晶体生长的驱动力是吉布斯自由能在相间的差值 ΔG。ΔG 的绝对值越大，相变速率就越快，即晶核生成和晶体生长的速率也就越快。在溶液-晶体两相平衡系统中，假设溶液的饱和浓度为 C_0，在等温等压条件下，将溶液的浓度由 C_0 增大至 C_1，则此时的溶液处于亚稳态，C_1 即为溶液的过饱和浓度。根据热力学知识，理想稀溶液溶质 i 的化学势为

$$\mu_i^1 = \mu_i^0(P,T) + RT\ln C \tag{2-1}$$

式中：μ_i^0 为纯溶质 i 的化学势；C 为溶液中溶质的浓度。根据相平衡条件，当溶液-晶体两相平衡时，溶质 i 在溶液中的化学势和晶体中的化学势 μ_i^s 相等，即

$$\mu_i^1 = \mu_i^s = \mu_i^0(P,T) + RT\ln C_0 \tag{2-2}$$

若设温度 T、压力 P 不变，系统中溶质 i 的浓度由 C_0 增大至 C_1，则此时的溶液为过饱和溶液，其有析出晶体的趋势。在过饱和溶液中溶质 i 的化学势为

$$\mu_i^1 = \mu_i^0(P,T) + RT\ln C_1 \tag{2-3}$$

当有浓度为 C_1 的过饱和溶液生成 1mol 晶体时，其系统的吉布斯自由能的降低值为

$$\Delta G = -RT\ln C_1/C_0 \tag{2-4}$$

因此，温度 T、C_1/C_0 比值决定了 ΔG 的绝对值，也就是说温度 T 和 C_1/C_0 的比值决定了晶核生成和晶体生长的速率。

2. 晶核生成和晶体生长速率

晶核生成速率是指单位时间内单位体积溶液中产生的晶核数；晶体生长速率是指单位时间内晶体某线性尺寸的增加量。晶核生成速率 $v_{核}$ 和晶体生长速率 $v_{长}$ 可用化学动力学公式表示，即

$$v_{核} = \frac{dN_c}{dt} = k_{核}\Delta C^p \tag{2-5}$$

$$v_长 = \frac{\mathrm{d}L}{\mathrm{d}t} = k_长 \Delta C^q \qquad (2\text{-}6)$$

式中：ΔC 为过饱和度，$\Delta C = (C_1 - C_0)/C_1$；$p$ 为晶核生成级数；q 为晶体生长级数；$k_核$、$k_长$ 分别表示晶核生成速率常数和晶体生长速率常数；N_C 为单位体积溶液中的晶核数；L 为晶体线性尺寸；t 为时间。则可得

$$v_核/v_长 = k_核/k_长 \Delta C^{p-q} \qquad (2\text{-}7)$$

一般来说，$p-q \geqslant 0$，即 ΔC 增大，$v_核$ 增加，有利于制备小颗粒；相反，ΔC 减小，$v_长$ 增大，倾向于制备大颗粒。

3. 生长速度对晶体的影响

通常，快速生长的晶体多发育成细长的柱状、针状和鳞片状的集合体，若晶体在近似平衡的条件下缓慢生长，一般情况下能获得比较完整的结晶多面体。并且，晶体快速生长时，母液中会形成较多结晶中心，所以生长出的晶体数目较多且个体较小。如果结晶进行得很缓慢，产生的晶核少，且有一定的时间允许晶核之间相互吞并，只有少数的晶核发育长大成晶体，所以生长出的晶体少且完整、个体比较大。此外，晶体生长速度较大时，常常将晶体中的其他物质包裹进晶体中，造成晶体的结构缺陷，使晶体的纯度和完整性变差，反之，则可能得到比较理想的晶体。

因此，采用合成构筑法对氧化剂进行微纳米化，关键在于对化学合成过程中溶液过饱和度 ΔC 和温度 T，以及反应的微观环境的精确控制，进而控制晶核生成和晶体生长的速率，实现氧化剂微纳米化制备。在实际制备时，通常需控制反应体系的组成，使体系尽量进行均相成核反应，并且反应温度需控制得当，使 $k_核 > k_长$（晶核的生成速率大于晶体的长大速率），才有利于小粒度晶体颗粒的形成。同时，还需控制反应物浓度和反应时间在合适范围内，以获得所需粒度的氧化剂颗粒。此外，还需控制化学反应"微区"的大小，或在结晶过程中引入强剪切乳化等措施，最终获得特定粒度级别的微纳米氧化剂。在进行强剪切乳化等处理时，还必须保证过程的安全。

2.2.2　合成构筑技术制备微纳米氧化剂

根据氧化剂在合成构筑过程中所采用的具体工艺途径不同，可将合成构筑技术分为复分解合成技术、电解合成技术、溶剂萃取合成技术、固体碱熔氧化合成技术和液相氧化合成技术等，这几类技术方法的具体原理及主要过程如下。

1. 复分解合成技术制备微纳米氧化剂

复分解合成技术是由两种化合物相互交换成分，生成另外两种化合物的技

术，其实质是发生复分解反应的两种化合物在反应体系中交换离子，结合成难电离的沉淀、气体或弱电解质，使反应体系中的离子浓度降低，化学反应向着离子浓度降低的方向进行。

法国欧比（Auby）公司于 1964 年开发了硝酸铵－氯化钾复分解循环法制备硝酸钾，也称 Auby 法。该法采用硝酸铵和氯化钾反应生成硝酸钾和副产物氯化铵，反应方程式为

$$NH_4NO_3+KCl \longrightarrow KNO_3+NH_4Cl \qquad (2-8)$$

反应后溶液由氯化钾、硝酸铵、硝酸钾、氯化铵 4 种物质组成。降低温度可使溶液中的硝酸钾大部分结晶析出，再选择适当的条件将母液蒸发、浓缩、冷却，又可使氯化铵结晶析出，从而达到分离硝酸钾和氯化铵的目的。该工艺所需生产规模小，工艺相对简单，所用设备较少，因而在我国的一些中小企业得到了普遍应用。但这种工艺的缺点是所生产的硝酸钾质量较差，副产物氯化铵中的钾含量难以控制，往往超过理论设计值，造成钾利用率降低。除了结晶动力学等方面的因素，生产过程中循环母液组成波动较大、原料和加水量配比不易掌握，进而难以稳定循环利用，也是制约生产的重要原因。

湖南省岳阳市化工蓄电池厂张罡等用硝酸铵与氯化钾采用复分解循环法生产硝酸钾[6]。硝酸铵与氯化钾转化制取硝酸钾的工艺流程为：将硝酸铵和氯化钾按一定比例投入反应釜中，控制溶液的浓度，在一定温度下进行转化反应，结晶析出经离心分离后得到硝酸钾。母液经浓缩、冷却结晶、分离后得到氯化铵。部分母液返回系统，用于溶解原料，其余部分送回结晶循环使用。对于原料混合液中的等离子，定期抽出母液进行处理，消除杂质，防止循环液过饱和。采用该法生产硝酸钾，粗晶经一次结晶、洗漆、离心分离后即可达到标准。

广西壮族自治区北海市合浦县闸口化工厂钟秀政采用复分解法生产氯酸钾，其工艺流程为将石灰乳化，在氯化塔中与氯气反应，然后按化学计量与氯化钾进行复分解，得到氯酸钾溶液，经浓缩结晶、重结晶精制、分离脱水、烘干、粉碎等过程即得氯酸钾成品[7]。氯化反应采取两级反应塔串联形式。该工序的主要反应为石灰乳吸收氯气的反应。这是一类伴随有化学反应发生的"化学吸收"，又是复杂的气液多相反应。

2. 电解合成技术制备微纳米氧化剂

电解作为电化学应用的一个重要分支，主要是通过外加电压将电能转化成化学能的过程。电解合成被广泛应用于制备各种具有特殊性能的新材料，包括微纳米材料、电极材料、多孔材料、功能材料等，电解过程会受到以下因素的影响。

1）电流密度

电流密度大小决定电解液的电解速率，电流密度越大，电解速率越快。同时电流密度越大，电解液产生的极化作用也就越强，超电势越大，导致电解电压越高。

2）电解电压

电解电压的大小直接影响电流效率和产物的纯度，是电解过程中的关键因素。电解液的理论分解电压可以通过计算获得，而超电压是电解电压的重要组成部分。

3）电解温度

电解温度对电解过程的影响较为复杂，通常情况下电解温度对理论分解电压影响较小，对电解质的电导影响较大。当电解温度升高，电解液中的电解质离子迁移速率加快，电导率下降，致使分解电压降低。

4）电解质溶液

电解质溶液需有良好的导电性能、适当的浓度以及较好的稳定性。电解质溶液浓度增大可以降低电解电压，但浓度过大时，由于电解液黏度增加，对溶液中离子的迁移不利，导致溶液的电导下降。

5）电极材料

电极材料应该具有良好的耐腐蚀性能，不与电解液发生反应且对产物无污染。此外，还应考虑超电位对电解的影响，当超电位对电解过程有利时，选择超电位高的电极（Pb、Hg、Zn）；反之，选择超电位低的电极（Pt、Ag、Cu）。

美国拉维诺（E. J. Lavino）公司的马祖切里（Mazzuchelli）和 Samonides 使用纯的金属锰作为阳极，通过电解碳酸钠和碳酸钾的碱性溶液生产高锰酸钾[8]。该过程包括向电解液供应罐补充由碳酸钠和碳酸钾组成的碱金属盐溶液。将上述溶液加热至 65~70℃，导入电解槽，电解氧化阳极体，在阳极液中形成高锰酸盐。将阳极液抽出进入冷却接收器，加入氢氧化钾浓溶液，在不稀释溶液的情况下，防止碳酸氢盐的累积，并发生置换反应形成高锰酸钾。降低冷却接收器中阳极液溶液的温度，使高锰酸钾晶体沉淀析出，然后离心去除晶体表面黏附的母液，过滤、干燥得到高锰酸钾晶体。

浙江省嘉兴市嘉应学院李勇等以锰酸钾为原料，采用离子膜电解槽制备高锰酸钾[9]。研究了锰酸钾浓度、电解电流、温度、时间和电解槽内填充材料对电解效果的影响，确定了膜电解法制备高锰酸钾的工艺条件。结果表明，恒定电流下电解，随着电解时间的延长，转化率增大，电流效率下降；在阶梯电流下电解，整个电解过程，电流效率维持在 70% 以上。在多于 5 倍电解槽容积的电解液、79.63g/L 锰酸钾、65~68℃、4 级阶梯电流条件下电解 120min，锰酸钾转化率为 78.73%，电流效率为 71.85%，电流效率较传统工艺大幅提高。在电场作用下，电极上发生以下反应：

阳极反应：

$$MnO_4^{2-} - e^- \longrightarrow MnO_4^- \tag{2-9}$$

$$4OH^- - 4e^- \longrightarrow 2H_2O + O_2 \tag{2-10}$$

阴极反应：

$$2H_2O + 2e^- \longrightarrow H_2 + 2OH^- \tag{2-11}$$

总反应：

$$2K_2MnO_4 + 2H_2O \longrightarrow 2KMnO_4 + 2KOH + H_2 \tag{2-12}$$

南昌大学卢芳仪和蒋柏泉通过电解 NaCl 和 KCl 的混合液制备氯酸钾，为了降低电解电耗，研究过程采用平行板电极结构[10]。工艺流程为 KCl（化学纯）和 NaCl（化学纯）的混合液由配料槽进入电解槽进行电解，电解槽间歇操作，操作温度 60~90℃。出料前温度控制在 90℃左右。出料液中 KClO_3 的浓度为 230~250g/L，将出料液冷至室温，KClO_3 晶体析出。抽真空过滤，然后洗涤、干燥得到成品 KClO_3。KCl 和 NaCl 混合液的电解过程中主要的电极反应及液相反应如下：

阳极反应：

$$2Cl^- \longrightarrow Cl_2 + 2e^- \tag{2-13}$$

阴极反应：

$$2H_2O + 2e^- \longrightarrow H_2 + 2OH^- \tag{2-14}$$

液相反应：

$$Cl_2 + H_2O \longrightarrow HClO + H^+ + Cl^- \tag{2-15}$$

$$HClO \Longleftrightarrow H^+ + ClO^- \tag{2-16}$$

$$2HClO + ClO^- \longrightarrow ClO_3^- + 2Cl^- + 2H^+ \tag{2-17}$$

经多次重复实验证明，电解 KCl 和 NaCl 的混合液制备 KClO_3 的新工艺是成功的，具有能耗低、设备少、操作人员少、成本低等优点。并且电解槽采用平行板电极结构，充分利用了电解气的气升作用，因此电极电流效率高，电耗低。

天津化工研究设计院精细所的孙洋洲和姚沛采用钛基体二氧化铅为阳极，不锈钢为阴极，电解氯酸钠合成高氯酸钠，并考察了电解温度、电解液初始氯酸钠浓度及氯化钠浓度对电流效率的影响[11]。结果表明，当氯酸钠的转化率在 99.0% 以上时，电流效率平均在 80.0% 以上。电解过程中，提高温度有利于槽电压的降低，并且能够提高电流效率，降低直流能耗，其最佳反应温度为

58~64℃。电解液中起始氯酸钠浓度高时，电流效率也高。随着氯酸钠浓度的降低，电流效率也降低。电解过程中主要的电极反应如下：

电解时，在阳极上，氯酸根失去电子，发生氧化反应：

$$ClO_3^- + 2H_2O - 2e^- \Longrightarrow ClO_4^- + 2H^+ \tag{2-18}$$

在阴极上，水电离的氢离子放电生成碱与氢气：

$$2H_2O + 2e^- \Longrightarrow H_2 + 2OH^- \tag{2-19}$$

总反应：

$$ClO_3^- + 2H_2O \Longrightarrow ClO_4^- + 2H_2 \tag{2-20}$$

南京理工大学于佩凤和木致远采用电解饱和的氯酸钠溶法制备高氯酸钠[12]。首先电解制备氯酸钠，制备工艺流程：向除掉杂质的饱和食盐水溶液（存在杂质会增加电耗，腐蚀电极）中加入 $Na_2Cr_2O_7$，调节酸度为 0.02~0.03mol/L，在石墨为阳极、铁条为阴极的无隔膜型电解槽中进行连续电解。为了增加氯酸钠的收率，要保持电解液微酸性。然后以二氧化铅棒为阳极、铝蛇管为阴极，电解饱和的氯酸钠溶液制备高氯酸钠。加氢氧化钡除去铬酸根等杂质，电流强度为 1500A，槽压为 5~6V，pH 为 6~7，电解温度为 50~70℃，在电解槽内加入氟化钠以减小阴极还原。当高氯酸钠浓度达到 680~700g/L 时，输送到储槽内加氯化钙，除去氟化钠，再经压滤、浓缩、结晶得高氯酸钠。此外，河南医药高级技工学校程静也采用二步法，通过电解氯酸钠溶液制备高氯酸钠[13]。通过研究氯酸钠起始浓度、溶液中氯化钠含量以及不同种类的电极对氯酸钠氧化的影响，结果表明：电解液氯酸钠的起始浓度越高，高氯酸钠的产率越高。当氯酸钠溶液中含有少量氯化钠时，将降低高氯酸钠的产率。

美国奥林（Olin）公司的多森（Dotson）等以次氯酸（HClO）为起始原料，经两步电解得到高纯度高氯酸（$HClO_4$），然后再与高纯氨或 NH_4OH 反应，最后经离心分离和干燥获得高纯度高氯酸铵（AP）[14]。首先，电解法制备高纯 $HClO_4$。使 NaOH 溶液以小液滴的形式与过量的氯气反应，其次用水蒸气处理生成的气态混合物，得到不含金属离子质量分数30%~60%的 HClO 水溶液。将该溶液加入一个有隔膜的电解槽中，于 0~40℃下进行电解，转化为 $HClO_3$。最后，将这样得到的 $HClO_3$ 加入另一个电解槽中，于 45~80℃、电流密度 4~10kA/m² 、阳极电位 2.4~2.9V 下进行电解，得到高纯度 $HClO_4$ 溶液。使得到的高纯度 $HClO_4$ 溶液以小液滴形式喷雾进入结晶反应器，在这里与高纯度氨或 NH_4OH 反应生成 AP。反应方程式如下：

$$NH_3 + HClO_4 \Longrightarrow NH_4ClO_4 \tag{2-21}$$

这种操作可有效地控制 AP 晶体的粒度，使精制工艺得以简化。可采用任何已知的雾化技术，$HClO_4$ 在从喷嘴喷出之前先与一种惰性气体混合。生成的悬浮物从结晶器的下料口放出，经离心分离后进行干燥。也可将悬浮物直接引入一个喷雾干燥器中进行干燥，最终产品以结晶粉末状通过旋风分离器沉积于收集室中。从结晶器出来的气体混合物通过固体分离器回收夹带的 AP 细晶。

3. 溶剂萃取合成技术制备微纳米氧化剂

溶剂萃取技术是利用溶质在两种互不相溶或部分互溶的液相之间分配不同的性质来实现液体混合物的分离或提纯。一般情况下，在可逆反应中，若有一种有机溶剂存在，将反应生成的物质萃入有机相中，促使平衡向右移动，从而即可使物质析出。

河北工业大学王桂云等以硝酸、氯化钾为原料，采用溶剂萃取法制备了硝酸钾[15]。该过程主要分成三个步骤：化学反应；萃取移走 HCl；萃取分离 HCl、HNO_3 组成的混酸。通过研究确立溶剂萃取法制备硝酸钾的工艺流程，并优化了操作条件。在所确定的主要条件下，用溶剂进行低温萃取，可得到氯含量较低的硝酸钾产品。氯化钾和硝酸发生固液两相反应的原理如下：

$$KCl(固) + HNO_3 \Longleftrightarrow KNO_3(固) + HCl(液) \tag{2-22}$$

要得到氯含量较低的硝酸钾产品，需不断地从循环母液中萃取移走 HCl，首先就要选一种对 HCl 有较强萃取能力的萃取剂。由于 HCl、HNO_3 性质较为接近，故难以找到只溶 HCl 而不溶 HNO_3 的溶剂。为了达到只移走 HCl，而让 HNO_3 留在母液中的目的，采用溶有 HNO_3 的溶剂来萃取母液。

4. 固体碱熔氧化合成技术制备微纳米氧化剂

该方法是将金属氧化物（如三氧化二铬、二氧化锰）与碱（如氢氧化钠、碳酸钠）共熔，然后向熔融混合物中通入氧（空气或氧气），使金属氧化物发生氧化，进而制备得到氧化剂。

赤峰学院李杰用固体碱熔氧化法由三氧化二铬氧化制备重铬酸钾，探究了反应温度、酸度、加入 KCl 的量及蒸发对 $K_2Cr_2O_7$ 产量的影响[16]。结果表明，固体碱熔氧化法制备 $K_2Cr_2O_7$ 的关键是灼烧温度和灼烧时间，溶液的酸度控制在 pH<5，KCl 的量在 1g 左右，蒸发浓缩时表面出现明显晶膜即可，结晶时间应保证冷却 30min 或更长以获得更好的晶型。

反应原理是：Cr_2O_3 在强碱性条件下，易被氧化生成可溶于水的六价铬酸盐。反应方程式如下：

$$2Cr_2O_3 + 4Na_2CO_3 + 3O_2 \Longrightarrow 4Na_2CrO_4 + 4CO_2 \tag{2-23}$$

为了降低熔点，使上述反应能在较低温度下进行，可用碳酸钠和氢氧化钠作为熔剂，加入少量氧化剂（氯酸钾或硝酸钠等）加速氧化。之后用水浸取

熔体, 铁以 Fe (OH)₃形式留于残渣中, 过滤, 再将滤液酸化, 铬酸钠转变为重铬酸钠:

$$2CrO_4^{2-}+2H^+ \rightleftharpoons Cr_2O_7^{2-}+H_2O \qquad (2-24)$$

再加入 KCl 进行复分解反应, 使 Na₂Cr₂O₇转变为 K₂Cr₂O₇:

$$Na_2Cr_2O_7+2KCl \rightleftharpoons K_2Cr_2O_7+2NaCl \qquad (2-25)$$

临沂师范学院郭士成和杨茂山采用固体碱熔氧化法制备高锰酸钾, 首先, 将二氧化锰在氯酸钾存在下与碱共熔, 使二氧化锰被氧化为锰酸钾[17]。再将锰酸钾熔融物用水浸取, 通入 CO₂气体, 使锰酸钾发生歧化, 得到高锰酸钾溶液。之后将溶液蒸发、结晶、过滤、干燥得到高锰酸钾晶体。反应方程式为

$$3MnO_2+KClO_3+6KOH \rightleftharpoons 3K_2MnO_4+KCl+3H_2O \qquad (2-26)$$

$$3K_2MnO_4+2CO_2 \rightleftharpoons 2KMnO_4+MnO_2+2K_2CO_3 \qquad (2-27)$$

5. 液相氧化合成技术制备微纳米氧化剂

液相氧化法也称三相氧化法, 即固-液-气相法的简称, 是指在液相内进行或对液相反应物进行的催化氧化, 改变了固相法的固-固-气反应过程, 变为固-液-气反应过程。

1956 年, 美国卡罗士 (Carus) 化学公司为解决固相和熔融法所存在的黏稠、结疤、环境差和劳动强度大等缺点, 开发出了将二氧化锰悬浮于大量氢氧化钾溶液中氧化的方法, 称为液相法[18]。该法按下列两步反应进行:

$$4MnO_2+12KOH+O_2 \longrightarrow 4K_3MnO_4+6H_2O \qquad (2-28)$$

$$4K_3MnO_4+O_2+2H_2O \longrightarrow 4K_2MnO_4+4KOH \qquad (2-29)$$

即在第一反应器里, 逐步将软锰矿加入氢氧化钾溶液中 (温度 170~350℃, KOH 浓度 65%~90%, KOH:MnO₂=(30~60):1), 反应在强力搅拌下通入过量空气 (理论需氧量的 4~5 倍), 使 MnO₂反应生成亚锰酸钾, 然后通过溢流管路进入第二反应器, KOH 的质量浓度保持在 65%~90%, 温度控制在 140~310℃ (一般维持 220~260℃)。在强力搅拌下, 通入过量空气 (理论需氧量) 的 4 倍, 使 K₃MnO₄进一步氧化成 K₂MnO₄。之后采用电解法, 将 K₂MnO₄氧化制备得到 KMnO₄。在电解槽中发生下列反应:

阳极反应:

$$MnO_4^{2-}-e^- \longrightarrow MnO_4^- \qquad (2-30)$$

阴极反应:

$$2H_2O+2e^- \longrightarrow H_2+2OH^- \qquad (2-31)$$

总反应:

$$2MnO_4^{2-}+2H_2O \longrightarrow 2MnO_4^-+2OH^-+H_2 \qquad (2-32)$$

通过对上述合成构筑过程的工艺技术参数，如结晶温度、搅拌速度、反应物浓度等进行调控，进而控制氧化剂制备过程的晶核生成及晶体生长速率，可实现高氯酸铵、硝酸铵、硝酸钾等微纳米化制备。但采用这种方法制备微纳米氧化剂时，存在产量较小、平均粒度较大、粒度分布范围较宽等问题。

2.3　重结晶构筑基础理论及技术

采用重结晶构筑技术对氧化剂进行微纳米化处理时，首先需将氧化剂颗粒变为分子状态，如将氧化剂溶解到某种溶剂或复合溶剂中形成溶液。然后采用冷却降温、蒸发浓缩、将分子状态的氧化剂引入非溶剂等手段控制溶液体系的过饱和度，使氧化剂分子重结晶析出，并进一步控制搅拌速度、重结晶温度、溶液稀释速度、表面活性剂用量等重结晶工艺参数，从而获得微纳米氧化剂颗粒。根据氧化剂在微纳米化过程所采用的具体工艺技术途径不同，可将重结晶构筑法细分为溶胶-凝胶重结晶法、超临界流体重结晶法、微乳液重结晶法、溶剂/非溶剂重结晶法、雾化干燥重结晶法等，这些具体方法的相关基础理论及技术如下。

2.3.1　溶胶-凝胶重结晶基础理论及技术

1. 溶胶-凝胶重结晶相关基础理论与工艺概述

溶胶是指粒度处于 $1 \sim 100$nm 的分散相粒子在分散介质中分散，并且分散相粒子与分散介质之间有明显物理分界面的胶体分散体系。根据分散介质，可将溶胶分为气溶胶、液溶胶和固溶胶；溶胶-凝胶重结晶技术所涉及的"溶胶"为液溶胶。凝胶是指溶胶中的基本单元粒子或者高聚物分子相互交联，使整个体系失去流动性，形成三维网络的固体结构。采用溶胶-凝胶重结晶技术制备微纳米氧化剂颗粒时，首先将氧化剂溶解于某种溶剂中，制备得到一定浓度的氧化剂溶液。然后向氧化剂溶液中加入一定量的前驱体（或某种高分子材料），通过搅拌、超声等作用使前驱体混合均匀。再通过控制溶液温度，使前驱体发生水解、聚合等化学反应，进而在氧化剂溶液中形成稳定的透明溶胶体系。接下来使溶胶体系陈化，发生缓慢的聚合反应，形成三维网络状结构的凝胶体系。最后对凝胶体系进行防团聚干燥处理（如冷冻干燥、超临界干燥等），使溶剂脱除、氧化剂颗粒重结晶析出。通过控制溶液浓度、凝胶骨架的结构等，实现对氧化剂颗粒的粒度及粒度分布进行控制。待凝胶干燥后进行研磨处理并去除凝胶骨架，最终获得微纳米氧化剂颗粒。

1）胶体稳定的基础理论

采用溶胶-凝胶重结晶技术对物质进行微纳米化处理时，关键在于稳定胶体体系的形成。获得胶体有两种方法：一是分散法，即通过声、电、机械等方法将大颗粒分裂成小粒度粒子进而成为胶体粒子；二是凝聚法，即将离子、原子或分子聚结成胶体粒子。其中，凝聚法又根据变化过程是化学变化还是物理变化分为化学凝聚法和物理凝聚法。对于氧化剂的溶胶-凝胶重结晶过程而言，胶体通常是通过化学凝聚法形成的。

化学凝聚法制备得到的胶体分散体系是分散程度很高的多相体系，其内部溶胶的颗粒半径在纳米级，具有相界面大、表面能高、吸附性能强等特点。许多胶体溶液能够长期保存，形成热力学不稳定而动力学稳定的体系，其主要是三方面的原因：①根据斯特恩（Stern）双电层理论，双电层结构的胶体粒子发生溶剂化作用形成一层弹性外壳，从而增加了溶胶团聚的机械阻力；②根据DLVO理论，胶粒表面吸附了相同电荷的离子，静电斥力使得胶粒不易聚沉；③胶粒的布朗运动可在一定程度上克服重力场的影响而避免聚沉。若采取针对性的方法中和胶体颗粒所带电荷、降低溶剂化作用或减弱布朗运动，如在胶体溶液中加入电解质或者让两种带相反电荷的胶体溶液相互作用，则会立即破坏这种动力学上的稳定性，从而使胶体颗粒发生聚沉。

稳定的溶胶体系是整个溶胶-凝胶过程胶体稳定的基础。在此基础上，通过控制温度等因素，使溶胶粒子相互交联、聚合，进而使得整个体系逐渐失去流动性，就会形成以前驱体为骨架具有稳定三维网状结构的凝胶体系，之后再对凝胶体系进行干燥处理。通常需采取防止凝胶骨架塌陷的干燥方式，获得三维网状结构的干凝胶，进而避免微纳米氧化剂颗粒团聚，获得分散性良好的微纳米颗粒。

2）主要反应过程

（1）溶胶的形成。对于采用化学凝聚法制备得到的溶胶体系，其通常是采用金属有机物前驱体（如金属醇盐），在有机溶剂中控制水解，通过分子簇的缩聚形成无机聚合物溶胶，这种途径得到的溶胶也称为化学胶。化学胶的形成过程就是将反应物分散到溶剂中，经过水解、醇解生成活性单体，活性单体经初步缩聚，得到分散性良好的纳米级溶胶溶液。

（2）凝胶的形成。在溶胶-凝胶重结晶过程中，溶胶体系在适当的条件下，可进一步通过聚合转化为凝胶体系，如可以改变温度、转化或蒸发溶剂、加入相反电荷的电解质等。通常，应尽量避免蒸发溶剂的方法，以免引起氧化剂溶液过饱和度增大而提前重结晶析出，使得产品颗粒粒度变大、粒度分布范围变宽。

（3）凝胶干燥。在凝胶干燥过程中，分布于凝胶骨架孔隙内溶液中的溶剂逐步脱除，所溶解的溶质也随之重结晶析出。凝胶干燥过程对整个溶胶-凝胶重结晶过程非常重要，若采用暴露于大气环境下或置于烘箱中蒸发的干燥方式，由于凝胶气液界面的形成，会在凝胶微孔中因液体表面张力的作用而产生弯月面。随着蒸发干燥的进行，弯月面消退到凝胶本体中，作用在乳壁上的力增加，使凝胶骨架塌陷。这会导致凝胶收缩团聚，晶体颗粒团聚、长大，因而难以得到分散性良好的微纳米颗粒。为解决上述问题，可采用真空冷冻干燥或超临界流体干燥等方式去除溶剂，以避免或减小因表面张力作用而使凝胶骨架塌陷，以及发生凝胶收缩团聚使颗粒长大的现象，使氧化剂溶质均匀重结晶析出，得到分散性良好的微纳米氧化剂颗粒。

2. 溶胶-凝胶重结晶技术制备微纳米氧化剂

印度高能材料研究实验室库马里亚（Kumari）等采用溶胶-凝胶技术，将AP 溶解于甲醇中，然后将溶解的 AP 添加到 HTPB 中，并对溶剂进行均质化和真空蒸馏，成功通过非水相法制备了纳米 AP[19]。对制得的 AP 粒子进行形貌和粒度表征，结果表明，制备的纳米 AP 的平均粒度为 21~52nm，如图 2-1所示。

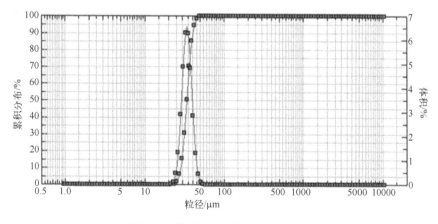

图 2-1　纳米级 AP 的粒度分布曲线

南京理工大学国家特种超细粉体工程技术研究中心针对溶胶-凝胶重结晶技术，开展了大量的研究工作，系统研究了工艺条件对所制备的微纳米颗粒的粒度及粒度分布的影响规律，也制备出了不同粒度级别的微纳米 AP 等氧化剂。

研究结果表明，采用溶胶-凝胶重结晶技术，能够实现对 AP 等氧化剂进行微纳米化处理。但是，该技术存在工艺参数较复杂、产品粒度精确控制难度较大、溶剂回收成本较高且容易引起环境污染、产品收集困难等缺点。所制备的微纳米氧化剂往往需进行反复洗涤、过滤,产生的废液较多,工序复杂、过程间断、产品中易残留杂质进而导致产品纯度降低。此外,还存在产率较低、重复稳定性较难控制等不足,因此,难以批量化制备出分散性良好的微纳米氧化剂产品。

2.3.2　超临界流体重结晶基础理论及技术

1. 超临界流体重结晶相关基础理论与工艺概述

超临界流体重结晶技术自问世以来,由于对材料进行微纳米化处理的环境在准均匀介质中进行,因而能够很好地控制结晶过程,在产品颗粒粒度、均匀性等控制方面已表现出优越性。21世纪以来,该技术已逐步在对材料进行微纳米化处理研究方面获得大量应用[20]。

1)超临界流体重结晶基本原理及技术分类

当流体的温度和压力分别高于临界温度（T_*）和临界压力（P_*）时,即处于超临界状态。对于超临界流体而言,液体与气体分界消失,其理化性质兼具液体溶解能力和气体高扩散特性等特点,是一种特殊的黏度,类似于气态,即使加压也不会液化的非凝聚性流体,并且由于黏度低、表面张力小,因而扩散能力非常强（比普通液体的扩散速度大约两个数量级）。同时,其密度比一般气体要大两个数量级,与液体相近,对溶质的溶解能力很大。超临界流体的一个显著特点是在其临界点附近具有很高的等温压缩性,在 $1 < T/T_* < 1.2$ 的温度范围内,等温压缩率很大,极小的压力波动都会引发密度的急剧变化。基于超临界流体密度和介电常数对压力敏感的这一特性,可通过调节超临界流体的压力而实现对氧化剂或溶剂溶解能力的调节,进而可调节溶液的过饱和度,实现微纳米氧化剂颗粒粒度的有效控制。

超临界流体重结晶过程一般可分为过饱和溶液的形成、晶核生成、晶体生长等过程。通常用过饱和度、晶核生成速率和晶体生长速率等参数描述重结晶动力学。其中,过饱和度 S 可表示为

$$S = C_1/C_0 \tag{2-33}$$

式中:C_1 为溶液的浓度;C_0 为溶液的平衡浓度,即饱和浓度。过饱和度是重结晶过程的推动力,普通溶剂/非溶剂重结晶过程中的过饱和度 S 由温度和加料速度等控制。而超临界流体重结晶过程的过饱和度 S 则由过程的压力、压力上升速率、温度及初始浓度等控制,且更大程度上受过程压力及其上升速率的影响,所引起的过饱和度变化程度较大。

在超临界流体重结晶过程中，晶核生成速率和晶体生长速率都受过饱和度 S 的控制，且存在对过饱和度 S 的竞争作用。过饱和度大时，有利于晶核的生成，此时生成速率快，晶核临界半径小；过饱和度小时，有利于晶体的生长，产品颗粒较大。通过控制过饱和度 S 即可达到对晶核生成和晶体生长速率的控制，从而获得对重结晶颗粒大小及分布的控制，而过饱和度又受超临界流体压力及其变化速率的控制。因此，控制超临界流体的压力及其变化速率，就可以实现对微纳米氧化剂产品颗粒粒度及粒度分布的控制。

很多物质都具有超临界流体状态，其中多种物质可被用作超临界流体而用于各个领域，如乙烷、乙烯、丙烷、丙烯、甲醇、乙醇、水、二氧化碳（CO_2）等。其中，CO_2 是首选的用作超临界流体的物质，这是因为 CO_2 的超临界条件易达到（$P_* = 7.38MPa$，$T_* = 31.2℃$），且无毒、无味、不燃、价廉、易精制。

按照对物质进行微纳米化处理的工艺过程不同，可将超临界流体重结晶技术分为两大类：超临界流体溶液快速膨胀（Rapidly Expanded Supercritical Solution，RESS）重结晶技术和超临界流体反溶剂（Supercritical Fluids Antisolvents，SAS）沉析重结晶技术。

（1）RESS 重结晶技术。该技术首先将物质溶解于某种超临界流体中，然后使这种超临界流体溶液迅速膨胀，使溶液中的过饱和度迅速增大，进而使物质以微细颗粒迅速重结晶沉淀析出。同等条件下，物质在超临界流体中的溶解度，比在大气压下相应流体（通常是气体）中的溶解度大几个到十几个数量级。因此，当溶解有氧化剂的超临界流体溶液通过特殊结构的喷嘴在极短时间内快速膨胀至常压或负压时，流体性质会发生根本性变化，溶解能力迅速下降，形成极大的过饱和度。溶质快速均匀成核并进一步发生晶体生长，从而得到微纳米级氧化剂颗粒。

在 RESS 重结晶过程中，若晶核生成速率快，体系将以成核为主，则所得到的氧化剂颗粒粒度小。若晶体生长速率快，则所得颗粒的粒度大、粒度分布宽。通常，对于溶解度较大的氧化剂，提高其在超临界流体中的浓度，会使过饱和度增大，成核速率增加、产品颗粒粒度变小。对于溶解度较小的物质，提高其在超临界流体中的浓度，反而可能导致晶体生长速度较快，进而出现粒度变大的现象。降低超临界流体出口前温度，使溶液在喷嘴里的沉积推迟，可形成尺度更小的颗粒。随着出口后的温度升高，颗粒湍动加剧，频繁碰撞导致颗粒黏附聚集，进而使颗粒粒度增大。此外，氧化剂种类、超临界流体种类、压力变化范围等也都会对氧化剂微纳米化处理过程产生影响。需要指出的是，对于 RESS 重结晶技术来说，可作为溶剂溶解氧化剂的超临界流体，其临界温度和临界压力往往较高，使操作过程的温度和压力均很高，因而相应设备必须耐高温、高压，进而使得设备的使用和维护成本升高。

（2）SAS 沉析重结晶技术。SAS 沉析重结晶技术是将氧化剂溶于某种良溶剂，再与超临界流体以一定方式混合，溶液在超临界流体作用下体积发生膨胀，溶剂溶解能力大幅度下降，短时间内形成大的过饱和度，使氧化剂重结晶析出。其基本原理是利用超临界流体对溶质和溶剂溶解度的巨大差异，将溶液中的溶剂溶解带走后使溶质达到过饱和而重结晶析出生成颗粒。该技术的首要条件是在重结晶温度和压力下，良溶剂与超临界流体共存并完全混合。超临界流体的扩散系数比一般液体高两个数量级，因此超临界流体在溶液中的快速扩散可迅速形成过饱和溶液，使溶液中的氧化剂重结晶析出，从而得到微纳米颗粒。

与 RESS 技术相比，SAS 技术具有显著的优点：可以选择临界温度和临界压力较低的超临界流体（如超临界 CO_2），进而可降低操作过程的温度和压力，降低设备的使用和维护成本，提高操作过程安全性。但是，在产物粒度大小及粒度分布方面，RESS 技术所制备的产品往往粒度更小、粒度分布更窄。

2）影响超临界流体重结晶效果的主要因素

采用超临界流体重结晶技术对氧化剂进行微纳米化处理时，产品颗粒大小、形貌及产率会受到许多因素的影响，如溶剂种类、压力、非溶剂注入速率、温度、溶液初始浓度、喷嘴几何形状等。

（1）溶剂种类。影响溶液过饱和度，并且改变溶剂种类可以获得截然不同的沉析行为，进而制得不同形貌和粒度大小的颗粒。

（2）压力。超临界流体压力的变化会引起溶液膨胀的变化并影响溶液过饱和度，进而影响重结晶颗粒的大小。压力大则溶液膨胀程度大，沉析后溶液的平衡浓度低，形成的过饱和度大，传质速率和成核速度加快，因而产品颗粒随着压力的增加而变小。此外，升压速度也是间歇式操作中控制颗粒大小和形状的一个重要参数。

（3）非溶剂注入速率。进气速率低，溶液过饱和度小，成核速率低，晶核生成后有较长的生长时间，而且低进气速率下的溶液湍动程度减弱，导致颗粒较大。进气速率增大，溶液过饱和度变大，有利于提高成核速率，形成较小粒度的颗粒。

（4）温度。温度对产品颗粒大小、分布的影响跟压力相类似，但温度对颗粒粒度的影响比压力小。温度升高，溶液过饱和度增加，成核速率增大，有利于得到粒度更小的颗粒。

（5）溶液初始浓度。在一定范围内，溶液初始浓度增加，过饱和度变大，有利于得到小颗粒。

（6）喷嘴几何形状。喷嘴结构直接影响液滴大小和不同流体混合情况，一般而言，喷嘴的长径比越大，重结晶沉析的颗粒越细；长径比减小时形成细丝状颗粒。此外，喷嘴孔径增大，形成的产品颗粒粒度亦增大。

2. 超临界流体重结晶技术制备微纳米氧化剂

中北大学闻利群和张景林采用超临界二氧化碳气体抗溶沉析重结晶法，以丙酮作为溶剂溶解 AP，并研究了超临界 CO_2 流体压力、温度，以及溶液初始浓度、进气速率、静置时间等对重结晶过程、AP 晶粒大小和 AP 晶型的影响[21]。结果表明：重结晶细化过程中升压操作引起的液相湍动强度是影响样品粒度、晶型的决定性因素，并且在超临界流体重结晶过程中，AP 晶体生长经历球形、多面体-棒状-雪花状或树枝状。在 10MPa、40℃、35kg/h 条件下，可得到平均粒度为 30~40nm 的球形 AP 微细颗粒。

闻利群等还以乙醇为溶剂，研究了超临界 CO_2 流体压力、温度，以及溶液初始浓度及升压速率、静置时间等对产品晶粒大小、晶型的影响规律[22]。结果表明：AP 颗粒的平均粒度随温度升高而增大；在 25℃ 时，平均粒度随初始浓度的增大而减小；在 31℃ 和 40℃ 时，影响趋势相反。升压速率越大，越易得到粒度均匀的小颗粒 AP；终点压力越大，平均粒度越小，但终点压力大于 9MPa 后，影响不再明显。当终点压力为 6MPa 时，静置时间延长，粒度明显增大，且分布较宽；当终点压力达到 9MPa 时，粒度变化变小，晶型略有改变。最后，在温度 25℃、终点压力 9MPa、升压速率 35kg/h、初始浓度 0.01g/mL 条件下，制备得到了 60nm 的多面体形状的 AP 微细颗粒，其边缘不规则，晶体有断裂现象。

南京理工大学国家特种超细粉体工程技术研究中心在采用超临界流体技术制备微纳米氧化剂方面，开展了大量的研究工作。尤其是针对基于 SAS 技术的超临界流体设备及工艺技术，进行了系统全面的研究，设计并研制出了基于 CO_2 的 SAS 装置（图 2-2），还研制出了 SAS 改进优化装置（图 2-3）。通过将氧化剂溶液和 CO_2 超临界流体按设计要求分别从不同的喷嘴雾化喷出，在一定温度的重结晶器内超临界流体迅速将溶液中的溶剂溶解并带走排出，而使氧化剂重结晶析出，获得微纳米 AP 等氧化剂颗粒。

研究结果表明：采用超临界流体技术对氧化剂进行微纳米化处理时，能够通过控制工艺技术参数，如 CO_2 超临界流体的温度和压力、氧化剂溶液浓度和溶剂种类等，获得粒度小、粒度分布窄、颗粒规则（如类球形）的微纳米氧化剂。但是，该技术对氧化剂的微纳米化处理能力小，并且涉及高温、高压等过程，设备易磨损（如 CO₂ 增压泵等）、超临界流体难以完全重复使用，成本高且产品收集难度较大，难以实现微纳米氧化剂批量化生产制备。

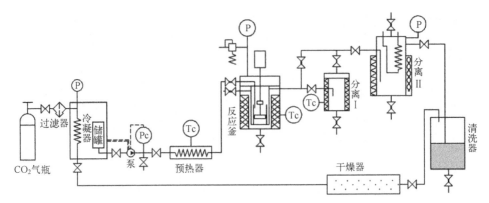

图 2-2　普通 SAS 重结晶装置示意图

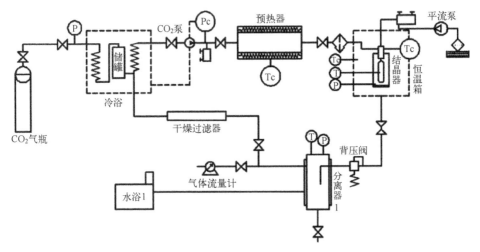

图 2-3　改进型 SAS 重结晶装置示意图

2.3.3　微乳液重结晶基础理论及技术

1. 微乳液重结晶相关基础理论与工艺概述

微乳液是两种或者两种以上互不相溶的液体在表面活性剂及助表面活性剂的存在条件下，形成的一种透明或半透明的分散体系，其中液滴的直径可控制为 5~100nm。1982 年，瑞典科学家布托勒（Boutonnet）等首先在油包水型（W/O）微乳液的水核中制备出 Pr、Pd、Rh 等金属团簇微粒，开启了微乳液技术制备微纳米颗粒的大门[23]。微乳液可分为水包油型（O/W）微乳液和油包水型微乳液（也称反相微乳液）。用于制备微纳米氧化剂的微乳液技术通常是油包水型微乳液技术，该技术将氧化剂水溶液制得反相微乳液，通过控制重结晶工艺参数，获得微纳米氧化剂颗粒。

采用反相微乳液重结晶技术对氧化剂进行微纳米化处理时，为了获得粒度小、粒度分布窄的纳米级氧化剂，通常首先将氧化剂溶解于水中，使氧化剂溶液与不相溶的液体（如环己烷）及表面活性剂（或复合表面活性剂）混合制备得到反相微乳液 A，然后再把氧化剂的非溶剂（如二氯甲烷）与上述同种液体和表面活性剂混合制备得到反相微乳液 B。最后把反相微乳液 A 与反相微乳液 B 混合，使氧化剂溶液在含有非溶剂的微乳液滴内，发生重结晶析出，生成微纳米氧化剂颗粒（图 2-4）。该过程包括反相微乳液制备、反相微乳液混合、晶核生成、晶体生长等过程。

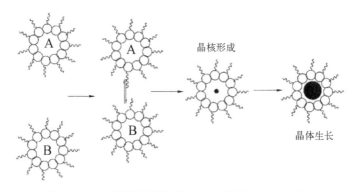

图 2-4　反相微乳液制备微纳米氧化剂的机理示意图

西班牙科学家托霍（Tojo）等通过计算机模拟手段来研究纳米粒子在反胶束中的晶核生成和晶体生长过程，结果表明：反相微乳液体系的胶束碰撞频率受到表面活性剂膜强度的影响。也就是说，微乳液重结晶技术所制备的微纳米颗粒尺寸受表面活性剂的影响。一方面，表面活性剂所形成的反相胶束稳定性越高，氧化剂溶液和非溶剂混合越困难，发生重结晶析出的难度越大，制备能力也就越小。另一方面，反相胶束的稳定性差，会引起胶束之间融合，进而使得胶束内的微纳米氧化剂颗粒团聚或颗粒长大，使得粒度分布范围变宽。

1）微乳液的形成理论

微乳液重结晶技术的第一步需解决的问题是微乳液的制备。关于微乳液的形成理论有很多，主要包括混合界面膜理论、几何排列理论、增溶理论和热力学理论等，下面将对这几个理论做简单阐述。

（1）混合界面膜理论。在微乳液体系中，表面活性剂和助表面活性剂分散在油与水之间形成一层混合界面，而油和水分别位于混合膜两侧，形成水/膜界面（W/M）和油/膜界面（O/M），因此界面膜又称为双层膜。假设最初混合膜为平板型膜，因为膜两侧的界面张力不同，双层膜将受到一个剪切力的作用而发生弯曲。结果是膜压高的一边弯向膜压低的一边使其面积不断增大，而膜压低的一边面积不断缩小。当膜两侧的压力或张力相等时停止弯曲，进而形成微乳液。该理论认为混合界面膜的面张力 γ_T 为

$$\gamma_T = (\gamma_{o-w})_a - \Omega \tag{2-34}$$

式中：$(\gamma_{o-w})_a$ 为加入助表面活性剂的油–水界面张力；Ω 为混合膜扩展压。通过在微乳液制备过程中加入助表面活性剂，既可以减小 $(\gamma_{o-w})_a$ 值，又可以增大 Ω 值。

（2）几何排列理论。美国科学家罗宾斯（Robbins）、澳大利亚科学家米契尔（Mitchell）和尼纳姆（Ninham）等提出界面膜中排列的几何模型，该模型可用于解释微乳液的结构问题以及界面膜的优先弯曲问题。该模型认为界面膜是一个双层膜，表面活性剂在混合界面上的几何填充非常重要，可用一个反映表面活性剂分子中疏水基和亲水基截面积相对大小的填充参数 $V/a_o l_c$ 来表示。当 $V/a_o l_c < 1$ 时，表明表面活性剂分子中疏水基的截面积小于亲水基的截面积，有利于形成 O/W 型微乳液；当 $V/a_o l_c > 1$ 时，表明表面活性剂分子中疏水基的截面积大于亲水基的截面积，有利于形成 W/O 型微乳液；当 $V/a_o l_c \approx 1$ 时，表明表面活性剂分子中疏水基的截面积约等于亲水基的截面积，有利于形成层状液晶结构。

（3）增溶理论。日本科学家筱田（Shinoda）和瑞典学者弗里贝里（Friberg）等认为微乳液液滴是油或者水通过连续相进入胶束使其膨胀的结果。当表面活性剂在水中（O/W 型）或者油中（W/O 型）的浓度大于临界胶束浓度时，表面活性剂就会聚集形成胶束或者反胶束。此时若将水相（或油相）溶入亲水基团（或疏水基团）胶束（或反胶束）中，就会使胶束发生胀大。随着进入胶束（或反胶束）中水量（或油量）的增加，胶束（或反胶束）会溶胀而变成小水滴（或小油滴），最后形成微乳液（或反相微乳液）。

（4）热力学理论。热力学理论是通过计算微乳液形成时的吉布斯自由能变化来研究微乳液的稳定条件，该理论认为液–液界面张力 γ 和界面自由能 ΔG 的关系为

$$\Delta G = \int \gamma \, dS \tag{2-35}$$

式中：S 为界面面积。当表面活性剂和助表面活性剂的引入使得 $\gamma < 0$ 时，界面

面积增大（dS>0），$\Delta G<0$，从而使微乳液的形成有了自发趋势。

2）影响微乳液重结晶效果的主要因素

反相微乳液重结晶过程通常会受到各种因素的影响，这些因素主要包括水与表面活性剂的摩尔比、溶液浓度、表面活性剂种类及用量、助表面活性剂种类及用量、温度等。

（1）水与表面活性剂的摩尔比。在制备反相微乳液时，水与表面活性剂的摩尔比（X）是一个重要的参数，其可以反映微乳液滴的大小以及每个液滴上的表面活性剂个数。当 X 值发生变化时，微乳液中液滴的直径、胶束聚集数、界面膜强度都会发生改变。研究表明，液滴的半径 r 与 X 成正比，即液滴的半径随 X 值增大而增大。氧化剂颗粒是在微乳液的液滴中重结晶生成的，因此液滴的大小直接影响了生成的粒子粒度的大小。而液滴的大小又受 X 值的影响，所以重结晶制备的氧化剂颗粒粒度也受到 X 值的影响。一般而言，当 X 值增大时，混合界面膜的强度会随之降低，最终导致制备的粒子粒度增大。

（2）溶液浓度。利用反相微乳液重结晶法制备微纳米氧化剂颗粒时，氧化剂溶液的浓度将会影响产物粒子的粒度及粒度分布。这是因为，溶液浓度会影响两种反相微乳液混合所形成的重结晶胶束内的过饱和度，影响晶核生成和晶体生长速率，进而对产物粒度及分布产生影响。

（3）表面活性剂的种类及用量。一方面，在形成反胶束时，不同的表面活性剂在界面上的聚集数会有一定差异，这不仅会影响液滴的大小及形状，而且会影响界面膜的强度。例如，不同类型但碳原子数相同的表面活性剂在形成反胶束时，其聚集数最大的是阴离子表面活性剂，其次是阳离子表面活性剂，非离子表面活性剂所形成的聚集数最少。并且，不同类型的表面活性剂在界面膜上的排列会有所不同，所以界面膜强度也会因此存在差异，进而影响微纳米氧化剂颗粒品质。

另一方面，反胶束的尺寸会随着表面活性剂用量的增大而增大，而反胶束的数目会随着表面活性剂用量的增大而减少，这会导致制备的固体颗粒粒度变大。但从另一个角度看，当表面活性剂浓度增大时，粒子表面覆盖着的表面活性剂也增加，这样不仅会阻止晶核的进一步长大，而且会防止生成的细小粒子发生团聚，从而使制备的固体颗粒粒度有所减小。此外，反胶束的增溶量会随着表面活性剂浓度的增加而增大，这会导致制备的固体颗粒粒度增大。

综合以上分析可以发现，在采用反相微乳液重结晶法制备微纳米氧化剂时，表面活性剂对最终产物粒度的影响较为复杂。因此，在制备过程中应该根据实际情况来选择表面活性剂的种类及用量。

（4）助表面活性剂的种类及用量。使用非离子表面活性剂配制微乳液时，若不加助表面活性剂（醇类，如正丁醇、正己醇），则很难形成微乳液，加入醇之后，微乳液的增溶量明显增大。醇在非离子型表面活性剂微乳液体系中所发挥的作用主要有三个方面：首先，醇可以降低混合界面膜的界面张力，从而使微乳液易于形成；对于单一的表面活性剂而言，当其达到临界胶束浓度时，混合膜的界面张力尚未降低到零，从而不利于微乳液的形成；加入醇（一般是中等链长的醇）之后，由于能打乱界面膜的有序排列，使得界面张力进一步降低直至负值，最终表现是形成较大面积的微乳区。其次，醇可以调节表面活性剂的 HLB 值；在配制微乳液时，通常会根据 HLB 值来选择所需的表面活性剂或者复合表面活性剂，使其在油/水界面上的吸附量较大；当选择的表面活性剂不合适时，可以在体系中加入醇使油/水界面上吸附较多的表面活性剂。最后，界面膜的流动性会随着醇的加入而有所提高；在生成微乳液时，大液滴需要克服界面压力和界面张力才能形成小液滴；加入助表面活性剂醇，可以使油/水界面的刚性降低，混合膜的流动性增加，形成微乳液时所需要的弯曲能也随之减少，这使得微乳液易于自发形成。

（5）温度。温度也会在一定程度上影响微乳液的性质，这是因为过高的温度会影响微乳液的稳定性。可通过升高温度的方法实现破乳，进而调节微乳液中氧化剂溶液的过饱和度，实现对微纳米氧化剂产品颗粒粒度及粒度分布的控制。因此，在材料反相微乳液重结晶法制备微纳米氧化剂粒子时，温度也是一个不容忽视的因素。

2. 微乳液重结晶技术制备微纳米氧化剂

伊朗航天局工程研究所赞吉里安（Zanjirian）在表面活性剂的作用下制备 AP 的微乳液并在液氮中冷冻，然后采用冷冻干燥技术使 AP 转化为纳米颗粒[24]。实验结果表明，乳液稳定性、表面活性剂的种类、助表面活性剂、油的种类、乳液中各组分的质量比、混合速度、冷冻方式和温度等参数对颗粒的形貌与粒度有很大影响。最终制备的纳米 AP 颗粒为球形，平均粒度为 40~150nm。

日本国防大学甲贺诚（Kohga）和 Hagihara 以有机溶剂为分散相，AP 溶液为分散介质，通过乳化制备 O/W 型微乳液，然后用液氮进行冷冻干燥。通过控制有机溶剂和 AP 溶液之间的界面张力，成功制备出粒度可控的球形 AP，其粒度范围为 4~11μm[25]。

李凤生教授团队采用反相微乳液重结晶法[26]，将 AP 溶解于水溶液中，以环己烷为油相，SDBS/Span-80（质量比为 1:3）为复合表面活性剂，在搅拌作用下将 AP 的水溶液滴加到含有表面活性剂的油相中，通过控制表面活性剂的种类、AP 水溶液浓度、溶液冻结方式和表面活性剂用量等工艺参数，研究了对重结晶 AP 粒度的影响，制备得到了平均粒度约为 2.2μm 的 AP 样品，如图 2-5 所示。团队还进一步研究了采用反相微乳液重结晶技术制备类球形微纳米 AP（图 2-6）及复合粒子，所制得的 Fe_2O_3@ AP 复合粒子在推进剂中表现出良好的应用效果。

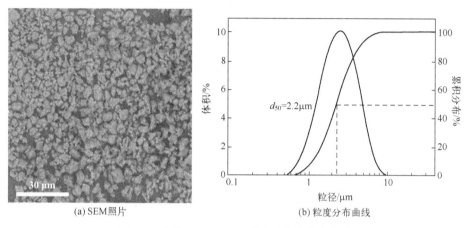

(a) SEM 照片　　　　　　　　　(b) 粒度分布曲线

图 2-5　超细 AP 的 SEM 照片及粒度分布曲线

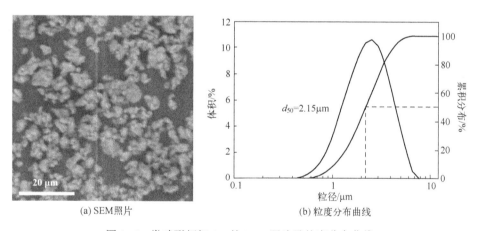

(a) SEM 照片　　　　　　　　　(b) 粒度分布曲线

图 2-6　类球形超细 AP 的 SEM 照片及粒度分布曲线

总体来说，采用微乳液重结晶法制备微纳米氧化剂时，由于微乳液内是尺寸很小（通常是几纳米到几十纳米）的反相胶束，这种反相胶束所形成的水核在一定条件下具有稳定的特性，即使破裂后还能重新组合。这类似于生物细胞的一些功能，称为"智能微型反应器"。这个微型反应器拥有很大的界面，可以为氧化剂溶液提供非常好的重结晶微区域。当在水核内进行重结晶析出微纳米氧化剂颗粒时，由于重结晶过程被限制在水核内，外裹表面活性剂保护膜，反应产物也处于高度分散状态，并且助表面活性剂又增强了膜的弹性与韧性，使得产品颗粒难以聚集，从而控制重结晶过程晶核生成和晶体生长。然而，当采用反相微乳液重结晶技术制备得到微纳米氧化剂颗粒后，由于颗粒粒度小且在乳液中分散非常好，使得产品颗粒的分离又比较困难，通常需采用高速离心或其他破乳手段实现产物收集。另外，微纳米氧化剂颗粒表面的表面活性剂的完全脱除也比较困难，因而往往使得产物纯度受到一定影响。此外，采用这种方法制备微纳米氧化剂时，产量小，难以实现批量化生产及工业化放大。

2.3.4　溶剂/非溶剂重结晶基础理论及技术

1. 溶剂/非溶剂重结晶相关基础理论与工艺概述

溶剂/非溶剂重结晶法是对氧化剂进行微纳米化处理较简单常用的方法，其基本过程是将氧化剂溶液在一定条件下与非溶剂或不良溶剂（以下统称非溶剂）按一定的方式混合，使溶液在极短时间内达到过饱和状态而快速大量成核。通过控制晶核的形成和晶体的生长速度，即可得到微纳米尺度的氧化剂颗粒。溶剂/非溶剂法原理简单、操作简便，在湿态和低温下操作，过程相对安全，可获得亚微米级或纳米级的氧化剂颗粒。

1）溶剂/非溶剂重结晶过程的影响因素

溶剂/非溶剂重结晶法的关键技术在于对两种流体的比例、混合均匀度、混合强度和混合时间等因素的精确控制。由于微细颗粒本身及其与周围溶液间存在极大的表面作用，因而采用该方法制备的颗粒粒度和晶型对溶液特性有很强的依赖性。另外，晶核生成过程和晶体生长过程也会影响产物的颗粒粒度与形貌。采用这种方法对氧化剂进行微纳米化处理时，通常需对以下因素进行控制：溶剂与非溶剂种类、溶液浓度、非溶剂用量、重结晶温度、溶液与非溶剂的混合方式、混合强度、防团聚措施等。

（1）溶剂与非溶剂种类。溶剂与非溶剂是构成氧化剂液相重结晶体系的两个基本要素，也是决定产品颗粒大小与形貌的重要因素。溶剂和非溶剂的特性对实现预期的微纳米化效果起着重要作用，其选择要遵循以下原则：

对于溶剂，需遵循对氧化剂有足够大的溶解度，与非溶剂互溶，成本低、易回收无毒害，以及黏度适宜等；其中，溶剂黏度将对重结晶过程的溶液过饱和度变化产生较大影响，从而影响产品颗粒粒度和形貌。对于非溶剂，需遵循不溶解或仅微溶氧化剂，与溶剂互溶，不吸附溶质或微吸附溶质，成本低、易回收、无毒等。

（2）溶液浓度。氧化剂溶液浓度是形成过饱和度的一个关键因素，高的过饱和度一般需要高的溶液浓度，但过高的溶液浓度又会影响结晶微区域的均匀性，从而影响产物粒度分布。因此，溶液浓度需控制在适当范围以保证溶液过饱和度在合适的范围内。大多数氧化剂溶液的黏度较低，溶液过饱和度对成核速率的影响一般大于对晶体生长速率的影响。随着溶液浓度的增加，重结晶体系形成的过饱和度上升，成核速率较晶体生长速率增加更显著，有利于得到细小氧化剂颗粒，而低浓度下得到的颗粒粒度较大、形貌较完整。

以浓硫酸、二甲基亚砜（DMSO）等高黏度液体为溶剂时，溶液浓度对氧化剂微纳米化处理效果的影响与低黏度溶剂不同。高黏度的高浓度溶液在非溶剂中的扩散相对比较困难，在一定浓度范围内，随着溶液浓度减小，溶液扩散更容易，单位时间内在非溶剂中形成的重结晶区域更大、成核数量更多。重结晶区域内较低的浓度反过来又阻止了晶核的进一步生长和团聚，得到的颗粒粒度更小，但过低的溶液浓度则影响成核速率和制备效率。总而言之，对于高黏度氧化剂溶液宜采用较低的溶液浓度，以获得较小粒度的氧化剂颗粒。

（3）非溶剂用量。对于溶剂/非溶剂重结晶过程而言，溶液过饱和度是晶核生成数量和晶体生长速度的重要驱动力，高的过饱和度有利于结晶初期溶质大量成核，形成细小晶核。在温度一定的条件下，溶质、溶剂及非溶剂的用量决定了结晶体系的过饱和度。非溶剂用量通常根据溶液浓度和用量确定，溶液浓度高或用量大时，加入的非溶剂量应多；溶液浓度低或用量较少时，非溶剂的用量可减少。非溶剂与溶液的体积比一般控制在 5:1 以上，为了获得亚微米级或纳米级颗粒，非溶剂与溶液的体积比通常可达到 10:1 以上。

（4）重结晶温度。重结晶温度显著影响重结晶体系的过饱和度，决定溶质的成核和晶体生长速度，还影响微纳米氧化剂颗粒的状态（团聚或分散），因而对微纳米化产物的粒度、粒度分布和比表面积影响显著。非溶剂温度是控制重结晶温度的重要因素，对混合体系的过饱和度产生显著的影响。由于低温下形成的过饱和度更大，成核驱动力更大，有利于溶质短时间内大量成核，得到的氧化剂颗粒群比表面积更高、粒度更小、粒度分布更窄。因此，氧化剂微纳米化重结晶制备时，多采用低温的非溶剂，其温度通常控制在 10℃ 以下。

（5）溶液与非溶剂的混合方式。氧化剂溶液与非溶剂的混合方式有多种，既可将非溶剂以一定的速度加入氧化剂溶液中（通常称为正向加料混合法），也可以将氧化剂溶液以滴加、喷射或倾倒等方式加入非溶剂中（通常称为反向加料混合法），还可以将两者以撞击方式同时喷入混合器内进行高湍流度的混合（通常称为撞击混合法）。

① 正向加料混合法。正向加料混合法的特点是在强烈搅拌等作用下将非

溶剂以一定方式加入溶液中，使溶液被非溶剂稀释而成为过饱和溶液，进而发生溶质成核、晶体生长而成为细小晶体颗粒析出。采用这种加料混合方式时，结晶初期形成的过饱和度较低，无法瞬间大量成核，形成的晶核数量有限，所得到的颗粒粒度较大、表面积较小。因此，正向加料混合法多用于微米级以上较大氧化剂颗粒的制备。

②反向加料混合法。反向加料混合法是将氧化剂溶液以所需的速度控制加入非溶剂体系中，溶液中溶质在大量非溶剂中结晶，形成少量溶液瞬间接触到大量非溶剂的重结晶条件，溶液迅速达到高过饱和状态，氧化剂分子瞬间生成大量细小晶核而析出。再配合高速搅拌等强烈作用使析出的微小氧化剂晶粒得到良好分散，晶体生长过程受到抑制，易制得亚微米级或纳米级氧化剂颗粒。采用反向加料混合法时，氧化剂溶液可通过滴加装置滴加到非溶剂中，也可在压力作用下通过特殊结构装置均匀喷射到非溶剂中，然后在强烈搅拌或超声分散作用下，氧化剂均匀成核析出，得到微纳米级颗粒。溶液加入非溶剂的方式直接影响混合微区域内的溶液液滴大小和过饱和度，对制备的微纳米氧化剂颗粒粒度及粒度分布影响很大。

当溶液以小液滴状与非溶剂混合时，混合微区域内的溶质很快分散到大范围的结晶体系中，各个重结晶微区域环境相似，晶核生成和生长速度相近，有利于得到粒度分布范围较窄的微纳米颗粒。若溶液以连续流方式加入时，氧化剂溶液加入速度快，溶质无法在短时间内良好分散到整个结晶体系中，结晶浓度呈梯度分布，各重结晶微区域内的过饱和度存在差异，使成核速率和生长速率不尽相同，得到的颗粒粒度分布宽。并且随着连续流的直径增大，结晶体系浓度梯度更加明显，得到的颗粒粒度分布更宽。另外，在连续流混合方式下高过饱和度的重结晶微区域增多，有利于晶体生长，进一步使得产品颗粒的粒度较大、粒度分布较宽。在采用连续流加入方式进行液相混合重结晶时，若设法减小连续流的直径，使其以极细小的细流状甚至雾状方式与非溶剂混合，减少单位时间内进入非溶剂的溶质量，同时辅以能促进成核和重结晶微区域均匀性、抑制晶体生长的有效措施，则可得到颗粒粒度小且粒度分布窄的亚微米级或纳米级氧化剂。

③撞击混合法。在撞击混合重结晶（或称为微团化动态重结晶）过程中，非溶剂和氧化剂溶液经加压后形成直径小、流速大的两股高速射流，两者以适宜方式撞击混合，溶质快速结晶，从而得到微纳米颗粒。高速撞击过程可看作一种高速湍流混合的同时还伴随强烈剪切分散的特殊重结晶过程，氧化剂溶液被大量高速运动的非溶剂射流剪切成微团，因此也可看作一种微团化的动态重结晶过程。高速撞击作用使微团重结晶区域内的过饱和度变化很大、微团混合

状态非常均匀、作用时间也很短，成核和生长过程均在极短时间内完成，使溶质大量均匀成核。在高速射流产生的强湍流环境下，生成的微纳米颗粒快速分散到大量的非溶剂中，在重结晶区域的停留时间很短，使晶体生长难以持续，生长过程和团聚过程均得到有效抑制。强烈喷射搅拌作用也促使微纳米氧化剂颗粒得以良好分散，减轻了颗粒间的团聚，有利于得到微纳米尺度且粒度分布范围窄的氧化剂颗粒。采用撞击混合重结晶方式制备微纳米氧化剂时，微纳米化效果受溶液浓度、过程温度、溶液与非溶剂的比例、射流速度、表面活性剂等多种因素的影响，可以通过优化这些统一参数，实现大量均相成核并抑制晶体生长，提高微纳米化效果。

此外，对于那些在常温溶剂中的溶解度过小的氧化剂而言，在采用上述三种混合方式进行微纳米化制备时，还需进一步考虑并避免温度所引起的重结晶效果恶化。这是因为，为了提高这类氧化剂的微纳米化重结晶制备效率和制备能力，通常需要提高溶液温度以增大氧化剂溶解度。当溶液和非溶剂混合时，由于溶液与周围环境存在温差，较高浓度的溶液在从溶解装置向与非溶剂体系混合区域传输的过程中，溶液温度不断降低，过饱和度增大，溶液可能会在接触非溶剂前已成为过饱和溶液而使溶质成核析出。这些析出的颗粒将随溶液一起进入非溶剂，导致微纳米化产物平均粒度变大、粒度分布范围变宽。因此，还需根据物质（溶质）和溶剂的特性对溶液与非溶剂的混合方式进行优化设计。

（6）混合强度。在溶剂/非溶剂重结晶过程中，强烈混合作用可使溶液与非溶剂在接触的瞬间达到过饱和状态，而且重结晶微区域内的环境相似、溶质成核和生长过程相近，较有利于得到粒度均匀、颗粒大小分布范围较窄的微纳米氧化剂颗粒。此外，高强度混合所提供的强烈碰撞和剪切作用也有利于微纳米氧化剂颗粒团聚体的破碎和分散，使已经析出的微细颗粒不易团聚。然而，混合强度越高，氧化剂微纳米化处理过程的安全风险也越大，需综合考虑和设计。因此，在溶剂/非溶剂重结晶过程中，在确保安全的前提下，往往需要提供强烈混合环境，使氧化剂产品颗粒粒度更小、分布更均匀、比表面积更高。

（7）防团聚措施。在采用溶剂/非溶剂重结晶过程中，微纳米氧化剂颗粒由于比表面积大、表面能高，极容易发生团聚，甚至逐渐发生颗粒长大，进而导致优异特性丧失。针对这一难题，在设计溶剂与非溶剂体系时，需首先保证非溶剂及其混合体系对微纳米氧化剂颗粒有较好的润湿性，使得新生的微纳米氧化剂颗粒表面迅速包覆一层液膜，在一定程度上阻碍微纳米颗粒的团聚。其次，需结合溶剂与非溶剂体系的性质，以及氧化剂的特性，设计特殊的分散剂体系，如表面活性剂与助表面活性剂、乳化剂、低沸点有机试剂等，进一步阻碍微纳米氧化剂颗粒发生团聚。最后，还得向溶剂/非溶剂重结晶体系中引入搅拌、超声、振动等强制分散的措施和力场，这样才能进一步强化分散效果，有效避免颗粒团聚体的形成。此外，还需结合温度、非溶剂用量、溶液浓度等工艺技术参数，对微纳米氧化剂的防团聚工艺进行优化处理。只有全面考虑并合理采取上述技术措施，才能提高颗粒的防团聚效果，进而获得理想的微纳米氧化剂。

2）溶剂/非溶剂重结晶技术分类

根据溶剂与非溶剂的混合方式、溶液液滴的尺寸控制方式、重结晶环境等，可将溶剂/非溶剂重结晶技术分为普通溶剂/非溶剂重结晶技术、雾化辅助溶剂/非溶剂重结晶技术、喷射重结晶技术、微流控重结晶技术四大类。下面对后面三类溶剂/非溶剂重结晶技术进行介绍。

（1）雾化辅助溶剂/非溶剂重结晶技术。雾化辅助溶剂/非溶剂重结晶法是在压缩空气等作用下，将氧化剂溶液雾化成微细液滴，然后将雾化后的微细液滴引入非溶剂体系中，发生溶剂/非溶剂重结晶作用而使氧化剂分子析出生成晶体颗粒。通过控制雾化液滴尺寸、重结晶温度、溶液浓度、搅拌强度等工艺技术参数，实现氧化剂微纳米化制备。

（2）喷射重结晶技术。喷射重结晶过程是将氧化剂溶液与非溶剂分别从不同的喷嘴喷出，氧化剂溶液被高速喷射的非溶剂射流剪切成很小的微团，进而在强湍流扩散和磨削作用下被分散成近乎微米级的微团，从而达到微观混合状态。首先，在这种情况下，使得溶液过饱和度实现可控成为可能，从而达到大量均相成核、提高微纳米化处理效果的目的。其次，在高速喷射离散产生的强湍流涡旋环境下，形成的初始粒子马上被离散于非溶剂液体中，大大减弱了晶粒继续生长的条件，使晶体生长得到有效抑制。最后，强烈的喷射搅拌作用使粒子间发生剧烈碰撞，可将凝聚的粒子打碎，有利于获得微细颗粒。喷射重结晶技术制备微纳米化氧化剂过程如图 2-7 所示。

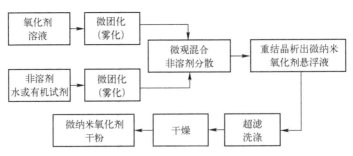

图 2-7　喷射重结晶技术制备微纳米氧化剂过程示意图

（3）微流控重结晶技术。微流控技术是由瑞士的曼茨（Manz）等于 20 世纪 90 年代提出的，最初应用于分析化学领域，近年来逐渐被用于氧化剂微纳米化重结晶制备。在采用溶剂/非溶剂重结晶技术对氧化剂进行微纳米化处理时，往往存在氧化剂溶液与非溶剂在混合过程中比例不断变化的问题，使得形成不均一的重结晶环境，导致混合效率也较低。重结晶过程晶核生成和晶体生长环境不完全一致，从而使得微纳米氧化剂颗粒的粒度分布较宽。微流控重结晶技术是利用微流控芯片，在微米级的尺寸范围内精准操控液体流动，使溶液和非溶剂快速混合，从而制备出粒度分布均一、批次间几乎无差异的微纳米氧化剂。微流控重结晶过程如图 2-8 所示。

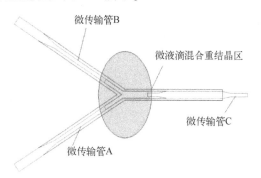

图 2-8　微流控重结晶过程示意图

2. 溶剂/非溶剂重结晶技术制备微纳米氧化剂

美国学者奥尔特（Olt）于 1972 年申请专利，采用反溶剂冻干法生产粒度为 $0.284\mu m$ 的亚微米级 AP[27]。美国的利文索尔（Levinthal）在 1977 年的专利中通过建立溶剂/非溶剂两相系统制备出了粒度范围为 $0.6 \sim 4.5\mu m$，$d_{50} = 1.0\mu m$ 的微细 AP 颗粒[28]。通过建立上下两相不互溶的两相系统，其中上层是能溶解 AP 的溶剂，下层是不能溶解 AP 的非溶剂，在使用超声振动的同时，采用冷却或蒸发两相溶液体系中上层溶剂的方式使 AP 从下层非溶剂中结晶析出，从而获得微纳米 AP 颗粒。

韩国国防科学研究所的金（Kim）采用 AP 的甲醇溶液在其他有机溶剂（氯仿、二氯甲烷、乙醚、异丁醇）中沉淀，分析不同溶剂对 AP 粒度的影响[29]。研究表明：如果用乙醚、氯仿、二氯甲烷作沉淀剂，所获得的 AP 粒度小于 $5\mu m$；如果用异丁醇作沉淀剂，AP 为斜方晶系，粒度大于 $10\mu m$。

伊朗马利克阿斯塔（Malek-Ashtar）科技大学诺罗兹（Norouzi）等采用溶剂-非溶剂重结晶法，通过控制非溶剂类型、溶剂与非溶剂的比例、非溶剂温度、搅拌速度和反应时间等因素，当以四氯化碳作为非溶剂、控制溶剂/非溶剂比为 1:5 时，制备得到了 1.5μm 的 AP 颗粒；当以甲苯作为非溶剂，控制溶剂/非溶剂比为 1:1、搅拌速度为 1200r/min 时，所得到的 AP 颗粒的球形度达到 0.88[30]。马利克阿斯塔科技大学的胡赛尼（Hosseini）和兹纳布（Zinab）也采用溶剂-非溶剂重结晶法，通过控制溶液与非溶剂的混合方式以及溶质重结晶析出方式，分别制备得到了粒度为 1.02~4.47μm 和 4.21~7.5μm 的AP[31]，如图 2-9 所示。

(a)　　　　　　　　　　　　　　　(b)

图 2-9　不同粒度级别的微纳米 AP 的 SEM 照片

　　中北大学陈亚芳采用溶剂-非溶剂法，选用水为溶剂，乙酸乙酯为非溶剂，用激光粒度分析仪对得到的 AP 进行粒度测试分析，结果表明，其粒度分布为 0.93~0.96μm[32]。

　　中国刑事警察学院迟志玮通过溶剂-非溶剂法研究了细化氯酸钾颗粒的工艺条件，以纯净水为溶剂、无水乙醇为非溶剂，调节溶剂与非溶剂的比例、搅拌速率、溶剂与非溶剂的混合速度、溶质的初始浓度 4 个变量，对比氯酸钾细化颗粒的形貌结构，确定了实验最佳制备条件：初始质量浓度为 70mg/mL、搅拌速度为 1500r/min、溶剂/反溶剂体积比例 1:10、滴加速度为 4mL/min，制备了平均长度为 2μm，平均宽度为 1.7μm 的氯酸钾粉体[33]。

　　南京师范大学 Ma 等[34]使用陶瓷膜非溶剂重结晶法（CMASC）安全快速地制备了微纳米 AP 颗粒，其中使用丙酮作为溶剂，乙酸乙酯作为非溶剂。与传统溶剂-非溶剂法相比，陶瓷膜非溶剂重结晶法可以制备出多种不同形貌的微米级 AP 颗粒，如多面体状、立方体状、棒状，粒度为 2~20μm。马振叶等同时采用溶剂-非溶剂重结晶法，以 N，N-二甲基甲酰胺（DMF）/丙酮为混合溶剂，制成 AP 饱和溶液，加到乙酸乙酯非溶剂溶液中，制备出一种粒度为 1~100μm，中部结构为多层空腔结构的微米级 AP[35-36]。此外，Ma 等还开发了一种超声辅助微流控制系统[37]，采用流动聚焦微混合器作为反应器制备微纳米 AP，与普通溶剂-非溶剂重结晶方法相比，这种方法有利于高强度生成原溶液和反溶剂有效混合的过饱和溶液，从而形成更小尺寸的颗粒。通过控制流动聚焦微混器尺寸、超声参数、表面活性剂种类和含量、溶剂与非溶剂比例等因素，制备得到了平均粒度为 0.41μm 的亚微米级 AP 样品。

南京师范大学董倩倩选用 DMF/丙酮为混合溶剂，乙酸乙酯为非溶剂，选用常规反溶剂重结晶法和陶瓷膜-反溶剂重结晶法分别制备了不同粒度和形貌的细化 AP，最小可得 10μm 的 AP[38]。南京师范大学刘杨使用丙酮与醇类（包括甲醇、乙醇、异丙醇、乙二醇）、N，N-二甲基甲酰胺（DMF）与醇类、N，N-二甲基乙酰胺（DMAC）与醇类作为混合溶剂，乙酸乙酯作反溶剂，制备出了平均粒度分别为 8μm、6μm、5μm 的微米级细 AP[39]。

北京理工大学李珊采用溶剂-非溶剂重结晶法，通过控制溶剂与非溶剂种类、溶质析出温度、溶液滴加速率、搅拌强度和溶剂/非溶剂体积比等工艺参数，制备得到了粒度为 4.3~62.0μm 的类球形 AP，如图 2-10 所示[40]。

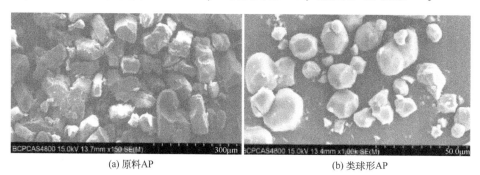

(a) 原料AP　　　　　　　　　　　　　　(b) 类球形AP

图 2-10　原料 AP 和类球形 AP 的 SEM 照片

南京理工大学的张永旭以乙醇和丙酮为溶剂，异辛烷为非溶剂，制备出了纳米级 AP 粒子，结果表明：溶剂的性质对重结晶 AP 晶体颗粒粒度有较大影响，当选择乙醇作为溶剂时，可得到粒度小于 60nm、分散性较好的 AP 粒子；当溶剂选用丙酮时，重结晶得到的 AP 晶体样品平均粒度较大，且团聚严重、外形不规则。他还以乙醇和丙酮为溶剂，异辛烷为非溶剂，制备出了纳米级硝酸铵粒子[41]。结果显示：随制备中 NH_4NO_3 在溶剂相中浓度的提高，可以得到平均粒度较大的颗粒。在 NH_4NO_3 乙醇溶液浓度分别为 18.75mmol/L 和 50mmol/L 时，分别可以得到平均粒度为 20nm 和 50nm 的 NH_4NO_3 粉体样品。南京理工大学丁亚娟采用溶剂-非溶剂法，以水为溶剂、乙醇为非溶剂，通过控制硝酸钾水溶液初始浓度 0.75mol/L，超声时间 4min，溶剂和非溶剂体积比

2∶8，超声功率为9%，制备得到了平均粒度为3μm左右硝酸钾粉体[42]。

南京理工大学国家特种超细粉体工程技术研究中心，系统研究了溶剂-非溶剂重结晶过程及其影响因素，通过优化工艺参数制备了不同类型的微纳米氧化剂样品。例如，以 NMP 和 DMF 为溶剂、二氯甲烷为非溶剂[43]，深入探讨了析出温度、搅拌强度、溶液浓度、加入速度、添加剂种类、溶剂/非溶剂比等重结晶工艺参数对 AP 重结晶效果的影响，揭示了各因素对产物粒度及粒度分布的影响规律，分别制备出了 $d_{50}=0.69\mu m$、$d_{50}=1.07\mu m$ 和 $d_{50}=4.86\mu m$ 的微纳米 AP 样品，如图 2-11 和图 2-12 所示。

(a) d_{50}=0.69μm

(b) d_{50}=1.07μm

(c) d_{50}=4.86μm

图 2-11　制备出的不同粒度微纳米 AP 的 SEM 照片

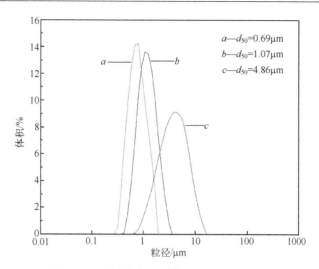

图 2-12　不同粒度 AP 样品的粒度分布曲线

　　南京理工大学国家特种超细粉体工程技术研究中心还研究采用溶剂-非溶剂法，以平均粒度 d_{50} 为 200μm 左右的粗颗粒 AP 为原料，制备了 d_{50} 为 5μm 左右的类球形 AP，以及纳米燃烧催化剂（CuO）和类球形超细 AP 所构成的核（CuO）壳（AP）结构复合粒子 CuO@AP[44-45]，如图 2-13~图 2-16 所示。

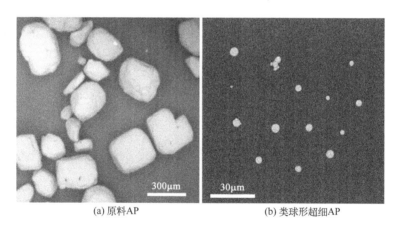

(a) 原料AP　　　　　　　　　　　　　　(b) 类球形超细AP

图 2-13　原料 AP 和类球形超细 AP 的 SEM 照片

　　通过研究类球形超细 AP 的吸湿性，结果表明：类球形超细 AP 的吸湿性比普通超细 AP 大幅度降低；与同等粒度级别的超细 AP 相比，类球形超细 AP 的饱和吸湿率降低 50% 以上，并且类球形超细 AP 的饱和吸湿率比粗颗粒原料降低 20% 以上，如图 2-17 所示。

图 2-14　类球形超细 AP 的 SEM 照片

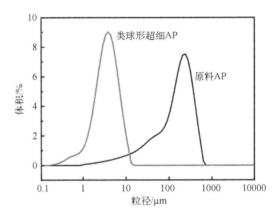

图 2-15　原料 AP 和类球形超细 AP 的粒度分布曲线

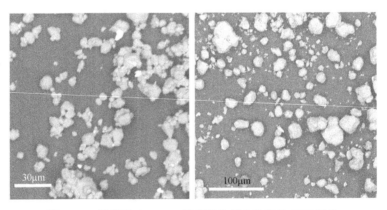

图 2-16　类球形 CuO@AP 核壳结构复合粒子的 SEM 照片

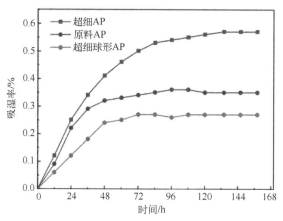

图 2-17　不同 AP 样品的吸湿率随时间变化曲线

这主要是因为：普通粗颗粒 AP 颗粒表面存在很多细微的气孔，粗糙度较大，这些表面微孔由于比表面积大、表面能高，极容易吸附水分，因而吸湿性很强；超细 AP 颗粒粒度小，表面具有尖端、气孔等缺陷，比表面积比普通粗颗粒 AP 更大、表面能更高，因而表现为吸湿性更强；对于类球形超细 AP，颗粒形貌规则，无明显的棱角，表面比较光滑，且颗粒大小分布均匀，颗粒密实度较高，内部缺陷较少，表面能显著降低，对水的吸附能力降低，所以吸湿性大幅度降低。

在上述研究基础上，南京理工大学国家特种超细粉体工程技术研究中心还对比研究了类球形超细 AP 与普通同粒度级别超细 AP、CuO@AP 核壳复合粒子与 CuO/AP（CuO 跟 AP 的混合物）的感度（表 2-1），结果表明：与同等粒度级别的超细 AP 相比，类球形超细 AP 的撞击感度相对降低 60% 以上；与 CuO 和 AP 的混合相比，类球形 CuO@AP 核壳复合粒子的撞击感度相对降低 40% 以上；通过对超细 AP 进行类球形化处理及核壳复合化处理，可大幅度降低 AP 及其复合物的感度。这主要在于：类球形 AP 及类球形 CuO@AP 核壳复合粒子，颗粒表面圆滑、空隙率低，颗粒密实度更高、内部缺陷更少，在受到外力撞击时，不易形成局部热点，因此表现为撞击感度大幅度降低，安全性能提高。

表 2-1　不同 AP 样品的撞击感度测试结果

样　　品	特性落高 H_{50}/cm	标准差 S
类球形超细 AP	48.98	0.11
超细 AP	30.14	0.04
CuO@AP	51.28	0.03
CuO/AP	36.31	0.08

进一步地，南京理工大学国家特种超细粉体工程技术研究中心还研究了类球形超细 AP 和类球形 CuO@AP 在 HTPB 体系复合固体推进剂中的应用效果，探索了推进剂的感度和力学性能。相关测试结果见表 2-2、图 2-18 和表 2-3。

表 2-2　不同固体推进剂样品的撞击感度测试结果

样　品	特性落高 H_{50}/cm	标准差 S
类球形超细 AP 推进剂	40.93	0.12
超细 AP 推进剂	31.58	0.08
CuO@AP 推进剂	41.69	0.11
CuO/AP 推进剂	33.25	0.06

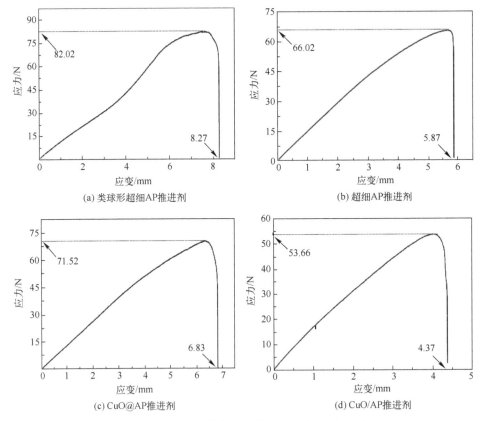

图 2-18　不同固体推进剂样品的应力-应变曲线

表 2-3　不同固体推进剂样品的力学性能测试结果

样　品	抗拉强度/MPa	断裂伸长率/%
类球形超细 AP 推进剂	1.17	11.8
超细 AP 推进剂	0.94	8.37
CuO@AP 推进剂	1.02	9.75
CuO/AP 推进剂	0.77	6.23

由上述分析可知，当类球形超细 AP 和类球形 CuO@AP 应用于 HTPB 体系复合固体推进剂后，与超细 AP 推进剂相比，类球形超细 AP 推进剂的撞击感度降低 20% 以上、抗拉强度提高 20% 以上、断裂伸长率提高 40% 以上；与 CuO/AP 推进剂相比，CuO@AP 推进剂的撞击感度降低 20% 以上、抗拉强度提高 30% 以上、断裂伸长率提高 50% 以上。这表明所制备的类球形超细 AP 和类球形 CuO@AP 在固体推进剂中具有非常优异的应用前景。

然而，大量研究表明，采用溶剂-非溶剂重结晶法可制备出粒度范围较广（从几十纳米到几百微米）的微纳米 AP 等氧化剂样品。溶剂-非溶剂重结晶法具有操作简单、重结晶时间较短、适用性广、安全方便，以及产物粒度可控性强等优点，在实验室探索研究方面很受欢迎。然而，当采用溶剂-非溶剂重结晶法制备微纳米 AP 等氧化剂时，存在产量小、产品产率较低、产品纯度较难控制等不足，进行批量微纳米化生产的难度较大，目前只是处于实验室研究阶段。如何结合溶剂-非溶剂重结晶法，探索类球形超细 AP 及其复合粒子制备工艺技术的放大，是今后研究将面临且亟待解决的问题和难题。

2.3.5　雾化干燥重结晶基础理论及技术

1. 雾化干燥重结晶相关基础理论与工艺概述

1）基础理论

采用雾化干燥重结晶技术对氧化剂进行微纳米化处理，是在压缩气体、离心力、超声波、静电等作用下，首先使氧化剂溶液雾化、形成雾状的小液滴。再将雾滴引入一定压力的加热气体（如空气、氮气、氩气等）中，使雾滴受到温度和压力的双重作用，溶剂快速挥发，微小雾滴迅速成为过饱和溶液。氧化剂溶质分子快速重结晶成核析出，经生长、凝结后形成干燥的微纳米氧化剂颗粒，并在气流带动下向指定收集装置或收集区域移动。雾化干燥重结晶法已受到广泛的关注，其核心是采用合适的措施形成氧化剂溶液雾滴。下面以气流式雾化干燥重结晶技术为例，介绍该重结晶过程的相关基础理论[46]。

气流式雾化干燥重结晶装置的关键部件之一是喷嘴，喷嘴产生的液滴平均直径d_L可根据半经验公式进行估算：

$$\frac{d_L}{L}=\left[1+\frac{1}{\mu_L}\right]^x\left[A\left(\frac{\gamma_L}{\rho_g u_L^2 L}\right)^a+B\left(\frac{\eta^2}{L\gamma_L\rho_L}\right)^b\right] \tag{2-36}$$

式中：L 为喷嘴特征尺寸（μm）；μ_L 为喷嘴液气质量比；γ_L 为液体的表面张力（N/m）；ρ_g 为空气的密度（kg/m^3）；u_L 为液体喷射的相对速度（m/s）；η 为液体黏度（$Pa\cdot s$）；ρ_L 为液体的密度（kg/m^3）；A、B、a、b、x 均为与喷嘴结构相关的常数。

氧化剂颗粒的粒度 d_s 与液滴直径 d_L 间的关系可近似地用经验公式表示为

$$d_s=d_L\left(\frac{C}{\rho}\right)^{1/3} \tag{2-37}$$

式中：C 为溶液浓度（g/cm^3）；ρ 为氧化剂密度（g/cm^3）。

雾化干燥重结晶过程制备微纳米氧化剂颗粒是在瞬间完成的，因此需要尽量增大溶液的分散度，即增加单位体积内溶液的表面积，也就是减小雾滴尺寸，加快传质和传热的过程。根据机理不同，溶液的雾化可分为滴状雾化、丝状雾化和膜状雾化三种类型。

（1）滴状雾化：是指溶液以较小的速度从喷嘴喷出，由于表面张力的作用会形成一个不稳定的圆柱状的液滴，当液滴某处的尺寸小于平均尺寸时，就会在此处形成比较薄的液膜。在较薄的液膜处的表面张力会比较厚的液膜处大许多。因此，液体较薄的部分会转移到较厚的部分。然后这部分就会延长成线并进一步分裂成大小不一的液滴，最终在离喷嘴一定距离处形成小液滴。

（2）丝状雾化：是指当溶液从喷嘴喷出时，气液相对速度较大，在外力和表面张力的作用下，液柱会被拉长成液丝，在液丝比较细的地方会断裂成许多小雾滴。

（3）膜状雾化：是指气体或溶液以相当高的速度从喷嘴喷出，当气液相对速度达到足够大时，就会形成一个绕空气心旋转的空心锥薄膜。薄膜连续膨胀扩大，然后分裂为极细的液丝或液滴，而薄膜的周边分裂成雾滴。

2）影响雾化干燥重结晶效果的主要因素

溶液浓度可影响重结晶时的过饱和度，导致不同的晶核生成速率和晶体生长速率，从而得到不同粒度和形貌的微纳米氧化剂颗粒。溶液浓度高、液滴中的溶质含量多，易形成大颗粒；相反，溶质含量少，可形成微纳米级颗粒。对于雾化干燥重结晶过程，通常雾滴的直径（或尺寸）及其分布对微纳米氧化剂颗粒的影响远大于溶液浓度的影响。在一定浓度范围内，雾滴直径减小，颗粒粒度随之减小。雾滴尺寸的相关影响因素包括重结晶温度、进样量和载气流量、雾化方式等。

（1）重结晶温度。一般来说，重结晶温度高，所形成的雾滴尺寸较小，并且温度高溶剂易于挥发，形成过饱和溶液的速度快，成核速率大，因而易得到小颗粒。相反，在低温下重结晶易得到大颗粒。

（2）进样量和载气流量。载气流量（热气流流量）一定时，进样量减小，气液质量比增大，雾化产生的液滴直径变小、单位体积内的液滴数量降低，结晶析出的颗粒粒度较小、颗粒数量减少。若进样量过低而导致所形成的颗粒粒度过小，则颗粒不易收集。载气流量增大，溶剂挥发速度快、成核快、团聚少，得到的颗粒粒度小。若载气流量过大，则容易形成气流反冲，反而影响重结晶过程的顺利进行及产率。

（3）雾化方式。压缩气体、离心力、超声波、静电等因素均可使氧化剂溶液雾化，不同的雾化方式，其所形成的雾滴尺寸及分布有所不同。通常，采用气流式雾化时，可通过调节雾化气流的压力和喷嘴的结构获得较小尺寸和分布范围较窄的雾滴。离心式雾化由于机械部件旋转部件的转速不能太高（通常小于 30000r/min），因而离心力也受到限制，使得雾滴尺寸较大。超声波雾化是利用超声波的电子高频震荡（1.7MHz 或 2.4MHz），将能量传递给氧化剂溶液，从而将液体破碎成细小雾滴，达到雾化效果。

静电雾化基本原理是应用高压静电在喷头与接收基板间形成高压电场[47]，使以一定流速流经喷头的溶液通过充电的方式被充上电荷，形成带电液体。带电液体在高压静电场中会受到一个电场力，同时也会受到一个方向相反的表面张力。喷头末端的液滴在静电场的作用下，产生形变并逐步形成泰勒锥。当静电场强足够大时，液滴受到静电场力能够克服表面张力时，泰勒锥表面就会喷射出微米级甚至更小的液滴流，这就形成静电雾化现象。雾化形成的小液滴在向接收基板运动过程中，溶剂不断挥发，发生重结晶析出生成微纳米氧化剂颗粒，积聚在接收板上。由于静电雾化形成的大量微小液滴表面带有电荷，库仑力阻止了液滴间的聚集，并使其更容易穿透环境中气体介质，同时还能方便控制液滴的运动轨迹，并且液滴运动过程中溶剂挥发后形成的微纳米颗粒也带有电荷，这在一定程度上能克服微纳米颗粒的团聚。然而，静电雾化所形成的雾滴尺寸及粒度分布受静电电压、溶剂种类、溶液浓度、雾化距离等多个因素的影响，雾化过程较难控制，且雾化能力往往较小。

2. 雾化干燥重结晶技术制备微纳米氧化剂

日本国防大学甲贺诚（Kohga）和萩原豆（Hagihara）采用雾化干燥法制备微纳米 AP[48]。通过超声雾化器喷射 AP 水溶液，使 AP 溶液雾化后采用空气对雾滴进行干燥，探讨了 AP 溶液浓度、干燥空气的入口温度等对颗粒形貌和粒度的影响。当 AP 溶液浓度质量分数为 10%、空气入口温度为 313K 时，可以制备出平均粒度为 2.7μm 的 AP 颗粒，比表面积为 $3.1×10^3 m^2/kg$。

甲贺诚（Kohga）和萩原豆（Hagihara）为了制备更小的 AP 颗粒，将饱和 AP 溶液溶解在有机溶剂（丙酮、甲醇和乙醇）中，进一步对溶液进行喷雾干燥[49]。重结晶获得的 AP 的平均粒度随着有机溶剂浓度和干燥空气入口温度的增加而减小，平均粒度在 1.3～2.2μm 范围内。当选用甲醇为溶剂、浓度为 100%vol，干燥室入口温度控制在 313～413K 时，可以制备平均粒度为 1.48μm 的 AP 颗粒。

南京理工大学国家特种超细粉体工程技术研究中心在雾化干燥重结晶技术方面，开展了大量的研究工作，尤其是在基于气流式雾化和离心式雾化技术及设备方面，进行了系统、全面的研究。设计并研制出了原理样机与相应的工艺技术，基于该特种连续雾化干燥系统（图 2-19），以水为溶剂溶解 AP、以热空气为干燥介质，探索了对 AP 等氧化剂进行批量微纳米化制备，试验结果表明这种技术能够稳定、批量制备出微纳米 AP 样品。

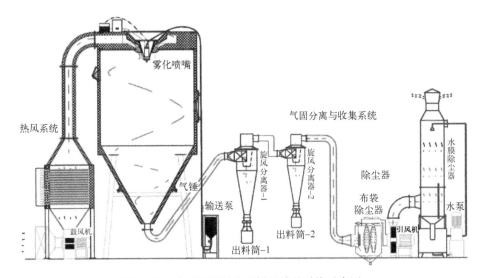

图 2-19　典型连续雾化干燥重结晶系统示意图

然而，当前采用连续雾化干燥系统批量化制备的微纳米氧化剂，其颗粒形貌尚不规则，还需进一步优化。另外，采用连续雾化干燥重结晶技术对 AP 等氧化剂进行微纳米化处理时，还需考虑干燥过程温度、机械刺激、气流扰动等所引起的安全问题，需确保雾化干燥重结晶过程的安全可控、可靠。在此基础上，结合溶剂-非溶剂法制备类球形氧化剂及类球形氧化剂复合粒子的相关技术，探索研究采用雾化干燥重结晶方法大批量、连续制备类球形微纳米氧化剂，将有望能够解决当前溶剂-非溶剂方法的工业化放大难题，进而真正批量化制备出性能优异的类球形微纳米 AP 及复合粒子，并促进其应用，为固体推进剂与混合炸药等火炸药产品性能提升提供技术支撑。

综上所述，采用合成构筑法制备微纳米氧化剂，其本质上是在氧化剂的化学合成过程，通过采用高速剪切、搅拌等作用，控制氧化剂的结晶过程，进而生成微纳米级氧化剂。采用这种方法制备微纳米氧化剂时成本较高、产量较小，随着产量放大往往会导致产物粒度分布较宽。并且，化学合成过程含有大量的有机试剂，甚至是有毒有害试剂或强腐蚀性试剂，对操作人员的身心健康及环境会造成很大的威胁。此外，需特别注意的是，该过程中有机试剂对高速旋转剪切的机械部件的密封件腐蚀非常严重，可能导致氧化剂进入轴封，进而引发安全事故，因此目前仅限于小批量制备实验。

采用重结晶技术制备微纳米氧化剂时，如超临界流体重结晶技术、溶剂/非溶剂重结晶技术、溶胶-凝胶重结晶技术等，往往工艺比较复杂，重复稳定性较难控制，并且存在溶剂所引起的环保问题，以及成本较高、得率较低等问题。因而，目前也尚未见到能够实现批量化稳定制备方面的研究报道。令人感兴趣的是，采用雾化干燥重结晶技术，结合溶剂-非溶剂重结晶技术的特点及优势，有望能够实现类球形微纳米 AP 等氧化剂及其复合粒子的批量化制备。但是，这还需进一步开展大量的研究工作，解决雾化干燥重结晶过程可能存在的安全问题，以及工艺稳定性问题、产量问题、能耗问题等，才有可能实现批量化制备类球形微纳米氧化剂。

参 考 文 献

[1] 刘杰，李凤生. 微纳米含能材料科学与技术 [M]. 北京：科学出版社，2020.

[2] 李凤生，刘宏英，陈静，等. 微纳米粉体技术理论基础 [M]. 北京：科学出版社，2010.

[3] 张玉龙，唐磊. 人工晶体——生长技术、性能与应用 [M]. 北京：化学工业出版社，2005.

[4] 契尔诺夫 A A. 现代晶体学 3：晶体生长 [M]. 吴自勤，洪永炎，高琛，译. 合肥：中国科学技术大学出版社，2019.

[5] 张霞，侯海军. 晶体生长 [M]. 北京：化学工业出版社，2018.

[6] 张罡，易建民，沈晃宏. 复分解法生产硝酸钾技术存在的问题与建议 [J]. 化肥设计，2006，44 (3)：39-41.

［7］钟秀政. 化学法制氯酸钾 ［J］. 广西化工，1985（2）：4-7.

［8］MAZZUCHELLI A C, SAMONIDES J. Electrolytic manufacture of manganates and/or permanganates US3293160 ［P］. 1966-12-20.

［9］李勇，赖俐超，张丰如，等. 离子膜电解法制备高锰酸钾 ［J］. 化学试剂，2019，41（3）：317-320.

［10］卢芳仪，蒋柏泉. 电解氯化钾和氯化钠的混合液直接制氯酸钾的研究 ［J］. 南昌大学学报（工科版），1988，10（2）：39-45.

［11］孙洋洲，姚沛. 钛基二氧化铅阳极电化合成高氯酸钠的研究 ［J］. 无机盐工业，2001，33（1）：11-12，19.

［12］于佩凤，木致远. 高氯酸钾的制备 ［J］. 爆破器材，1986，（1）：31-34.

［13］程静. 电解法合成高氯酸钠的研究 ［J］. 广州化工，2010，38（3）：76-79，87.

［14］DOTSON L R, RICHARD W R, HANY J L. Process for producing perchloric acid and ammonium perchlorate US5131989 ［P］. 1992-07-21.

［15］王桂云，陈之川，马林松，等. 溶剂萃取法制备农用硝酸钾 ［J］. 无机盐工业，1998，30（3）：15-17，3.

［16］李杰. 固体碱熔氧化法制备重铬酸钾的实验研究 ［J］. 赤峰学院学报（自然科学版），2005，21（5）：25，29.

［17］郭士成，杨茂山. 固体碱熔氧化法制备高锰酸钾的微型实验 ［J］. 临沂师范学院学报，2003，25（6）：141-142.

［18］胡日勤. 液相氧化法生产锰酸钾 ［J］. 无机盐工业，1980，22（4）：12-17.

［19］KUMARI A, MAURYA M, JAIN S, et al. Nano-ammonium perchlorate: preparation, characterization and evaluation in composite propellant formulation ［J］. Journal of Energetic Materials, 2013, 31（3）：192-202.

［20］REVERCHON E, ADAMI R. Nanomaterials and supercritical fluids ［J］. The Journal of Supercritical Fluids, 2006, 37（1）：1-22.

［21］闻利群，张景林. 超临界 CO_2 抗溶剂法重结晶 AP 微细颗粒的研究 ［J］. 含能材料，2005，13（5）：59-62，6.

［22］闻利群，张同来，秦清风. 乙醇为溶剂制备超细高氯酸铵的 GAS 研究 ［J］. 含能材料，2010，18（2）：143-147.

［23］BOUTONNET M, KIZLING J, STENIUS P, et al. The preparation of monodisperse colloidal metal particles from microemulsions ［J］. Colloids and Surfaces, 1982, 5 (3): 209-225.

[24] ZANJIRIAN E. Ammonium perchlorate nano particles production by microemulsion-freeze drying method [J]. Journal of Energetic Materials, 2012, 7 (2): 27-37.

[25] KOHGA M, HAGIHARA Y. Preparation of fine ammonium perchlorate by freeze-drying [J]. Kagaku Kogaku Ronbunshu, 1997, 23 (2): 163-169.

[26] 郑胜军. 超细类球形 Fe_2O_3@AP 核壳结构复合粒子的制备及应用基础研究 [D]. 南京：南京理工大学, 2020.

[27] OLT R L. Method of producting fine particle ammonium perchlorate. US3685163 [P]. 1972-08-22.

[28] LEVINTHAL M L, ALLRED G F, POULTER L W. Method of making finely particulate ammonium perchlorate. US4023935 [P]. 1977-05-17.

[29] KIM J H. Preparation of fine ammonium perchlorate crystals by a "salting out" process [J]. Journal of Chemical Engineering of Japan, 1995, 28 (4): 429-433.

[30] NOROUZI M, TAHERNEJAD M, HOSSEINI S G, et al. Taguchi optimization of solvent-antisolvent crystallization to prepare ammonium perchlorate particles [J]. Chemical Engineering and Technology, 2020, 43 (11): 2215-2223.

[31] HOSSEINI S G, ZINAB J M. Preparation of superfine ammonium perchlorate particles using some advanced liquid antisolvent crystallization (LASC) methods [J]. Particulate Science and Technology, 2018, 37 (2): 1-10.

[32] 陈亚芳. 含超细高氯酸铵的核-壳型复合材料的制备技术研究 [D]. 太源：中北大学, 2006.

[33] 迟志玮. 溶剂-反溶剂法制备亚微米氯酸钾 [J]. 山东化工, 2022, 51 (1): 65-67, 79.

[34] MA Z Y, LI C, WU R J, et al. Preparation and characterization of superfine ammonium perchlorate (AP) crystals through ceramic membrane antisolvent crystallization [J]. Journal of Crystal Growth, 2009, 311 (21), 4575-4580.

[35] 马振叶, 张利雄, 李成, 等. 膜管与反溶剂法耦合的超细粉体制备与浓缩装置. CN201431800Y [P]. 2010-03-31.

[36] 马振叶, 赵凤起, 张利雄, 等. 一种中空超细高氯酸铵及其制备方法. CN102718187A [P]. 2012-10-10.

[37] MA Z Y, PANG A M, QI Y F, et al. Preparation and characterization of ultra-fine ammonium perchlorate crystals using a microfluidic system combined

with ultrasonication [J]. Chemical Engineering Journal, 2021, 405: 126516.

[38] 董倩倩. 反溶剂重结晶法制备超细高氯酸铵研究 [D]. 南京：南京师范大学, 2015.

[39] 刘杨. 混合溶剂体系超细高氯酸铵的制备研究 [D]. 南京：南京师范大学, 2016.

[40] 李珊. 球形化高氯酸铵的制备与表征及其热分解性能研究 [D]. 北京：北京理工大学, 2015.

[41] 张永旭. 含能材料纳米粉体的制备和性能研究 [D]. 南京：南京理工大学, 2005.

[42] 丁亚娟. 超细硝酸钾制备及其热物理性能研究 [D]. 南京：南京理工大学, 2017.

[43] 刘宁. 亚微米高氯酸铵的制备研究 [D]. 南京：南京理工大学, 2013.

[44] 孙森森. 类球形超细高氯酸铵及其复合粒子的制备与性能研究 [D]. 南京：南京理工大学, 2022.

[45] 孙森森, 曹新富, 于浩淼, 等. 球形纳米 CuO@AP 核壳粒子的制备与性能表征 [J]. 火炸药学报, 2021, 44 (6): 844-850.

[46] 谯志强. 不同晶体形貌的超细 RDX 制备技术和性能研究 [D]. 北京：中国工程物理研究院, 2005.

[47] 李梦尧. 微纳米 CL-20/NC 的静电射流法制备 [D]. 北京：北京理工大学, 2016.

[48] KOHGA M, HAGIHARA Y. The spray-drying of ammonium perchlorate by ultrasonic comminution [J]. Journal of the Society of Powder Technology, 1997, 34 (7): 522-527.

[49] KOHGA M, HAGIHARA Y. The preparation of fine ammonium perchlorate by the spray-drying method-effect of organic solvents on the particle shape and size [J]. Journal of the Society of Powder Technology, 1996, 34 (6): 437-442.

第 3 章　基于机械粉碎原理的氧化剂微纳米化技术及应用

　　采用粉碎技术对氧化剂进行微纳米化处理，就是利用各种特殊的粉碎设备，通过控制粉碎设备内部件高速运动所产生的撞击与剪切粉碎力场、介质研磨粉碎力场、高速流体（液流或气流）撞击与剪切及冲刷与剥削粉碎力场等，以及物料浓度、分散剂种类、表面活性剂种类及用量等工艺参数，来克服氧化剂颗粒内部凝聚力，进而达到使之破碎的目的。同时，还可进一步控制粉碎力场以实现对微细颗粒表面磨削以除去棱角，从而制备得到一定形状（如类球形）的微纳米氧化剂。

　　粉碎效果与氧化剂所受外力的大小、均匀性、种类、时间等有关，也与氧化剂本身的性质有关。当氧化剂被粉碎至微米或亚微米级甚至纳米级时，颗粒的比表面积和表面能与表面活性急剧增大，极易发生团聚。颗粒粒度越小，团聚现象越显著。在一定的粉碎设备及工艺条件下，随着粉碎时间的延长，逐渐趋向粉碎-团聚的动态平衡过程。在这种情况下，粒度减小的速度趋于缓慢，即使继续延长粉碎时间，氧化剂的粒度也不可能再减小，甚至出现颗粒长大的现象，这在粉碎领域称为"反粉碎"或"逆粉碎"。粉碎-团聚（又称粉碎-反粉碎）平衡时的物料粒度称为该物质在该粉碎条件下的"粉碎极限"。物质的粉碎极限是相对的，与外力（能量）的施加方式和效率、粉碎工艺、物质性质等因素有关。在相同的粉碎工艺条件下，不同种类物质的粉碎极限一般来说也是不相同的。此外，力场过大、施加方式不正确、粉碎时间过长等还可能引发安全事故。因此，研究氧化剂的微纳米化粉碎理论及技术，对其粉碎效果和效率的提高、保证粉碎过程安全具有重要意义[1]。

　　不论是本章所述的机械粉碎技术，还是第 4 章所述的气流粉碎技术，在对氧化剂进行微纳米化粉碎时，所涉及的相关基础理论，如粉碎过程力场的作用形式、颗粒破碎的基本原理、力场作用下物质颗粒的粉碎形式等，其内涵是一致的。并且，不论采用何种粉碎技术对氧化剂进行微纳米化处理，必须首先设计并控制力场、温度场等在安全阈值范围内，然后再结合具体的理论，对微纳米化工艺技术进行特殊设计和优化，才能安全制备出微纳米氧化剂。因此，对氧化剂微纳米化粉碎过程的相关基础理论在此一并介绍。

3.1　氧化剂微纳米化粉碎过程的相关基础理论

3.1.1　粉碎过程力场的作用形式

对氧化剂进行粉碎所利用的力场（或能量），其主要表现形式有冲击（撞击）粉碎、挤压粉碎、剪切粉碎、磨削粉碎等[2-4]。

（1）冲击（撞击）粉碎：主要是指氧化剂颗粒与粉碎介质、颗粒与颗粒、颗粒与粉碎设备内部部件或内壁等发生的强烈冲击作用，使受到冲击的颗粒沿其内部固有的裂纹破裂或断裂，或在颗粒内局部区域因应力集中而产生新的裂纹，在下一次冲击中进一步发生断裂或破裂。这种粉碎方法主要针对脆性氧化剂，且得到的产品特点是颗粒多呈不规则状、棱角明显。

（2）挤压粉碎：主要是指氧化剂在外界挤压作用下应力不断积累，当颗粒内部产生的应力超过其自身内聚能时而发生破碎的一种力学过程。在氧化剂颗粒被挤压的过程中，颗粒尖角部位因应力集中而发生破碎。同时，外力促使物质颗粒内部缺陷加剧，当挤压到一定程度时，物质会因崩裂而细化。

（3）剪切粉碎（也称劈裂粉碎）：主要是指在氧化剂颗粒支点间施加外力而使其沿剪切方向断口或裂开的过程。由于物质的颗粒形状千差万别，在运动过程中必定会相互接触，这就使得某种物质颗粒在某一面上存在着点支撑。当该颗粒受到剪切力作用时，因为点支撑的影响，物质的某一端面上局部强度极限小于剪切应力，物质颗粒便会发生破裂，从而导致物质被粉碎。剪切粉碎的特点是力的作用比较集中，但作用规模小，主要发生在局部，比较适用于韧性较大的物质。

（4）磨削粉碎：主要是指氧化剂颗粒与介质、颗粒与颗粒以及颗粒与旋转部件等，在一定的条件下，发生位错和摩擦剪切，使大颗粒不断变小的过程。一方面，物质颗粒之间因质量差异而导致速度差异，不可避免地会因相互摩擦而发生局部磨削；另一方面，介质（或旋转部件）和物质颗粒也因具有不同的运动速度而产生磨削作用。当这种复合的磨削力场大于氧化剂的抗剪极限时，物质颗粒表面将发生剥离而细化。磨削粉碎所得到的产品粒度都比较小，并且可对物质的表面棱角进行打磨，使产品颗粒形状规则。

实际的微纳米化粉碎过程中，氧化剂往往受到上述多种力场所形成的复合粉碎力场作用。随着氧化剂颗粒粒度减小，颗粒的理化性质也可能逐步由量变发展为质变。这一变化过程需要两方面的能量：一是颗粒发生裂解前的变形能，该部分能量与颗粒的体积有关；二是颗粒产生裂解出现新表面所需的表面能，该部分能量与新出现的表面积的大小有关。粉碎过程本质上就是使颗粒在这两方面能量增加的过程。实际粉碎过程中的能量转化为变形能和表面能的比例是比较低的。这是因为，粉碎过程涉及微纳米尺度的颗粒，其粒度本来已经较小，若需进一步细化，有效受力比较困难，并且即便微细颗粒受到了力场的作用，其对能量的逸散作用也会比普通粗颗粒大得多，致使能量的利用率降低。

　　因此，在对氧化剂进行微纳米化粉碎时，需施加很强的粉碎力场或能量场。然而，随着所施加的力场增大，粉碎过程中的安全风险也随之增大，这就急需对粉碎过程的安全进行系统深入的研究。

3.1.2　氧化剂颗粒破碎的基本原理

　　颗粒状的氧化剂，通常都是晶体。从晶体学角度看，构成晶体的基本单位是晶胞，而晶胞是由离子、原子或分子等质点在空间以一定的几何规则周期性排列而成的。构成晶体的质点相互之间的吸引力和排斥力维持平衡，质点间的作用力 P 表示为

$$P = \frac{\mathrm{d}U}{\mathrm{d}r} = M\frac{e^2}{r^2} - \frac{zB}{r^{z+1}} \tag{3-1}$$

式中：r 为质点间的距离；z 与晶体类型有关；e 为质点所带的电荷量；M 为马德隆（Madelung）常量，取决于晶胞质点的排列方式；B 为与晶体结构有关的常数。

　　当质点间作用力 $P=0$ 时，质点间距离为 r_0，则可求得 $B = M\frac{e^2}{z}r_0^{z-1}$，进一步得

$$P = \frac{Me^2}{r^2}\left[1 - \left(\frac{r_0}{r}\right)^{z-1}\right] \tag{3-2}$$

　　当氧化剂晶体颗粒被压缩时，$r<r_0$，斥力的增大超过了引力的增大，剩余的斥力抵抗外力的压迫作用；当晶体被拉伸时，$r>r_0$，引力的减小小于斥力的减小，多余的引力抵抗着外力的拆散作用。当施加于晶体颗粒上的外力超过最大作用力 P_{max}（理论破碎强度）时，晶体将发生破碎或产生永久变形。对于实际的氧化剂颗粒而言，存在着质点排列或构造上的缺陷，这使得颗粒破碎所需的外力（外能）较理论计算的要小得多。

　　为了实现氧化剂微纳米化粉碎，必须使所施加的瞬时粉碎力场（或累积粉碎力场）大于特定粒度级别颗粒的破碎强度。但是，为了确保粉碎过程的安全，还必须及时输出粉碎体系内多余的能量，使施加的能量除用于转化为氧

化剂颗粒的变形能与表面能外，其余能够及时逸出。进而保证粉碎过程中氧化剂在任意时刻所累积的能量均小于燃爆临界能，这样才能实现安全粉碎。在氧化剂微纳米化粉碎过程中，累积的能量主要以热能的形式表现。因此，必须保证粉碎全过程的散热效果良好，及时排除多余的能量。

3.1.3　力场作用下物质颗粒的粉碎形式

物质颗粒在力场（能量场）作用下被粉碎时首先发生变形，当变形超过颗粒所能承受的极限时，颗粒便产生破裂而被粉碎。根据变形区域的大小，可将粉碎分为整体变形粉碎、局部变形粉碎和微变形粉碎。只有充分了解和利用粉碎形式，才能进一步提高粉碎效果和能量利用率。

（1）整体变形粉碎：对于塑性及韧性较强的被粉碎物质大颗粒，若进行受力速度慢、受力面积大的粉碎，颗粒产生的变形为整体变形。变形恢复需要吸收大量的能量，使得物质颗粒温度提高。整体变形粉碎通常是采取挤压和摩擦等作用形式。

（2）局部变形粉碎：物质颗粒在受力速度较快、受力面积较小时的粉碎，这种粉碎形式使物质产生的温度升高较小。局部变形粉碎通常采用剪切、撞击等作用形式。

（3）微变形粉碎：物质颗粒在几乎没有来得及产生变形或只有很小区域的微变形量就产生了粉碎，这种粉碎形式多见于脆性物质的粉碎。微变形粉碎通常是采取冲击、挤压和摩擦等作用形式。

由于变形需要消耗能量，变形越大，消耗的能量越多，有效用于粉碎的能量就会相应减少，因而最理想的情况是只在破碎的地方产生变形或者应变。在采用粉碎技术对氧化剂进行微纳米化粉碎处理时，氧化剂颗粒通常会受到撞击、加压、摩擦、剪切、碾磨等复合粉碎力场，因而氧化剂的粉碎形式也存在多样性，通常以局部变形粉碎和微变形粉碎为主。尤其是在亚微米级及纳米级粉碎时，或对氧化剂进行类球形化粉碎时，通常以微变形粉碎为主。需要指出的是，当氧化剂颗粒含水率较高或在溶剂作用下脆性发生变化时，也可能由于氧化剂颗粒塑性较强而发生整体变形粉碎。

通常，在合成粗颗粒氧化剂的过程中，由于包裹气泡、溶剂或者其他杂质而往往易形成结构不完善的晶体颗粒，导致氧化剂颗粒存在内部孔穴、位错、杂质、表面凹陷以及其他晶体缺陷等。同时，由于晶粒不能完全定向生长，导致氧化剂颗粒的形状不规则。在粉碎过程中，粗颗粒氧化剂在粉碎系统内受到冲击、挤压、剪切、碾磨等作用力，在内部有缺陷处形成应力集中并首先出现裂纹，然后崩裂破碎，形成不规则的、内部缺陷较少的小颗粒。若在粉碎系统内进一步受到均匀的粉碎力场作用, 则初步破碎形成的小颗粒将被进一步剪切、挤压、碾磨、磨削、撞击, 其尺寸进一步变小, 形貌逐渐规整, 结构逐渐密实化。最后, 形貌较规整的小颗粒在特殊设计的均匀粉碎力场反复作用下, 成为表面圆滑、结构密实的类球形微纳米氧化剂颗粒。该粉碎过程如图 3-1所示。

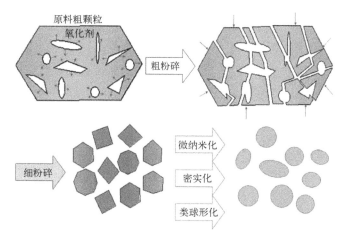

图 3-1　氧化剂类球形微纳米化粉碎过程示意图

采用特殊设计的粉碎技术对粗颗粒氧化剂进行微纳米化粉碎的过程, 不仅是尺寸微纳米化、粒度均匀化的过程, 也是形状规则化与类球形化、外表逐渐圆滑、内部缺陷消失及密实化的过程。

3.1.4　影响粉碎效果的因素

物质的粉碎效果主要受到以下几个因素影响: ①被粉碎物质的力学性能, 如强度、硬度、韧性、脆性等; ②被粉碎物质的理化性能, 如密度、化学键特性、原料形状和大小等; ③被粉碎物质的晶相组织, 如晶体形状、大小、杂质分布状况等; ④被粉碎物质所处的环境状况, 如分散介质、研磨介质、物质浓度、环境温度等; ⑤被粉碎物质的受力方式, 如冲击、挤压、磨削、剪切等。尤其要指出的是, 氧化剂在被微纳米化粉碎过程中, 需及时导出体系内多余的能量 (热量), 避免能量积聚引发安全事故, 因而与外界存在强烈的热交换。温度场对氧化剂微纳米化粉碎效果影响极大, 如氧化剂在常温溶剂 (如乙醇) 中已具有一定的溶解度, 并且温度越高、粒度越小, 溶解度越大。对于这类物质, 需严格控制粉碎时料液温度在较低范围 (≤5℃), 才能真正实现亚微米级及纳米级产品制备。

强度反映物质弹性极限的大小，强度越大，物质越不容易被折断、压碎或剪碎。硬度反映物质弹性模量的大小，硬度越高，物质抵抗塑性变形的能力越大，越不容易被磨碎或撕碎。韧性反映物质吸收应变能量、抵抗裂缝扩展的能力，韧性越大，物质越能吸收应变能量，越不容易发生应力集中，越不容易断裂或破裂。脆性反映物质塑变区域的长短，脆性大、塑变区域短，在破坏前吸收的能量小，亦即容易被击碎或撞碎。对于具体的氧化剂，上述几个特性之间往往存在着内在的联系。通常，强度越大、硬度越高、韧性越大或脆性越小的物质，其破坏所需的功耗越大，粉碎效果就越差。对于氧化剂（如 AP）来说，含水率和温度对其脆性影响较大，因而在粉碎时需对氧化剂进行去除水分处理，并控制粉碎温度在适宜的范围内。

3.2　氧化剂微纳米化机械粉碎技术分类

本书所述的采用机械粉碎技术对氧化剂进行微纳米化处理，所涉及的粉碎方法主要是高速撞击流粉碎法、高速机械旋转粉碎法、筒体运动球磨粉碎法、机械搅拌研磨（以下简称机械研磨）粉碎法等。采用这些粉碎方法对氧化剂进行微纳米化粉碎的进展及关键难题，以及相关机械粉碎的理论及技术阐述如下。

3.2.1　采用机械粉碎技术制备微纳米氧化剂的关键难题

国内外在机械粉碎技术及其制备微纳米氧化剂方面，开展了诸多研究工作。其中，李凤生教授带领团队，针对氧化剂安全、高效、高品质微纳米化机械粉碎，在理论创新、工艺技术攻关、特种装备自主研发等方面，开展深入全面的研究工作，并取得了一系列突破。当前研究结果表明：采用特定的机械粉碎技术，能够实现氧化剂（如 AP）微纳米化制备，使 AP 的粒度达 500nm 以下，并且粉碎工艺重复稳定性好、产品批量较大、安全性较高。尤其是在亚微米级及纳米级氧化剂批量化粉碎制备方面，机械粉碎技术具有一定优势。

然而，当前研究进展也表明，采用机械粉碎技术对氧化剂进行批量微纳米化处理，一方面由于微纳米氧化剂感度较高，采用干法机械粉碎难以保证安全；另一方面采用干法机械粉碎得到的产品通常粒度较大、粒度分布范围较宽，尤其是当粉碎产品的粒度要求小于 $5\mu m$ 或更小时，干法机械粉碎已不能满足粉碎要求。这就需要采用湿法机械粉碎以提高粉碎过程的安全性和粉碎产品的质量。

因为氧化剂溶于水，在采用湿法机械粉碎时，需采用环已烷、氯仿、二氯甲烷、异丁醇、乙醇、乙酸乙酯、丙酮等有机溶剂及其混合溶剂作为分散介质，将固体氧化剂颗粒分散后形成浆料。这就使得溶剂用量较大，在粉碎过程中存在溶剂挥发引起的人员吸入伤害或环境污染问题，甚至由于大量易燃有机溶剂挥发可能引起的燃爆安全事故。另外，在采用机械粉碎技术对氧化剂浆料进行处理时，若粉碎系统的温度、设备密封、机械结构等设计不当，则可能存在局部剧烈摩擦、挤压、撞击等，进而引起局部快速升温，引发氧化剂微细颗粒与有机溶剂发生化学反应，从而导致粉碎过程意外安全事故的发生。

要重点关注的是，所制备的微纳米氧化剂还需后续干燥处理才能得到干粉产品。不仅干燥周期长、效率低，而且当干燥方式选择不当，氧化剂与可燃有机溶剂在一定温度或积热作用下容易发生燃爆安全事故，干燥过程存在较大安全隐患。另外，由于微纳米氧化剂比表面积大、表面能高，干燥过程极容易团聚、结块，使得微纳米颗粒的优异特性丧失。这些都是直接制约基于机械粉碎原理的氧化剂微纳米化技术能否实现工程化放大与产业化推广应用的难题。

3.2.2　高速撞击流粉碎基础理论及技术

1. 高速撞击流粉碎相关基础理论与工艺概述

1）高速撞击流粉碎法简介

采用高速撞击流粉碎法对氧化剂进行微纳米化处理时，所采用的粉碎设备主要有靶板式和对撞式两大类液流粉碎机。其中，靶板式液流粉碎机是以高速液流为介质携带氧化剂物料，与设置的固定靶板相撞，物料颗粒在与靶板的高速撞击中，液流的高速动能最终转变成物料的破碎能，使物料破碎。对撞式液流粉碎机也是以高速液流为介质，使两股或多股高速液流携带氧化剂物料，在特定的粉碎腔（室）内发生相互碰撞，将高速动能转变成物料颗粒的破碎能，使物料颗粒破碎成微纳米颗粒。在高速碰撞过程中，液流速度越快，动能转变成破碎能越大，固体颗粒的内能升高越多，碰撞时固体颗粒破碎生成的新颗粒就越小。因而，提高高速撞击流技术粉碎效果的关键手段就是提高液流与靶板或液流与液流之间的碰撞速度[5]。

在高速液流粉碎机内，通过设计特殊结构的撞击器使高速液流直接撞击靶板，或使两股非常靠近的液固两相流沿同轴的方向相向高速运动而撞击，进而使携带的氧化剂颗粒破碎。该粉碎过程的粉碎作用力场主要包括以下三个方面。

（1）颗粒的撞击作用。假设颗粒与靶板或颗粒间相互碰撞时受到的撞击压力为 P，则 P 的计算公式为

$$P=\rho \cdot u_s \cdot \omega_p \qquad (3-3)$$

式中：ρ 为颗粒密度（kg/m³）；u_s 为高速液流产生的冲击速度（m/s）；ω_p 为颗粒碰撞速度（m/s）。由式（3-3）可知，颗粒的碰撞所受到的压力与颗粒碰撞速度、冲击速度和颗粒密度成正比。因而颗粒高速撞击产生的压缩粉碎与稀疏波产生的拉伸粉碎，是高速液流粉碎中最主要、最有效的作用形式。

（2）微通道内的强剪切作用。携带氧化剂的液流在高速通过微通道时，产生了极强的剪切和磨削作用，一方面使颗粒被破碎，另一方面粉碎后颗粒粒度分布的离散性变小，较好地保证了粉碎颗粒粒度的均匀性。

（3）空穴冲蚀作用。对于微孔流道内的高速流动液体，由于静压力的突升和突降会导致其中的气泡在瞬时大量生成和破灭，形成"空穴"现象而产生粉碎作用。气泡溃灭时所形成的冲蚀压力为

$$P_i=\frac{\rho_i \cdot u_i^2}{1270}\exp\left(\frac{2}{3c}\right) \qquad (3-4)$$

式中：ρ_i 为液体介质密度（kg/m³）；u_i 为高速液流的流速（m/s）；c 为高速液流中气体的含量（%）。空穴冲蚀将产生较强的冲击压力，强度甚至可达碰撞冲击压力的 10 倍以上，是高速液流撞击粉碎中重要的粉碎作用形式。

2）影响高速撞击流粉碎效果的主要因素

在高速撞击流粉碎过程中，影响氧化剂颗粒粉碎效果的因素主要包括以下几个方面。

（1）撞击器结构。为保证高速运行的液流在撞击器中相互撞击后产生强烈的轴向和径向湍流速度分量，能形成强烈的冲击作用并在撞击区产生良好的混合效果，需要进行特殊的撞击器结构设计。充分利用多种力场的共同作用，是达到良好粉碎、保证产品粒度均匀性和分散效果的基础。撞击器的微孔流通道孔径十分重要，其值越小越可能产生较大的剪切力，但过小的微通道会造成堵塞或引发系统压力过载等问题。另外，孔径越小对撞击器的选材也提出越高的要求，因而需综合考虑。

（2）液流速度。液流速度决定了高速流体及颗粒之间碰撞与摩擦产生的撞击力、挤压力和剪切力的大小。液流的高速运动通过外加压力实现，故应当设有高压供给系统，同时还要确保粉碎装置的密封性。

（3）其他因数。对结构一定的撞击器，当液流速度也恒定时，其破碎过程中的加载压力、撞击处理次数、悬浮液浓度、被粉碎物质性质等因素对粉碎产物的粒度大小和粒度分布也起着重要、甚至决定性作用。

3）高速撞击流粉碎过程中液流介质的作用

液流介质通常对物质具有很好的浸润性能，因此能大大降低颗粒的表面

能、减小断裂所需的应力。并且从颗粒断裂的过程来看，依据裂纹扩展的条件，流体介质分子吸附在新生表面还可以减小裂纹扩展所需的外应力，防止新生裂纹的重新闭合，并促进裂纹扩展。下面以乙醇溶剂为例，介绍流体介质对物质粉碎的促进作用。

氧化剂溶剂化的前提是颗粒表面吸收溶剂（乙醇），概括起来，溶剂化可分为两种类型。第一种为颗粒表面直接吸附溶剂分子：物质颗粒与乙醇之间存在着界面，根据能量最低原则，当颗粒与乙醇亲和性较好时，表面必然要吸附乙醇分子，以最大限度地降低体系的表面能，并且氧化剂颗粒表面与乙醇分子之间有氢键力和范德华力，故乙醇分子也可自动富集于氧化剂颗粒的表面。第二种为颗粒表面间接吸附溶剂分子：若物质颗粒表面吸附补偿阳离子，补偿阳离子的溶剂化作用将给颗粒带来溶剂化膜。

通常，溶剂化作用会引起氧化剂发生微观的晶层膨胀和渗透膨胀。当氧化剂颗粒的晶层表面吸满两层溶剂分子后，体系中存在自由溶剂分子。颗粒表面吸附的补偿阳离子离开表面进入溶剂中形成扩散双电层，因双电层的排斥作用，颗粒体积进一步膨胀。溶剂化作用会削弱或破坏颗粒间的连接，使颗粒沿着已有的结合薄弱的部位形成新的裂隙，从而使颗粒破碎，降低颗粒的力学强度。这种颗粒裂隙的生成或加剧，可使高速液流粉碎的能耗降低。

溶剂化的动力主要是表面溶剂化能，即表面吸附溶剂分子所放出的能量，包括直接吸附溶剂分子和补偿阳离子吸附溶剂分子所释放出的能量。与此同时，溶剂化过程也伴随着膨胀压力的增大。氧化剂自身的理化性能对溶剂化膨胀强弱起决定性的影响，如扩散双电层厚度影响膨胀性，扩散双电层越厚，溶剂化膨胀性越强。溶剂化作用是溶剂化分散的先导，氧化剂颗粒吸收溶剂后的膨胀性越强，其溶剂化分散能力越强，在溶剂中形成的颗粒分散性越好。因此，流体介质对浸润性良好物质的微纳米化有显著的促进作用。

对于氧化剂颗粒而言，由于其与溶剂的亲和作用较弱，溶剂化能力也较弱，为了提高粉碎效果，通常需在溶剂介质所形成的分散液中引入表面活性剂或降低表面张力的物质，以提高粉碎效果。

2. 高速撞击流粉碎技术制备微纳米氧化剂

采用高速撞击流粉碎技术制备微纳米氧化剂时，通常采用经特殊设计的对撞式液流粉碎机（图 3-2），即两股非常靠近的液-固两相流沿同轴相向高速流动，在中心点处撞击。相向流体碰撞的结果是产生一个极高压力的、窄的高度湍流区，在这一区域中，为强化悬浮体中相间的传递和颗粒间的碰撞及破碎提供了极好的条件。可结合材料性质，通过设计对撞器结构，控制加载压力、撞击处理次数、悬浮液浓度、料液温度等工艺参数，实现氧化剂的微纳米化制备，并进一步控制产品颗粒的粒度及粒度分布。

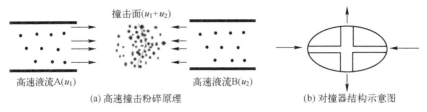

(a) 高速撞击粉碎原理　　　　　　　　　　(b) 对撞器结构示意图

图 3-2　对撞式高速撞击流粉碎原理及对撞器结构示意图

采用高速撞击流粉碎技术，以环己烷、乙醇等作为分散介质，能够将高氯酸铵、高氯酸钾、氯酸钾等氧化剂细化至平均粒度 $5\sim10\mu m$，通过优化工艺参数，还可使粒度进一步减小至 $2\sim4\mu m$。然而，采用这种方法制备微纳米氧化剂时，所需溶剂用量大，粉碎过程料液升温较快，引起溶剂挥发较大，进而引起人员吸入伤害或环境污染问题，并且大量挥发的有机溶剂还可能引起意外安全事故。另外，所制备的微纳米氧化剂还需进一步过筛、洗涤、干燥等多个后处理工序，产能低、能耗高，不适合工业化推广应用。

3.2.3　高速机械旋转粉碎基础理论及技术

1. 高速机械旋转粉碎相关基础理论与工艺概述

采用高速机械旋转粉碎法对氧化剂进行微纳米化处理，是利用高速机械旋转设备所产生的强烈撞击、剪切等粉碎力场，对以浆料形式进入粉碎设备内的氧化剂颗粒实施粉碎。根据粉碎设备内高速旋转部件结构的不同，粉碎机可简单分为锤式、销棒式、圆盘式、环式粉碎机，也可按高速旋转部件所处的方位分为立式和卧式粉碎机。

1）高速机械旋转粉碎力学模型

高速机械旋转粉碎过程中力场作用形式比较复杂，但高速旋转的部件对氧化剂颗粒的撞击粉碎原理，以及氧化剂颗粒自身的撞击粉碎原理，可近似地按理想碰撞原理来解释。为了便于研究，就旋转部件对物质的撞击粉碎做以下几点假设：①物质为脆性颗粒，在撞击粉碎过程中，碰撞为弹性碰撞；②在撞击粉碎过程中，忽略摩擦力等其他阻力的影响；③颗粒进入转齿间与转齿发生碰撞时，在切向上相对于转齿的速度为转齿线速度 u_N，即颗粒的撞击速度为 u_N；④物质颗粒相对于转齿撞击的动能全部转化为颗粒的粉碎能。

在上述假设的基础上，由撞击粉碎原理就可以确定撞击速度 u_N 与颗粒粒度大小的关系，并可估算撞击粉碎力场的大小。日本学者神田（Kanda）等从断裂力学的角度，在颗粒撞碎实验结果的基础上得出了颗粒粒度与粉碎能的关

系，即

$$E_c(\chi) = 0.15(6)^{\frac{5}{3\psi}} \cdot \pi^{\frac{5\psi-5}{3\psi}} \cdot \left(\frac{1-\nu}{Y}\right)^{\frac{2}{3}} \cdot (S_0 V_0^{\frac{1}{\psi}})^{\frac{5}{3}} \cdot d^{\frac{3\psi-5}{\psi}} \qquad (3-5)$$

式中：$E_c(\chi)$ 为颗粒的粉碎能；d 为颗粒粒度；ψ 为威布尔（Weibull）均匀性系数；Y 为杨氏弹性模量；ν 为泊松（Poisson）比；S_0 为单位体积颗粒的抗压强度；V_0 为单位体积。

颗粒的冲击动能为

$$W_e = \frac{1}{2} m u_N^2 \qquad (3-6)$$

要使氧化剂颗粒被粉碎，则必须使颗粒的冲击动能大于或等于颗粒的粉碎能，即必须满足：

$$W_e \geq E_c(\chi) \qquad (3-7)$$

进一步可得最小的撞击速度 u_N 与粒度 d 的关系为

$$u_N = \left[1.79(6)^{\frac{5}{3\psi}} \rho_s^{-1} \pi^{\frac{2\psi-5}{3\psi}} \cdot \left(\frac{1-\nu}{Y}\right)^{\frac{2}{3}} \cdot (S_0 V_0^{\frac{1}{\psi}})^{\frac{3}{5}}\right]^{\frac{1}{2}} \cdot d^{-\frac{5}{2\psi}} \qquad (3-8)$$

式中：ρ_s 为颗粒密度。这一模型建立了高速旋转部件的线速度、物质性质（ρ_s）和颗粒大小之间的确切关系，表明颗粒在高速撞击粉碎所需的速度 u_N 随粒度 d 的减小而增大，这一速度就是颗粒撞击粉碎所需的最低速度。若测定了物质的特性参数，便可确定满足产品粒度要求的最低转子速度；同样，若已知转子转速，便可估算产品的颗粒粒度。然而，实际粉碎过程由于流体阻力大、能耗损失大，使得所需转子转速比最低转速大很多，或者说一定转速下所获得的氧化剂颗粒粒度比理论值大。进一步可以得到，通过提高粉碎机的转速可增大旋转部件对颗粒的撞击强度，进而减小产品粒度；外圈旋转部件相对内圈部件能产生更高的撞击速度，粉碎效果也更好。因此，在转速相同的条件下，通过增大旋转部件的直径来提高线速度，进而实现减小粉碎产品粒度的目的。

2）高速机械旋转粉碎的流场特点

采用高速机械旋转粉碎法对含有氧化剂的有机溶剂浆料进行微纳米化粉碎时，由于浆料中往往含有表面活性剂，或者是浆料中液相介质本身就可以看作一种表面活性剂，因而对细小颗粒具有很强的分散作用，并且对分散物质起稳定和解聚作用。另外，流体中微小射流及不规则的湍流对细小颗粒也具有极好的分散作用，在考虑流体对细小颗粒分散作用的同时，必须考虑流体介质对颗粒与旋转部件间的碰撞影响。以上两点都涉及流体介质的流场性质。因此，开展不同流体介质的流场特性，和在相同流体介质与不同的旋转部件结构下流体的流场特性研究，及其对粉碎效果影响的研究就显得非常重要。

在高速机械旋转粉碎设备腔体内，若转子上的冲击件为销棒，且按周向排列呈多圈（通常为 3 圈），与定子上周向排列的销棒交错啮合，物质从转子与定子的中心进入粉碎室内，在离心力作用下，由内向外逐级受到粉碎。若以高速转动的转子为参照系，粉碎室内的流体运动状况可视为稳定的流场，流体状况可看成不可压缩流。为此，可以采用流函数涡量法对粉碎室内销棒间的流场进行模拟。

理论研究表明：在颗粒与销棒发生相互碰撞的粉碎面附近，流体将形成规则或不规则的涡流。由于液流的黏性作用，壁面涡流向流体内扩散；同时，流体处于高速旋转的非惯性体系中，惯性力将形成较强的涡流；相互作用的结果使得流体形成许多不规则的小涡。因此，当采用高速机械旋转粉碎机对氧化剂浆料进行粉碎时，不规则的湍流将使得粉碎室内被粉碎的颗粒运动亦处于无规则状态，这种状态有利于颗粒的粉碎。同时，不规则的湍流将破坏细小的颗粒间的团聚，从而使得细小颗粒在连续的粉碎过程中不断得到粉碎，而不因团聚发生逆粉碎现象，可获得粒度很小的产品颗粒。然而，对整个高速机械旋转粉碎过程而言，粉碎机中产生的湍流并非都有利于粉碎机对产品进行微纳米化粉碎，其前提是必须保证颗粒与旋转部件（粉碎靶）具有一定的碰撞速度，这样才有利于提高粉碎机的粉碎效果。

综上所述，采用高速机械旋转粉碎法对氧化剂浆料进行粉碎时，粉碎室内的流场不规则的小涡对粉碎效果影响较大，所形成的湍流可有效地阻止细小颗粒的团聚。根据这一点，可以优化粉碎机的结构设计。此外，这种粉碎机对颗粒的粉碎方式是连续多级粉碎，越往外壁，被粉碎的颗粒粒度越小。然而，颗粒越小团聚现象也越容易发生，这时就需要防止或破坏微细颗粒的团聚，以使得颗粒在后续的粉碎过程中继续被粉碎。

需要指出的是，在高速机械旋转粉碎过程中，为了获得粒度较小的氧化剂颗粒，如前所述需提高转速或增大旋转部件的直径，以获得更高的旋转线速度进而获得更高的粉碎能量。然而，随着旋转线速度的提高，粉碎过程中产热也更多、更快，浆料体系的温度上升很快，需采取有效的降温措施，以保证粉碎过程安全和粉碎效果。此外，高速旋转轴与粉碎腔体间的密封性，还极大地制约着粉碎过程的安全。若密封效果不好，则会导致氧化剂浆料进入轴封，进而在高速旋转粉碎过程中形成很大的安全隐患。因此，必须确保密封性良好。

2. 高速机械旋转粉碎技术制备微纳米氧化剂

基于高速机械旋转粉碎技术及设备对硝酸钾（KNO_3）进行粉碎已获得工业化应用，尤其是当对硝酸钾进行初级破碎处理或对粉碎粒度要求不高的场合（如平均粒度为 $10\sim50\mu m$），这种技术应用较多。然而，采用干式粉碎方法对氧化剂进行粉碎，设备内高速旋转部件运动所产生的强烈撞击、摩擦、剪切等作用，会引起粉碎室的温度迅速升高，这对于易燃易爆氧化剂来说，存在安全风险。并且，当粉碎细化的氧化剂颗粒进入高速旋转轴与壳体的缝隙及轴承后，高速旋转的轴将对氧化剂物料形成强烈的挤压、摩擦作用。尤其是当高速旋转轴的润滑脂与细化的氧化剂颗粒接触、混合后，若再受到强烈的挤压、摩擦作用，极容易发生燃爆安全事故。

针对这种干式高速旋转粉碎所存在的安全风险问题，李凤生教授带领团队在高速机械旋转粉碎技术领域，开展了系统全面的研究工作。于 20 世纪末期，团队自主设计并研制出了 LS 型湿法高速机械旋转粉碎设备，其旋转线速度达120m/s 以上。这种类型高速机械旋转粉碎设备的主机由转子、定子和腔壁撞击环等组成，其中转子和定子按照一定的要求交错啮合，以提高物质受力次数及强度。

通过将氧化剂混合分散于液体溶剂中，设计控制 LS 型高速机械旋转粉碎设备转子的线速度、物料浓度、粉碎时间等参数，使浆料中的氧化剂颗粒受到强烈的撞击、剪切、摩擦等复合粉碎力场，成功实现了氧化剂微纳米化粉碎，制备得到了平均粒度为 5~10μm 的 AP、硝酸铵、硝酸钾等产品。李凤生教授团队还研究了采用内外多层多孔（圆形或方形或菱形孔）粉碎筛筐代替齿形转子和定子，设计制造了多孔筐式高速旋转剪切与撞击相结合的高效粉碎设备。该设备粉碎效果更佳，可将氧化剂如 AP、硝酸钾等粉碎至平均粒度为 3~5μm。该设备不需引入研磨介质，避免了其对产品的污染，粉碎获得的产品纯度高。但该粉碎机对粉碎筛筐的材质强度与硬度及耐磨性要求极高，否则使用寿命很短。然而，采用这种湿式粉碎方法对氧化剂进行微纳米化处理时，也存在溶剂用量大，粉碎过程料液升温较快、溶剂挥发较大，人员吸入伤害或环境污染甚至安全事故隐患。并且，所制备的微纳米氧化剂还需进一步通过洗涤、干燥等后处理工序才能获得干粉产品，产能低、能耗高，也不适合工业化推广应用。

3.2.4　筒体运动球磨粉碎基础理论及技术

1. 筒体运动球磨粉碎相关基础理论与工艺概述

1）筒体运动球磨粉碎法简介

采用筒体运动球磨粉碎法对氧化剂进行微纳米化处理，是在传动机械的作用下，带动筒体运动球磨机（简称球磨机，筒体内无搅拌器）的筒体做旋转运动或振动，使筒体内装入的各种材质和形状的研磨介质（如磨棒、磨球等）运动，进而产生相互冲击与研磨及挤压等作用使物料粉碎。在球磨机内，被粉碎物料必须运动到某一区域受力而破碎，这一区域称为有效粉碎区，有效粉碎区仅占整个粉碎室的一小部分[6]。通常在球磨机中，物料仅在球磨介质之间或球磨介质与筒体内壁之间受力，因此该接触区就是有效粉碎区。然而，由于被粉碎物料的颗粒床是无约束的，在粉碎过程中颗粒床中的部分物料被挤压逸散，只有一小部分物料被介质与介质或介质与内筒壁之间的界面捕获。依据这些粉碎界面所能有效捕获的颗粒范围，就可以确定球磨机中物料颗粒被粉碎的活性区。

　　实验研究表明，在能量吸收相同的情况下，采用不同几何形状的球磨介质对物料颗粒进行粉碎时，能量利用率大致相同，即在有效粉碎区内颗粒被粉碎时的能量利用率与所用介质的几何形状无关。然而，理论和长期实践经验表明，非球形结构的球磨介质产生的有效粉碎区面积较小，并且球磨介质自身磨损也更严重。因此，球磨机中的介质通常选择球形结构，在装有球形介质球磨机的活性粉碎区内，聚集了对颗粒的粉碎作用。球与球之间的有效粉碎区如图 3-3 所示。

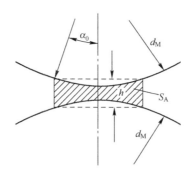

图 3-3　球与球之间的有效粉碎区

　　结合图 3-3 可计算得到球-球界面的有效粉碎区的面积为

$$S_A = \frac{\pi}{4} h (\alpha_0 \cdot d_M)^2 \qquad (3-9)$$

式中：h 为有效粉碎区球与球之间的平均距离；d_M 为介质球的直径；α_0 为预测角，其大小可确定图中阴影区域的狭窄部分。

　　对于氧化剂的湿法微纳米化球磨粉碎，流体拖曳力作用非常显著，还需考虑流体的拖曳力对物料颗粒流动作用的影响，进而对粉碎效果的影响。氧化剂颗粒在料液中所受到的流体拖曳力与氧化剂的分散性相关。通常，分散性越好，流体拖曳力越小。因此，提高氧化剂颗粒的分散性，是提高粉碎效果的重要途径。

2）球磨机内介质球的运动规律

球磨机中物料的粉碎是靠介质球（磨介，也称磨球）的冲击、挤压、磨削等作用完成的。下面以普通卧式球磨机为例，对筒体内介质球的运动规律进行介绍。当筒体旋转时，在衬板与磨介之间以及磨介相互之间的摩擦力、推力和离心力的作用下，磨介随筒体内衬壁先往上运动一段距离，然后下落。随着球磨机的直径、转速、衬板类型、筒体内磨介总质量等因素的变化，磨介呈泻落式、抛落式或离心式三种可能的运动状况。

当筒体衬板内壁较光滑、球体总质量较小、球磨机转速较低时，球体随筒体上升较低一段高度后即沿筒体内壁向下滑动，或球体以其本身的轴线做旋转运动。出现这种情况时粉碎效果较差，实际粉碎过程中应尽量避免这种情况出现。当球体总质量较大、磨介的填充率较高（40%~50%）、球磨机的转速较低时，呈月牙形的整体磨介随粉碎机筒体内壁升高至与垂线呈40°~50°角后，磨介一层层地向下滑滚，称为泻落。磨介朝下滑滚时，对磨介间的物料产生挤压、磨削等粉碎作用，使物料粉碎。若球磨机转速较高，磨介随筒体内壁升高至一定高度后，然后离开筒体内壁而以抛物线轨迹呈自由落体下落，这种状态称为抛落。在此情况下，磨介将对物料施以冲击、挤压及磨削等粉碎作用，使物料粉碎。随着球磨机转速进一步提高，磨介紧贴筒体内壁随筒体一起做圆周运动，此时磨介对物料无任何研磨冲击粉碎作用，称为离心状态。球磨机旋转时，内部磨介达到离心状态的最低转速（临界转速，n_*）的计算公式为

$$n_* = \frac{42.3}{\sqrt{D_M}} \qquad (3-10)$$

式中：D_M 为球磨机筒体内径。筒体外层磨介的回转直径大，产生离心状态的临界转速小；筒体内层磨介的回转直径小，临界转速就大。通常把按筒体内径代入公式求出的转速乘以一个小于1的系数 Ψ（称为转速率），作为球磨机的工作转速。转速率越高，角度（称为脱离角）越小，磨介开始抛射的位置也越高。当转速率 $\Psi = 100\%$、$\cos\alpha = 1$（$\alpha = 0°$）时，磨介就从抛落运动状态转到离心运动状态。

当整个磨介载荷的旋转速度已知时，即可从理论上导出各层磨介的脱离点和在筒体内落点的轨迹、磨介区的最小半径、最大的磨介填充率和磨介所做的功等。但在实际生产中，还是要根据具体情况来决定，如对于较粗物料的粉碎，抛落式的冲击及泻落式与抛落式所产生的磨介间的滑动摩擦对物料能起到良好的粉碎作用。但对于超微细粉碎过程，磨介的抛落冲击及泻落对极细物料的冲击研磨粉碎作用已不明显。因此，需结合被粉碎物料和目标产品的实际粒

度情况，对球磨机内的粉碎力场进行精准设计，才能实现氧化剂的微纳米化粉碎。不然，不仅将导致粉碎能耗高、成本高、生产效率极低，还将导致达不到粉碎要求，进而限制实际应用。

3) 球磨机分类及粉碎能耗

筒体运动球磨机包括多种形式的广义球磨机，如普通卧式球磨机、振动球磨机、高能球磨机等。普通卧式球磨机对物料的粉碎作用主要来自磨介对物料的冲击粉碎和研磨粉碎。泻落时以研磨作用为主，抛落时冲击和研磨作用并存。对较粗物料，利用冲击和研磨作用明显，但对于超微粉体一般冲击的研磨作用不明显，能耗很高。

振动球磨机是将装有物料和磨介的筒体支撑在弹性支座上，通过电机带动弹性联轴器驱动平衡块回转运动，产生极大的扰动力，使筒体做高频率的连续振动，引起球磨机产生抛射、冲击和旋转运动。物料在磨介的强烈冲击和剥蚀下获得粉碎。振动球磨的优点在于磨介的尺寸较小、填充率较高（可达60%～70%）、总的表面积较大、有效粉碎区大，进而利用磨介之间极为频繁的相互作用而提高粉碎效率。但振动球磨机在工作时噪声大且设备放大难度较大。

高能球磨机（如行星式高能球磨机）是利用旋转机构所产生的高速旋转运动，带动球磨罐高速旋转，使球磨罐内磨介产生强烈的撞击、挤压、碾磨等作用，对物料进行微纳米化粉碎。高能球磨机由于旋转速度高，其内部粉碎力场较强，能将氧化剂粉碎至亚微米级或纳米级。然而，高能球磨机在工作时产热量特别大，物料温度上升很快，需每隔一定时间（如10min或30min）停机，使物料冷却后再继续粉碎处理。并且，这种球磨机内通常含有2个或4个对称放置的球磨罐，由于球磨罐的容积较小、很难放大，对氧化剂的微纳米化处理能力较小，一般仅用于小型科研实验研究。

由上述分析可知，要提高筒体运动球磨机的粉碎效果，一方面要提高粉碎力场，如提高球磨机的转速，以增大磨介的撞击、挤压、碾磨等作用；另一方面还要提高球磨机的有效粉碎区面积，如减小磨介直径、增加磨介数量、对磨介进行粒度级配、改变磨介运动方式等。球磨机中磨介对物料的有效粉碎区及物料在粉碎过程中所吸收的能量，与磨介在球磨机筒内所处的状态有关。虽然磨介之间的有效粉碎区的增大可依靠提高球磨机筒内磨介的填充率，以及减小磨介的球径来实现。但是增大球磨机的填充率，也会导致球磨机的能量利用率降低，并且粉碎过程中过应力出现的概率增大、设备损坏风险加大。减小球径来增大颗粒的有效粉碎区，是一种较好的办法，但也存在以下问题：球磨机在运转过程中由于物料流动不畅，进而导致球磨机内物料分布不均匀，部分物料得不到充分粉碎，使得产品粒度分布变宽。因此，当球磨机转速、磨介填充率、磨介材质、磨介尺寸等一定时，要提高粉碎效率，还得提高物料浆料的流动性，并且适当延长粉碎时间。只有充分考虑并优化上述影响球磨机粉碎效果的因素，才能节约能耗，提高氧化剂微纳米化粉碎的效率。

2. 筒体运动球磨粉碎技术制备微纳米氧化剂

美国喷气飞机通用公司的克拉格（Klager）等采用振动球磨湿法粉碎 AP，研究了 AP 产品的粒度与研磨时间、磨珠填充量、水分含量、载体/AP 比率、研磨媒剂类型以及温度等条件的关系[7]。研究表明：用氟利昂-113 作为悬浮液，氧化铝磨珠作为研磨填料，随后将悬浮液与氧化铝磨珠装于振能磨中振动 24h，安全、高效地生产出粒度为 0.4~1.4μm 的微纳米 AP。日本国防大学的萩原豆（Hagihara）采用振动球磨法，通过控制工艺参数制备了平均粒度在 20μm 以下的 AP 粒子[8]。

俄罗斯科学院谢苗诺夫化学物理研究所的多尔戈博罗多夫（Dolgoborodov）等采用行星式球磨机，通过优化工艺参数，控制行星盘的旋转速度为 1000r/min、球磨罐的旋转速度为 1500r/min、AP 粉末的质量为 10g、磨球的质量为 300g、磨球直径为 8mm，最终制得了平均粒度为 5~10μm 的 AP[9]。

南京理工大学张汝冰等采用高能球磨机对 AP 进行粉碎，使用有机溶剂 EBG 作为研磨液体介质。通过控制转速和研磨时间等工艺参数，最终得到了粒度为 0.2~0.5μm 的 AP 粉体[10]。

李凤生教授带领团队在筒体运动球磨粉碎技术领域，开展了多年系统的研究工作。研究发现：为了提高球磨机粉碎效率，不仅需要对球磨机转速、磨介填充率、磨介尺寸、磨介材质等工艺参数进行控制和优化，还需对球磨筒体的结构进行优化设计。例如，在普通卧式球磨筒体内引入衬板和扰动装置，使磨介之间产生很强的撞击、挤压、剪切、碾磨等作用，以提高粉碎力场、增大有效粉碎区面积，进而提高粉碎效率。在这些研究基础上，实现了 AP、硝酸钾等氧化剂微纳米化粉碎制备，所得到的氧化剂颗粒粒度可控制在 2~10μm。

例如，采用行星式球磨设备，系统研究了球磨时间、球磨介质种类、球磨转速、分散剂等因素对微纳米氧化剂的粒度及形貌的影响规律，制备得到了类球形微纳米 AP[11]。

1）球磨时间对 AP 粒度及形貌的影响

以异丁醇作为非溶剂、卵磷脂作为分散剂，控制球磨速度为 400r/min、球料比为 50:1、玛瑙磨介填充率为 60%。本节探究了球磨时间分别为 2h、3h、4h、5h、6h 时，制备所获得的超细 AP 的粒度与形貌，如图 3-4 所示。

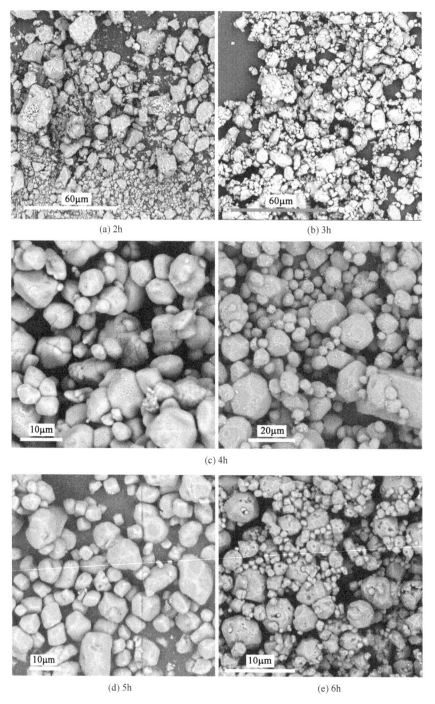

(a) 2h　　　　　　　　　　　　　　(b) 3h

(c) 4h

(d) 5h　　　　　　　　　　　　　　(e) 6h

图 3-4　不同球磨时间下获得的超细 AP 的 SEM 照片

由图 3-4 可以看出，在其他条件相同的情况下，改变球磨时间对超细 AP 产品的形貌影响很大。在一定球磨时间范围内（4h），随着球磨时间的延长，AP 颗粒表面棱角逐渐减少，趋于平滑；当球磨时间达到 4h 后，AP 颗粒基本呈类球形，棱角基本消失；继续延长研磨时间，AP 颗粒继续发生破碎进一步被细化，粒度上呈减小趋势，但表面又重新出现棱角，颗粒球形度降低。

2）球磨转速对 AP 粒度及形貌的影响

以异丁醇作为非溶剂、卵磷脂作为分散剂，控制球磨时间为 4h、球料比为 50 : 1、玛瑙磨介填充率为 60%。本节探究了球磨转速分别为 200r/min、300r/min、400r/min、500r/min、600r/min 时，制备所获得的超细 AP 的粒度与形貌，如图 3-5 所示。

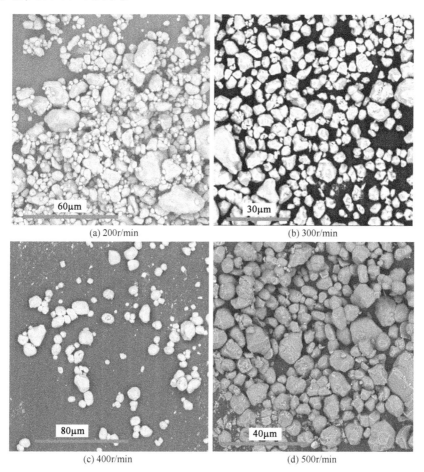

(a) 200r/min

(b) 300r/min

(c) 400r/min

(d) 500r/min

(e) 600r/min

图 3-5　不同球磨速度下获得的超细 AP 的 SEM 照片

由图 3-5 可以看出，在其他条件相同的情况下，当球磨转速为 200r/min 时，球磨 4h 得到的 AP 产品粒度较大，大小不均匀、形貌非常不规则；在一定球磨转速范围内（400r/min），随着球磨转速的增大，制备得到的超细 AP 颗粒尺寸逐渐减小、分布更均匀，颗粒表面的棱角也逐渐被打磨平滑，有成球趋势；当球磨转速超过 400r/min 后，随着球磨转速进一步提高，AP 产品颗粒的尺寸进一步减小，AP 颗粒规则呈多面体形状，棱角分明，球形度降低。

3）球磨介质种类对 AP 粒度及形貌的影响

以异丁醇作为非溶剂、卵磷脂作为分散剂，控制球磨时间为 4h、球磨转速为 400r/min、球料比为 50∶1、磨介填充率为 60%。本节探究了球磨介质分别为氧化锆球、氧化铝球、玛瑙球、橡胶球时，制备所获得的超细 AP 的粒度与形貌，如图 3-6 所示。

由图 3-6 可以看出，当采用玛瑙球作为研磨介质时，所制备的超细 AP 颗粒表面圆滑，棱角消失，球形度较高；采用密度较大的氧化锆磨介和氧化铝磨介制备所获得的超细 AP 产品，粒度较小，大小较均匀，细化效果好，但是颗粒表面的棱角分明，球形化效果较差；当采用密度比玛瑙磨介更低的橡胶磨介时，所制备的 AP 产品颗粒大小不均匀，粒度较大，且颗粒表面棱角多，球形度较低。

4）分散剂对 AP 粒度及形貌的影响

以异丁醇作为非溶剂、玛瑙球作为球磨介质，控制球磨时间为 4h、球磨转速为 400r/min、球料比为 50∶1、磨介填充率为 60%。本节探究了分散剂对制备所获得的超细 AP 的粒度与形貌，如图 3-7 所示。

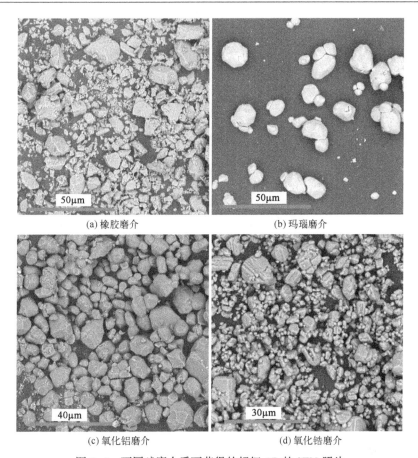

(a) 橡胶磨介　　　　　　　　　　　(b) 玛瑙磨介

(c) 氧化铝磨介　　　　　　　　　　(d) 氧化锆磨介

图 3-6　不同球磨介质下获得的超细 AP 的 SEM 照片

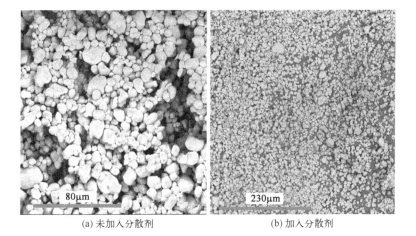

(a) 未加入分散剂　　　　　　　　　(b) 加入分散剂

图 3-7　超细 AP 产品的 SEM 照片

　　由图 3-7 可以发现，不加分散剂的情况下，得到的 AP 产品粒度较大，发生团聚现象非常严重；当加入一定量的分散剂卵磷脂之后，最终得到的 AP 产品的粒度较小且均匀，颗粒分散效果好。

　　在上述研究基础上，通过控制工艺参数，制备得到了平均粒度约为 9μm 的类球形超细 AP，如图 3-8 所示。

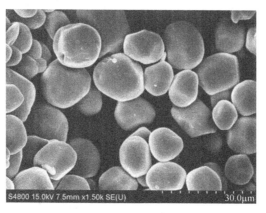

图 3-8　平均粒度约为 9μm 的类球形超细 AP 的 SEM 照片

　　在上述研究基础上，首先采用气流粉碎技术对 AP 进行初步细化，其次采用行星球磨法，通过控制球磨转速、球磨介质填充率、球磨时间、分散剂等工艺条件，制备得到了平均粒度为 2~5μm 的类球形 AP[12]，如图 3-9 所示。

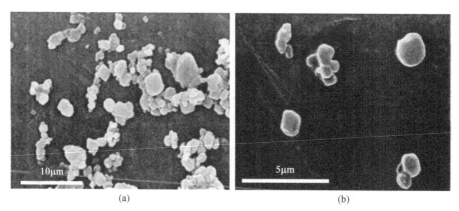

(a)　　　　　　　　　　　　　　　(b)

图 3-9　平均粒度为 2~5μm 的类球形 AP 的 SEM 照片

　　采用筒体运动球磨法，如振动球磨法、高能球磨法、行星式球磨法，能够制备得到微纳米氧化剂以及类球形氧化剂。尤其是所制备的类球形微纳米氧化剂（如 AP），具有吸湿性低、不易结块、感度低等优势。然而，这种粉碎技术在进一步减小粒度、提高产能等方面，难以满足工业化应用的迫切需求，因而也难以实现工业化放大生产，通常只是用于实验室小量试制。

3.2.5　机械研磨粉碎基础理论及技术

1. 机械研磨粉碎相关基础理论与工艺概述

机械研磨粉碎机（又称介质搅拌球磨机，简称搅拌磨），与上述筒体运动球磨机的不同之处在于搅拌磨中的搅拌器以转动形式将动能传递给研磨介质（或介质球），而不是像筒体运动球磨机那样靠筒体运动（如旋转或振动）带动研磨介质运动。筒体运动球磨机的致命弱点是研磨介质间的粉碎效果差，如腔体中心易形成空洞、物料粉碎均匀性较差，因而产品粒度较粗、粒度分布范围较宽。搅拌磨克服了筒体运动球磨机的上述缺点，粉碎效果好、产品粒度细、粒度分布范围窄，且粉碎效率高，还能够对氧化剂实现连续化粉碎[13]。

1920 年，匈牙利的赛格瓦力（Szegvari）博士和克莱恩（Klein）发明了搅拌磨，主要由一个搅拌器和一个内部可填充研磨介质与物料的研磨筒体构成，筒体一般设计为圆柱状。搅拌磨中最大线速度产生在搅拌叶片（由搅拌轴带动做高速旋转）的尖端。由圆周运动规律可知，磨介的运动速度因与转动轴距离不同而异，与静止的球磨筒间存在速度梯度，使得研磨介质不是做整体运动，而是做不规则运动并借助相互作用力而使物料粉碎。不规则运动所产生的力主要有研磨介质间相互冲击而产生的冲击力、研磨介质转动而产生的剪切力、研磨介质因填入搅拌器所留下的空间而产生的撞击力，以及研磨介质间的磨削、挤压作用等。采用搅拌磨对氧化剂进行微纳米化处理时，既可以对氧化剂颗粒施加冲击作用，也可以产生剪切作用，还可以产生磨削、挤压等作用，进而可实现氧化剂的微米级、亚微米级及纳米级粉碎。

1）搅拌磨中被粉碎物料颗粒的吸收能

德国学者柯维德（Kwade）等认为，搅拌磨中物料的粉碎是由两个关键因素决定的，即单个颗粒在搅拌磨中一定时间内受到介质有效碰撞的总次数（Stress Number，SN），以及在单次碰撞事件中研磨介质传递给该颗粒的能量强度大小（Stress Intensily，SI）。其中，SN 是由搅拌磨一定时间内介质球碰撞的总次数（N_c）中成功捕获到颗粒，并被颗粒充分吸收进而实现粉碎的概率（P_s），以及搅拌磨中物料颗粒的总数（N_p）所决定的，它们的关系为

$$SN = \frac{N_c P_s}{N_p} \tag{3-11}$$

而将式（3-11）中等式右侧的抽象概念再继续用搅拌磨具体的结构或运行参数来表达，经系列推导可得

$$SN \propto \frac{\varphi_M(1-\varepsilon)}{1-\varphi_M(1-\varepsilon)C_V} \cdot \frac{nt}{d_M^2} \tag{3-12}$$

式中：φ_M代表介质球充填率；ε代表介质球床层孔隙率；C_V代表浆料中固体颗粒的浓度；n代表搅拌器转速；t代表指定的研磨时间；d_M代表介质球直径。

SI 的定义基于搅拌磨内部两种主要的粉碎形式：一种是碰撞中介质球损失的动能被用于物料粉碎；另一种是介质球之间的相互挤压（重力或离心力作用）引起的物料粉碎。在搅拌磨中，假设后者提供的能量与前者相比可忽略不计，进而可以认为 SI 与介质球的动能成正比。

介质球在搅拌磨内的运动主要分为垂直于搅拌轴方向层状流动部分的移动和平行于搅拌轴（径向）方向循环流动部分的移动。影响粉碎性能的主要因素是介质球垂直于搅拌轴方向的速度。介质球的速度变动量越大，动能越大，粉碎效果越好。搅拌磨内介质球的动能 E_{VB} 的计算公式为

$$E_{VB} = \xi(2D_M/D_R)u_M^2 \cdot \rho_M \tag{3-13}$$

式中：D_M为搅拌磨筒体内径（m）；D_R为搅拌器叶片直径（m）；ξ为系数；u_M为介质球在垂直于搅拌轴方向的速度（m/s）；ρ_M为介质球的密度（kg/m^3）。

从单位体积介质球动能 E_{VB} 可导出有效粉碎区内颗粒吸收能：

$$E_M = \frac{E_{VB}V_B}{V_A[\rho_M(1-\varepsilon_M)]} \tag{3-14}$$

式中：V_B为介质球体积（m^3）；V_A为有效粉碎区体积（m^3）；ρ_M为颗粒密度（kg/m^3）；ε_M为颗粒床中空隙率。

由上述分析可知，在采用搅拌磨对氧化剂进行微纳米化处理时，一方面可以通过提高搅拌轴的转速，进而通过提高介质球的动能来提高颗粒的吸收能；另一方面也可以通过减小介质球的直径、增加介质球数量，进而增加有效粉碎区面积以提高颗粒的吸收能。最终提高对氧化剂的微纳米化粉碎效果。

2）搅拌磨粉碎过程的能耗分析

对于一般的搅拌磨粉碎过程，磨腔内都存在以下作用过程及能量消耗：①研磨介质间的相互运动产生的固体摩擦引起的能耗；②浆料的黏性运动而产生的剪切摩擦引起的能耗；③颗粒之间因非弹性状态下的冲撞作用引起变形及能量消耗；④粉碎过程所消耗的能量。分析发现，这几个方面的能耗与粉碎机的结构、几何尺寸、被粉碎物料的性质以及操作过程的工艺参数等因素有关。搅拌磨的粉碎过程伴随着大量的输入能转变为其他形式的能，这些能量损耗主要以热能的形式在粉碎过程中表现出来。因此，在实际应用于氧化剂粉碎

时，需通过在研磨腔外设置夹套通入冷却液以解决发热问题。

采用搅拌磨对氧化剂进行微纳米化粉碎时，所用的研磨介质通常为球形，其平均直径一般小于 2mm。研磨介质的大小直接影响粉碎效率和产品粒度：直径越大，产品粒度也越大；相反，直径越小，产品粒度也越小。研磨介质的尺寸一般视待粉碎物料和产品的粒度而定，通常为提高粉碎效率，研磨介质的直径必须大于 10 倍的待粉碎物料粒度，另外，研磨介质的粒度分布越均匀越好。研磨介质的密度对研磨效率亦起重要作用，密度越大，研磨时间越短；但介质球密度太大也会导致搅拌轴负荷增大，磨损加快，甚至引起搅拌轴断裂。研磨介质硬度必须高于被磨物料的硬度，以增加研磨强度；通常要求研磨介质的莫氏硬度最好比被磨物料大 3 倍以上，还要求不产生污染且容易分离，如常用于氧化剂粉碎的研磨介质有氧化铝、氧化锆、氮化硼等。研磨介质的装填量对研磨效率有直接影响，装填量视研磨介质直径大小而定，必须保证研磨介质在分散器内运动时，介质的空隙率不小于 40%。通常，直径大装填量也大，直径小装填量也小。研磨介质装填系数，对于敞开式立式搅拌磨，装填系数一般为研磨筒体有效容积的 40%~60%；对于密闭型立式和卧式搅拌磨，装填系数一般为研磨筒体有效容积的 55%~85%。

总之，由于搅拌磨综合了动量和冲量的作用，能有效地进行微纳米化粉碎，使氧化剂产品的粒度可达到亚微米级或纳米级，所制备的微纳米氧化剂的粒度大小可控、粒度分布范围窄。且其能耗大部分直接用于搅动磨介，而非虚耗于转动或振动笨重的筒体，因此，能耗比筒体运动球磨机低。此外，搅拌磨在工作时可靠性高、稳定性好、噪声小、操作简便，易于实现工程化放大。

2. 机械研磨粉碎技术制备微纳米氧化剂

1）机械研磨粉碎技术研究进展

李凤生教授带领团队针对机械研磨粉碎技术，从 20 世纪 80 年代就开始开展系统研究工作，并取得了很大的进展，突破了一系列具有自主知识产权的核心技术，分别研制出了可用于对氧化剂进行微纳米化处理的 LG 型立式搅拌球磨机和 LGW 型卧式搅拌球磨机。这两类搅拌球磨机的结构原理如图 3-10 所示。

在上述搅拌球磨机基础上，还系统地研究了搅拌叶片形状对粉碎效果的影响，如图 3-11 所示。

在上述研究结果基础上，通过设计与优化粉碎机及搅拌叶片结构，控制球磨机搅拌轴转速、研磨介质填充量、粉碎时间、物料浓度、物料温度等工艺参数，制备得到了微米级和亚微米级 AP 颗粒，且颗粒呈类球形、粒度分布窄。还进一步制备得到了微米级与亚微米级硝酸铵、硝酸钾等微纳米氧化剂。

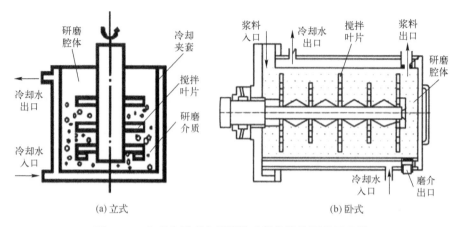

图 3-10　立式和卧式介质搅拌球磨机结构原理示意图

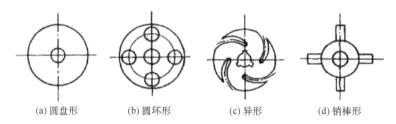

(a) 圆盘形　　　(b) 圆环形　　　(c) 异形　　　(d) 销棒形

图 3-11　不同结构的搅拌叶片示意图

采用上述普通机械研磨粉碎法，虽然能够实现对氧化剂进行微纳米化处理，但为了将工业微米级粗颗粒氧化剂粉碎至亚微米级或纳米级，必须通过提高搅拌轴转速、增加研磨介质填充量、减小研磨介质尺寸等方式，对氧化剂施加很强的粉碎力场。氧化剂与有机溶剂形成的混合体系在受到强烈的冲击、剪切、挤压、摩擦等作用时可能引起分解燃爆。这就给粉碎过程带来了很大的安全风险，如粉碎室内"干磨"、搅拌轴密封不好导致漏料等，并且还带来产品质量不达标的风险，如物料粒度分布范围宽、产品杂质含量高等。此外，氧化剂在微纳米化粉碎过程中由于其比表面积急剧增大，表面能很高，极易发生再团聚使颗粒长大的现象。另外，所制备的微纳米氧化剂颗粒在液相中还存在"溶解-重结晶"现象和"逆分散"现象，这极大地制约着氧化剂微纳米化粉碎技术的工程化放大。

为了解决安全、高效、高品质、大批量制备微纳米氧化剂的难题，近年来，李凤生教授带领研究团队针对介质搅拌球磨机，进一步开展了全面、深入、系统的研究工作，原创性地提出了"微力高效精确施加"的粉碎理论，设计了合适的粉碎力场，通过实现能量精确输入与及时输出的平衡和有效控制，成功解决了这一关键技术瓶颈。首先，对粉碎过程进行了模拟仿真研究，分别对粉碎室内的流线、流速、速度等值线、搅拌叶片表面压力、搅拌叶片表面剪切力等进行了数值模拟，如图3-12~图3-14所示。

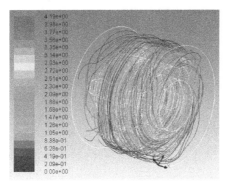

图 3-12　粉碎室内的流线图（见彩插）

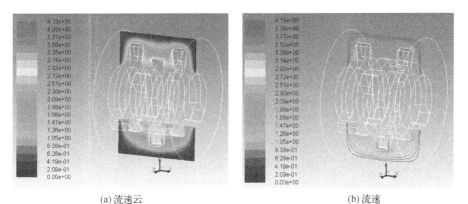

(a) 流速云　　　　　　　　　　　　　　　　(b) 流速

图 3-13　粉碎室内的流速云和流速等值线（见彩插）

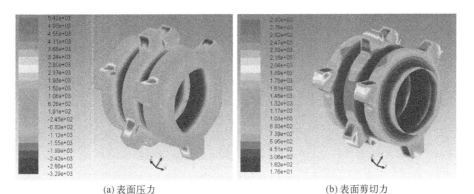

(a) 表面压力　　　　　　　　　　　　　　　(b) 表面剪切力

图 3-14　粉碎室内搅拌叶片表面压力和表面剪切力（见彩插）

　　进一步地，对装填了研磨介质的粉碎室内的介质分布、介质运动速度分布、粉碎力场等进行了数值模拟，如图3-15~图3-17所示。

(a) 整体　　　　　　　　　　　　　　(b) 截面

图3-15　粉碎室内的研磨介质整体和截面分布示意图（见彩插）

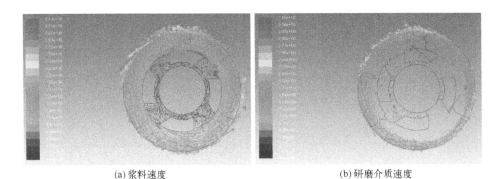

(a) 浆料速度　　　　　　　　　　　　(b) 研磨介质速度

图3-16　粉碎室内的浆料速度和研磨介质速度分布示意图（见彩插）

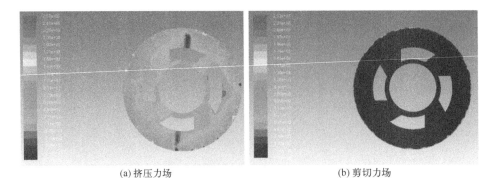

(a) 挤压力场　　　　　　　　　　　　(b) 剪切力场

图3-17　粉碎室内的挤压力场和剪切力场示意图（见彩插）

在上述模拟仿真研究的基础上，结合大量的粉碎试验研究结果，对 LGW 型卧式介质搅拌球磨机的腔体结构与材质、搅拌轴结构与材质、搅拌轴密封方式、物料进/出料方式、安全控制措施等进行全面的改进和优化。设计并研制出了 HLG 型特种粉碎装备，如图 3-18 所示。

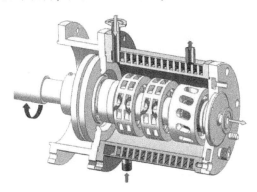

图 3-18　HLG 型特种粉碎装备三维模型示意图

基于 HLG 型机械研磨粉碎设备，以乙醇/异丁醇复合溶剂为分散介质，可实现氧化剂（如 AP）安全、高效、高品质微纳米化粉碎制备。众所周知，颗粒越细，其受力面越小，接收外部能的能力就越小、越困难。而使晶体颗粒破碎的理论基础是施加于晶体颗粒上的外能必须大于颗粒破碎所需的能。要使所施加的外能被细微颗粒有效接受，并积累至超过使其发生应力应变破碎所需的破碎能，则必须设计合适的施力方式与装置，避免出现"大炮打蚊子"的局面。为此，设计出了高效微力施加方式，以小质点、高精度对细微颗粒准确反复施力，使颗粒被粉碎至微米、亚微米级或纳米级。

在制备微纳米氧化剂的过程中，首先将强大的粉碎力场均匀分布在粉碎系统中，形成若干微小力场（简称"微力"），控制该"微力"点内的能量在氧化剂发生分解燃爆的临界能量之下，然后在各个"微力"点内，将粉碎力场有效地作用在微细氧化剂颗粒上，对氧化剂进行粉碎。随着氧化剂颗粒尺寸的减小，其比表面积和表面能迅速增大，使氧化剂颗粒进一步细化所需克服的"反粉碎能"也迅速增大。这时，需对氧化剂施加更强的粉碎力场，并将该粉碎力场均匀分布在系统内形成更多的"微力"点，将微小力场精确地作用在待粉碎氧化剂颗粒上，使其进一步细化。如此分步精确施加微小粉碎力场，使强大的粉碎力场高效、精确地作用在氧化剂颗粒上，逐步实现将氧化剂颗粒微米化、亚微米化和纳米化。微力高效精确施加粉碎原理如图 3-19 所示。

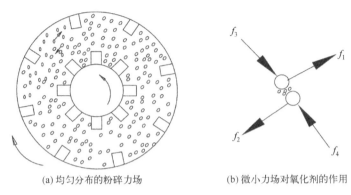

(a) 均匀分布的粉碎力场　　　　　(b) 微小力场对氧化剂的作用

图 3-19　微力高效精确施加粉碎原理示意图

基于上述微力高效精确施加理论及技术与装备，有效解决了氧化剂微纳米化过程中的安全、产品质量等问题，可成功批量化制备出微米、亚微米及纳米级氧化剂（如 AP），产品粒度可达 300nm 以下，且可调、可控。此外，该技术还可通过多级串联协同联用，实现微纳米氧化剂制备过程连续化。

2）微力高效精确施加研磨粉碎技术制备微纳米氧化剂

在上述微力高效精确施加粉碎理论的基础上，通过控制机械研磨粉碎过程的研磨时间、研磨转速（搅拌轴转速）、球料比（研磨介质与被粉碎物料的质量比）、分散剂、分散介质、搅拌研磨方式等工艺参数，系统分析了机械研磨所制得的 AP 粒度及形貌的变化规律，获得了制备类球形微纳米 AP 的优化工艺[11]。采用控制变量法，在不同研磨时间下制备的微纳米 AP 的 SEM 照片如图 3-20 所示。

由图 3-20 可知，随着研磨时间的增加，制备的超细 AP 粒度逐渐减小、球形度逐渐增加。选定球磨时间为 6h，研究了研磨转速对超细 AP 粒度和形貌的影响，如图 3-21 所示。

(a) 2h　　　　　　　　　　　　　(b) 4h

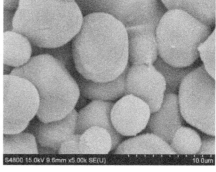

(c) 6h

图 3-20　不同研磨时间制备的超细 AP 的 SEM 照片

由图 3-21 可知，随着研磨转速从 200r/min 提高至 600r/min，制备的超细 AP 粒度逐渐减小；当转速小于 400r/min 时，随着研磨转速提高，超细 AP 颗粒的球形度逐渐提高；当转速超过 400r/min 后，随着研磨转速提高，超细 AP 颗粒的球形度逐渐降低。选定研磨时间为 6h、研磨转速为 400r/min，研究球料比对 AP 粒度及形貌的影响，如图 3-22 所示。

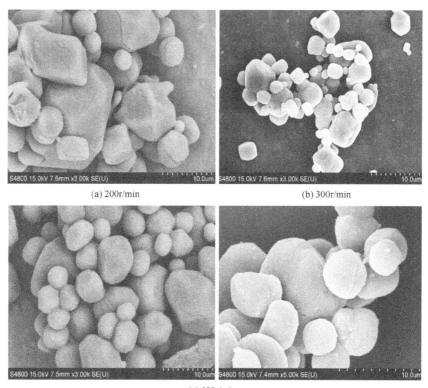

(a) 200r/min　　　　　　　　　(b) 300r/min

(c) 400r/min

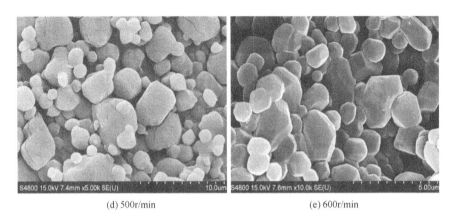

(d) 500r/min　　　　　　　　　　　(e) 600r/min

图 3-21　不同研磨转速下制备的超细 AP 的 SEM 照片

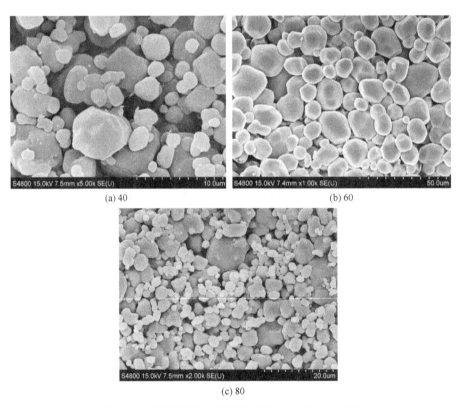

(a) 40　　　　　　　　　　　　　　(b) 60

(c) 80

图 3-22　不同球料比下制备的超细 AP 的 SEM 照片

由图 3-22 可知，随着球料比的增大，所制备的超细 AP 粒度逐渐减小；当球料比为 60 时，所制备的超细 AP 球形度最高。选定研磨时间为 6h、研磨转速为 400r/min、球料比为 60，研究分散剂对制备的超细 AP 粒度和形貌的影响，如图 3-23 所示。

 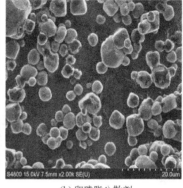

(a) 无分散剂　　　　　　　　　　　　(b) 卵磷脂分散剂

图 3-23　不同条件下制备的超细 AP 的 SEM 照片

由图 3-23 可知，当不加分散剂时，制备的超细 AP 粒度较大、粒度分布较宽，颗粒形貌不规则、球形度较低；加入分散剂卵磷脂后，所制备的超细 AP 粒度减小、粒度分布宽度变窄，且颗粒的球形度明显提高。选定研磨时间为 6h、研磨转速为 400r/min、球料比为 60，以卵磷脂为分散剂，研究分散介质对制备的 AP 粒度和形貌的影响，结果如图 3-24 所示。

由图 3-24 可知，当采用混合溶剂（异丁醇和乙醇混合溶剂）作为分散介质时，所制备的超细 AP 的粒度分布较窄、颗粒球形度更高。选定研磨时间为 6h、研磨转速为 400r/min、球料比为 60，以卵磷脂为分散剂、混合溶剂作为分散介质，研究搅拌研磨方式对制备的超细 AP 的粒度及形貌的影响，如图 3-25 所示。

由图 3-25 可知，采用不同搅拌研磨方式所制备的超细 AP 的平均粒度基本相当；当采用搅拌研磨方式一（搅拌轴沿同一方向旋转 6h）时，所制备的超细 AP 的粒度分布略微较宽、球形度偏低；当采用搅拌研磨方式二（搅拌轴沿正向旋转 3h，再沿反向旋转 3h）时，所制备的超细 AP 的粒度分布较窄、颗粒球形度更高。因此，在研磨过程交替性地变换搅拌轴旋转方向，将有利于产品粒度变窄、球形度提高。这是因为，当搅拌轴只沿一个方向旋转时，随着时间的延长，物料颗粒可能黏附在研磨腔体内表面或部分沉底，进而使得产品颗粒粒度分布比较宽；当搅拌轴交替性地变换旋转方向时，将会在研磨腔体内形成湍流扰动，进而使黏附在内壁或沉底的那部分物料重新进入有效研磨区，并增加研磨介质对物料颗粒的打磨作用以及颗粒与颗粒之间自身碰撞、摩擦等作用，从而使得粒度分布更窄、球形度更高。

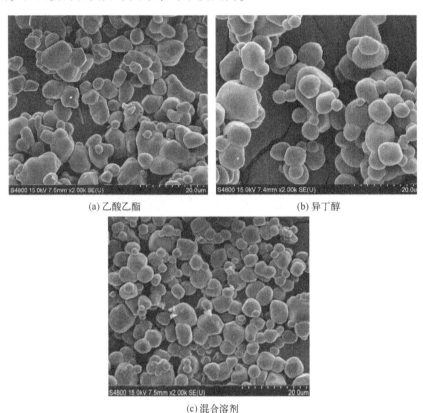

(a) 乙酸乙酯　　　　　　　　　　(b) 异丁醇

(c) 混合溶剂

图 3-24　不同分散介质下制备的超细 AP 的 SEM 照片

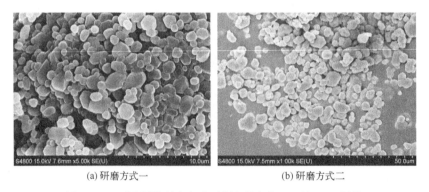

(a) 研磨方式一　　　　　　　　　　(b) 研磨方式二

图 3-25　不同搅拌研磨方式下制备的超细 AP 的 SEM 照片

在上述研究基础上，通过优化工艺参数制备得到了类球形超细 AP（图 3-26），并对其吸湿性进行了研究（图 3-27）。

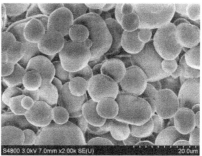

图 3-26　机械研磨粉碎法制备的类球形超细 AP 的 SEM 照片

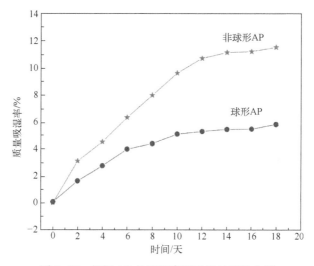

图 3-27　超细 AP 的吸湿率随时间的变化曲线

由图 3-26 和图 3-27 可知，类球形超细 AP 的吸湿性比普通同粒度超细 AP 的吸湿性显著改善，饱和吸湿率大幅度降低，并且类球形超细 AP 样品随着时间的延长主要发生软团聚，而普通超细 AP 发生硬团聚。此外，类球形超细 AP 的流散性（安息角约为 27°）比普通超细 AP 的流散性（安息角约为 42°）也大幅度提高。另外，感度研究结果也表明：与普通同粒度超细 AP 相比，类球形超细 AP 的摩擦感度降低 20% 以上，撞击感度降低 30% 以上，安全性大大提高。

　　由于采用机械研磨粉碎法制备微纳米 AP 是以湿法研磨的方式进行，粉碎获得的微纳米 AP 浆料还需进一步干燥处理后才能获得 AP 干粉产品。为了验证采用机械研磨粉碎结合相关干燥技术大批量制备微纳米 AP 的可行性，参考文献 [14] 还进一步研究了干燥方式对批量制备的微纳米 AP 的分散性及粒度的影响，如图 3-28~图 3-32 所示。

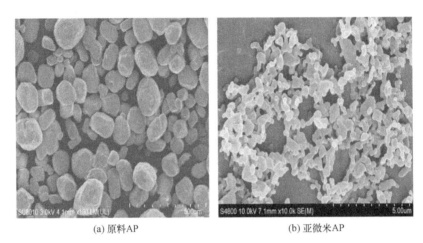

(a) 原料AP　　　　　　　　　　　　　　(b) 亚微米AP

图 3-28　粗颗粒原料 AP 和亚微米 AP 的 SEM 照片

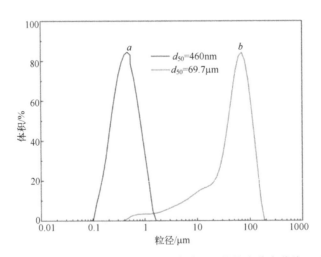

图 3-29　粗颗粒原料 AP 和亚微米 AP 的粒度分布曲线

　　由上述研究结果可知，当采用机械研磨粉碎法将粗颗粒 AP 粉碎至亚微米（d_{50} 为 0.4~0.5μm）粒度级别后，若采用普通烘干方式，干燥后 AP 样品团聚结块严重，需反复碾磨过筛处理，才能将结块的 AP 变成粉状；随着干燥样品厚度的增加，干燥后结块现象更加严重，结块硬度更大，碾碎难度也更大。另外，采用普通烘干方式干燥得到的 AP 干粉，其粒度已明显长大（达 1μm 以上）。当采用冷冻干燥方式对微纳米 AP 进行干燥处理后，样品基本为软团聚，仅需轻轻碾压便可将干燥后的 AP 粉状化，并且干燥产品平均粒度与干燥前基本保持一致。这些研究结果为采用机械研磨粉碎法大批量制备微纳米 AP 提供了数据支撑。

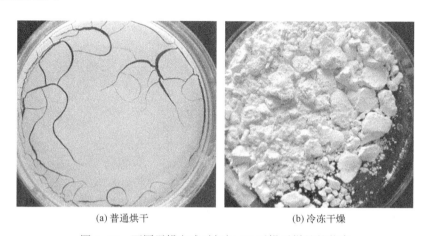

(a) 普通烘干　　　　　　　　　　　　(b) 冷冻干燥

图 3-30　不同干燥方式对超细 AP 干燥后样品的状态

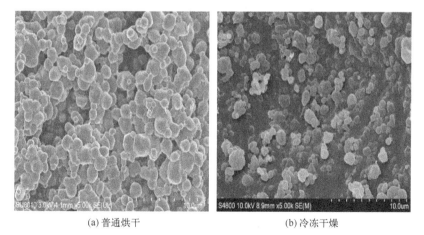

(a) 普通烘干　　　　　　　　　　　　(b) 冷冻干燥

图 3-31　不同干燥方式获得超细 AP 的 SEM 照片

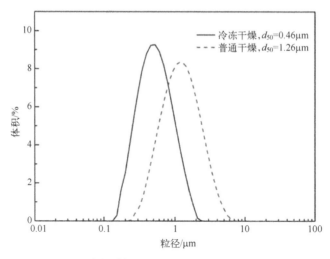

图 3-32　不同干燥方式获得超细 AP 的粒度分布曲线

如上所述，采用粉碎技术制备微纳米氧化剂时，工艺重复稳定性较好，尤其是采用机械研磨粉碎技术不仅能够实现亚微米级甚至纳米级氧化剂（如 AP）的批量化制备，还具有研磨粉碎过程安全可控的显著优势。然而，采用粉碎法对氧化剂进行微纳米化批量化处理，基本都是在湿法条件下进行的，这就不可避免地需要使用溶剂，并且由于氧化剂溶于水，因而所采用的溶剂都是有机溶剂，这就存在有机溶剂与微细氧化剂颗粒混合在一起所引起的安全风险及环境污染等问题。在对微纳米氧化剂浆料进行干燥时，采用普通烘干方式不仅会导致干燥后团聚结块，还会引起产品颗粒长大，甚至丧失微细粒度所带来的优势；即便采用干燥效果较好的冷冻干燥技术，干燥后的微纳米氧化剂产品仍然会有一定的团聚，还需进一步碾压、过筛等分散处理措施才能获得氧化剂干粉。此外，真空冷冻干燥技术周期较长，不利于微纳米氧化剂的大批量、大规模制备。这就限制了机械粉碎技术在氧化剂微纳米化制备方面的工业化推广应用，尤其是与无须后续干燥处理即可直接获得干粉产品的气流粉碎技术（如第 4 章所述）相比，已很难具备优势。

纵然如此，机械粉碎法仍然能够在氧化剂微纳米化制备方面获得一定的应用。例如，当前气流粉碎技术通常不能制备出 d_{50} 小于 $0.5\mu m$ 的 AP 产品，这就可以采用机械粉碎技术进行批量化试制；又如，对于二硝酰胺铵（ADN）等感度很高的氧化剂来说，采用气流粉碎技术进行微纳米化制备已难以保证安全，这也可以采用机械研磨粉碎技术进行微纳米制备。因此，针对氧化剂微纳米化制备，机械研磨粉碎技术可作为气流粉碎技术的补充，围绕那些采用气流粉碎技术无法实现微纳米化制备的特定粒度级别的氧化剂产品，开展批量化研制工作，拓展微纳米氧化剂的粒度和品种范围，为固体推进剂与混合炸药等火炸药产品提供更广泛、更齐全的微纳米氧化剂原材料规格，促进推进剂和混合炸药的发展。

参 考 文 献

[1] 刘杰，李凤生．微纳米含能材料科学与技术［M］．北京：科学出版社，2020．

[2] 陆明．工业炸药生产中的粉碎理论及其技术［J］．爆破器材，2005，34（5）：8-11．

[3] 袁惠新．粉碎的理论与实践［J］．粮食与饲料工业，2001（3）：19-22．

[4] 袁惠新，俞建峰．超微粉碎的理论、实践及其对食品工业发展的作用［J］．包装与食品机械，2001，19（1）：5-10．

[5] 裘子剑，张裕中．基于超高压对撞式均质技术的物料粉碎机理的研究［J］．食品研究与开发，2006，27（5）：186-187，185．

[6] 龚莉．基于球磨法的超细石英粉体分形研究［D］．哈尔滨：哈尔滨工业大学，2007．

[7] KLAGER K，PETERSON R A，王朝勇．使用振能磨湿法粉碎工艺生产细粒度高氯酸铵［J］．国外固体火箭技术，1982（4）：86-95．

[8] HAGIHARA Y，ITO T. Grinding of ammonium perchlorate by ball mill［J］. Science Technology Energetic Materials. 1967，43：70-74．

[9] DOLGOBORODOV A Y，STRELETSKII A N，SHEVCHENKO A A，et al. Thermal decomposition of mechanoactivated ammonium perchlorate［J］. Thermochimica Acta，2018，669（2）：60-65．

[10] 张汝冰，刘宏英，李凤生．含能催化复合纳米材料的制备研究［J］．兵器材料科学与工程，1999，22（5）：27-32．

[11] 万雪杰．机械研磨法制备球形超细高氯酸铵及其性能研究［D］．南京：南京理工大学，2015．

[12] 宋娟．超细球形高氯酸铵的制备及其性能研究［D］．南京：南京理工大学，2014．

[13] 李凤生．超细粉体技术［M］．北京：国防工业出版社，2000．

[14] 宋健．机械粉碎法制备亚微米高氯酸铵及其性能研究［D］．南京：南京理工大学，2015．

第4章　基于气流粉碎原理的氧化剂微纳米化技术及应用

　　采用气流粉碎技术对氧化剂进行微纳米化处理，是利用气流的能量，即利用高压气体通过喷嘴产生的高速气流所孕育的巨大动能，对物质颗粒产生强冲刷、磨削作用，并使颗粒之间发生强烈的冲击碰撞，或使颗粒与冲击靶（冲击板、冲击环）发生强烈的冲击碰撞等作用，进而达到微纳米化粉碎的目的。当氧化剂颗粒在高速气流场中受到强烈冲击、摩擦、磨削、剪切等复合粉碎力场的作用时，气流场所提供的能量将部分被颗粒吸收并转变为颗粒的内能和表面能。氧化剂颗粒被粉碎的过程，实质上就是气流场所提供且被氧化剂吸收的能量，超过了氧化剂颗粒自身内聚能，进而引起颗粒晶体晶格的破坏，从而使较大颗粒发生破碎形成细小颗粒的过程。在对氧化剂进行粉碎时，通常是在晶体颗粒的内部缺陷（如微裂纹）处首先发生应力突变，当这种内部应力变化超过颗粒的屈服强度时，就会引起颗粒破碎。气流粉碎过程是通过气流粉碎机完成的，这种粉碎技术的特点是干法粉碎，无须干燥脱除溶剂等后处理，因而已成为氧化剂科研生产过程中微纳米化制备的最重要方式[1-4]。

　　在气流粉碎过程中，为了使氧化剂达到微纳米化粉碎的目的，需使氧化剂颗粒具有很高的运动速度，从而能够形成强烈的冲击、磨削等力场，这就需要用于粉碎的工质（气流）具有很高的压力、很快的流速、很大的流量以及适宜的温度等。喷嘴喷出的气流速度一般为 $200\sim500\text{m/s}$，有的高达 1000m/s 甚至更高。由气体动力学可知，要产生这样高的气流速度，必要条件是在进入喷嘴之前，气体要具有很高的初始压力，并且还要采用具有特殊流道结构的喷嘴。

　　气流粉碎过程中最常用的气体是压缩空气或过热蒸汽，实际使用的压缩空气的气压通常在 1.2MPa 以下，过热蒸汽的压力通常在 1.5MPa 以上。与压缩空气相比，过热蒸汽用作气流粉碎工质具有压力高、动能大、临界速度高、能量利用率高、粉碎强度大，以及黏度低、不带静电、物料在粉碎室中黏壁程度低、可实现设备的大型化等优势，广泛应用于普通材料（如 TiO_2）的微纳米化粉碎与分散处理。然而，氧化剂具有较强的吸湿性，若采用过热蒸汽作为工质进行微纳米化粉碎，将可能引起吸湿结块，并且过热蒸汽温度通常较高，粉碎过程的安全风险也会增大。因而，氧化剂气流粉碎过程一般均采用压缩空气作为工质。另外，也有采用惰性气体（如氮气、氩气、二氧化碳等）作为粉碎工质的气流粉碎技术，其主要用于易氧化的生物活性材料或可燃物（尤其是硫粉、磷粉、铝粉等易燃易爆材料）的微纳米化粉碎。此外，由于焦耳-汤姆逊效应，高压压缩空气在从喷嘴进入粉碎室时，会发生膨胀吸热而使得粉碎室内的温度降低，从而避免粉碎室内物料颗粒因强烈的摩擦、撞击、挤压等作用所引起的温度升高，所以也适用于对热敏性的物料（如生物医药、高分子材料、食品等）进行微纳米化粉碎。

　　气流粉碎是干法粉碎过程，可以避免采用湿法粉碎时可能带来的物料中分散剂残留，因而产品纯度高，并且气流粉碎后产品是干燥的粉末，避免了湿法粉碎后再干燥所引起的产品团聚结块，因而产品分散性好、比表面积大、表面活性高。此外，气流粉碎过程对物料进行自动粗细分级，进而所获得的产品粒度分布窄，应用效果好。然而，采用干燥的压缩空气作为气流粉碎的工质时，存在的最大缺点是，在粉碎 AP 等氧化剂时，由于氧化剂颗粒与干燥的空气之间产生剧烈的摩擦，因而极易产生很高的静电，实测静电电压高达 30kV 以上。这极易发生静电放电，产生强大的电火花，进而极易引起微纳米 AP 发生燃烧或爆炸。为此，在氧化剂气流粉碎设备与工艺条件设计时，尤其应注意静电所引发的安全风险并需引入及时消除静电的措施。

　　虽然设计采用高速的气流能量对物料进行微纳米化粉碎的理念很早就被提出，但气流粉碎技术在工业上获得大规模应用，是在第二次世界大战之后的工业技术大发展的时代。这主要是因为在第二次世界大战以前，世界各国的工业技术水平还不够高。一方面对各种微纳米材料的需求并不迫切；另一方面对具有特殊结构的气流粉碎设备加工制造能力也相对比较薄弱。此外，早期也有相关学者认为气流粉碎过程能量利用率过低，相对于机械粉碎并无优势。然而，从后续实际应用效果来看，对于所需产品是干粉的粉碎过程而言，从产品的粒度、粒度分布、比表面积、纯度等各方面综合考虑，尤其是当目标产品的粒度小于 10μm 甚至更小（小于 5μm）时，气流粉碎技术在节约能耗方面的优势还是很明显的，因而后续获得广泛推广应用。在第二次世界大战以后，随着科学技术的不断进步，对各种粉体物料的粒度、比表面积和纯度等指标提出了越来越严格的要求，这也迫使人们去进一步研究改进气流粉碎技术，进而使气流粉碎机的结构和性能大大提升并获得大规模的实际应用。

　　20 世纪 60—70 年代，在气流粉碎过程中对产品颗粒进行粒度分级方面，又取得了长足进步，进而促进气流粉碎技术日趋成熟[5]。我国也于 20 世纪 60 年代开始研发气流粉碎机，并在扁平式气流粉碎机、循环管式气流粉碎机、流化床式气流粉碎机等方面，取得了突破并获得实际推广应用。进入 21 世纪以来，我国的气流粉碎技术及设备已日趋成熟，达到了国际先进水平，部分技术已达到国际领先水平。

总体来说，采用气流粉碎技术对氧化剂进行微纳米化粉碎，与基于结晶构筑原理的氧化剂微纳米化技术或基于机械粉碎原理的氧化剂微纳米化技术相比，具有以下典型优势：

（1）产品粒度小、粒度分布窄，分散性好，比表面积大、表面活性高。气流粉碎过程不仅可以通过控制粉碎气流压力、物料喂料速率、粉碎气流温度等参数实现氧化剂平均粒度控制，还能在分级力场作用下自动实现粗细颗粒分级，确保产品粒度分布窄。并且，气流粉碎是干法粉碎，避免了湿法粉碎后脱除湿分时微细颗粒之间团聚、结块，因而产品分散性良好，能很好地保持颗粒之间的松散分散状态，进而比表面积大、表面活性高，应用效果好。

（2）产品纯度高，不存在采用结晶构筑原理制备微纳米氧化剂时可能残存的分散剂，也比采用机械粉碎技术制备微纳米氧化剂时的杂质大大减少，因而产品纯度高。这是因为，当采用硬度高、耐磨性好的材料作衬里，对硬度较低的氧化剂进行干法气流粉碎时，不仅可实现采用净化空气对物料进行粉碎，从而避免外界杂质引入，还可实现粉碎过程在"以硬对软"的条件下进行，产品中可能携带的杂质（如衬里磨损带来的杂质）极少。

（3）采用气流粉碎技术不仅可对氧化剂进行微纳米化粉碎，还可对氧化剂与固体催化剂（如氧化铜、氧化铁、亚铬酸铜）进行粒子复合处理，使微观团聚的催化剂颗粒充分分散，实现氧化剂粉碎的同时也使得微细氧化剂颗粒与固体催化剂颗粒充分接触，有效解决微纳米氧化剂与固体催化剂（尤其是与纳米催化剂）之间高效混合的工艺难题，进而提高催化剂的催化效果，使氧化剂反应速率显著提高，进而提高固体推进剂的燃速或混合炸药的爆速。更重要的是，活性极高的微细氧化剂颗粒的表面经较惰性的催化剂复合处理后，当它们在后续应用时与火炸药中的其他可燃成分混合分散时的安全性大幅度提高，有效避免了表面活性极高的微细氧化剂颗粒在与火炸药中的可燃成分混合分散时，由于直接接触并在外力（能）作用下引发氧化还原反应而导致的燃烧或爆炸事故。

（4）气流粉碎设备结构简单、工房布置简洁，操作简便、维护方便，生产过程快速，易于实现大批量、大规模生产，通过对设备及工艺参数进行优化，也可实现小批量科研试制。同时，还可在同一台设备实现小批量试制和大批量生产相兼容，对氧化剂进行微纳米化粉碎的柔性化制造能力强。

纵然气流粉碎技术具有上述诸多优势，但其对氧化剂进行微纳米化处理时，安全问题是不可回避的核心问题。如何消除或减弱气流粉碎过程中高速摩擦、撞击等机械作用所引发的安全风险，以及静电所引起的安全风险，是必须正视和亟待解决的难题。在进行气流粉碎工艺及设备设计时，需从理论上考虑可能存在的安全风险因素并研究其安全阈值，将相关参数都控制在安全阈值以下，才能保证氧化剂气流粉碎过程的安全。另外，气流粉碎也存在辅助设备多、工房占地面积较大、粉碎过程噪声较大、环境中可能存在粉尘泄漏，并且吸湿性较强的氧化剂（如高氯酸铵、硝酸铵、硝酸钾）还可能引起设备堵塞等问题。因此，在进行氧化剂微纳米化粉碎设计时，需综合安全、产品粒度、产量、成本、环保等因素，进而精心设计，使氧化剂微纳米化粉碎过程安全、可控、环境友好。

4.1　气流粉碎基础理论

从已有报道的相关文献资料来看，气流粉碎基础理论方面的研究主要集中于普通材料的微纳米化粉碎过程，涉及氧化剂微纳米化方面的基础理论鲜见报道。其研究方向主要是：消除产品中的粗大颗粒，进一步改进产品的粒度分布；提高粉碎的能量利用率，降低能耗；提高产能及设备的大型化；扩大气流粉碎机的功能用途；粉碎助剂在气流粉碎中的应用等。

消除产品中的粗大颗粒，是超微粉碎的主攻方向之一。虽然从理论上讲，气流粉碎机能自动使已粉碎的物料按所需要的颗粒大小进行分级，不合格的粗大颗粒能自动返回粉碎区再进行粉碎，直到合格为止。但是，由于粉碎区里待粉碎的物料也是很细的，它们在气流中的浓度很高，逸散能力很强，个别大颗粒不经粉碎或未达到预定粒度，便飞出粉碎区进入成品中，使成品粒度分布在大颗粒方向上变宽。尽管这种大颗粒数量十分有限，但却能严重影响产品质量。为了消除产品中的粗大颗粒，可以采用降低加料速率和加料量的方式来缓和逸散现象，以及采用多次粉碎的方式。但这都要降低设备的生产能力，增加动力消耗。根本的解决办法是改进气流粉碎机内的流场和作用力，提高粉碎效率，如采用新型先进的特殊腔型的粉碎设备，采用超声速喷嘴，改进加料系统的结构等。

粉碎过程中大量的能量都以热能、声能等形式耗散掉了，如一般气流粉碎机为 2%～5%。提高气流粉碎的能量利用率的主要途径是提高气流速度，如采用超声速气流粉碎设备进行微纳米化粉碎时能量利用率可达到 10%，正在向 20% 这一目标前进。气流粉碎是精细加工过程，过去主要用于一些精细贵重物料的微纳米化粉碎。设备大型化是提高能量利用率的有效途径之一。随着科学和技术的发展,微纳米材料(如微纳米氧化剂)需要量会越来越大,客观上也要求气流粉碎设备向大型化方向发展,进而提高生产能力。

气流粉碎过程中采用粉碎助剂,是第二次世界大战后粉碎领域里的一项重大进展,也是气流粉碎过程的一个重要发展技术方向。粉碎助剂不仅能提高能量利用率,提高气流粉碎机的生产能力,减小产品粒度,还会改善产品颗粒的表面形态,改善产品的质量。在氧化剂气流粉碎过程中添加助剂,一方面可降低微纳米氧化剂的吸湿性,提高氧化剂的分散性,延长保存时间;另一方面也可对氧化剂进行复合化改性处理,制备出更多功能用途的微纳米复合氧化剂。对于氧化剂的微纳米化处理来说,粉碎助剂的选择十分重要,否则会影响产品的纯度和使用性能。

4.1.1　气流粉碎基础理论研究历程

自 1882 年美国的戈斯林(Goessling)提出利用气流动能进行物料粉碎至今,气流粉碎技术已经历了长达 150 年的发展历程。在这一个多世纪的时间里,大量学者对气流粉碎的基础理论、装备研制、工业应用三个方面展开了深入的研究[6]。与装备研制、工业应用研究进展相比,经典基础理论因其研究方法的复杂性,发展相对较慢。长期以来,气流粉碎机理的研究一直落后于实践。然而,为了进一步提高气流粉碎设备的性能,降低气流粉碎设备研发及推广应用成本,必须加强基础理论方面的研究,只有基础理论获得研究发展进步,才能为设备研制提供坚实基础。第一个在研究气流粉碎机理方面取得重大成就的人,是联邦德国的鲁姆夫(Rumpf)教授,他在 20 世纪 50—60 年代,发表了一些论文,对气流粉碎技术的发展起了很大的作用。日本田中达夫(Tatsuo Tanaka)、神保元二(Genji Jinbo)等对气流粉碎理论的探讨,也做了许多工作。

经典气流粉碎基础理论的研究主要针对高速气流中的颗粒加速规律、颗粒冲击粉碎规律两个方面来进行公式的理论推导和实验验证。根据气流粉碎原理可知,物料经喷嘴加速后获得充足的粉碎能,喷嘴的结构直接决定了气流粉碎的效果。起初 Rumpf 引用美国学者柏实义(Shih-I Pai)的射流轴心速度与喷嘴气流出口速度关系理论进行气流粉碎机的设计,该方法可精确地估算单一气流存在时的喷嘴气流出口速度,并一直沿用至今[7]。

如前所述,气流粉碎过程物料颗粒细化以冲击粉碎为主,高速气流赋予物料颗粒以极高的运动速度,使它们相互冲击碰撞,或者与固定靶板冲击破碎。图 4-1 所示为气流粉碎过程物料颗粒的冲击碰撞方式:(a)、(b)为颗粒与颗粒之间在飞行过程中相互冲击碰撞,代表大多数气流粉碎机内发生的冲击碰撞过程；（c）、（d）为高速运动的颗粒与固定表面的冲击碰撞，（c）代表单喷式气流粉碎机的冲击碰撞形式，（d）代表大多数气流粉碎机中颗粒与粉碎室内壁发生的冲击碰撞形式[8]。

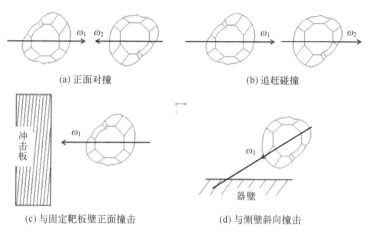

(a) 正面对撞　　　　　　　　　　　　　(b) 追赶碰撞

(c) 与固定靶板壁正面撞击　　　　　　(d) 与侧壁斜向撞击

图 4-1 　气流粉碎过程物料颗粒的冲击碰撞方式

在气流粉碎过程中，氧化剂颗粒主要受到强烈的冲击作用而破碎成细小颗粒，并进一步在磨削、摩擦、剪切等复合粉碎力场作用下，使粒度进一步细化、粒度分布变窄、颗粒规整度提高。对气流粉碎过程来说，其粉碎机理方面的研究，首先就是冲击粉碎力场的研究。要使颗粒得到充分的粉碎，粉碎力场是关键因素，而气流是氧化剂颗粒获得能量和速度的动力。对于同种物料颗粒而言，冲击速度越大，越有利于颗粒破碎。Bond 裂缝学说认为颗粒粉碎的前提是颗粒内部存在裂纹，颗粒在压力作用下产生变形，积累一定的能量产生裂纹，裂纹发生破坏，然后被粉碎。粉碎能耗的常用公式为

$$dE = -C \frac{dd_s}{d_s^z} \tag{4-1}$$

式中：E 为粉碎的能耗；d_s 为颗粒的粒度；C 为相关系数；z 为指数。

在粉碎开始时，当 $z=1$，此时颗粒发生弹性变形；当 $z=1.5$ 时，颗粒产生裂纹，裂纹开始发生扩展；当 $z=2$ 时，颗粒完成粉碎，形成新的表面积。研究颗粒的粉碎过程和粉碎机理，可以更好地对气流粉碎设备进行优化设计，并使物料粉碎后生成产品的质量可以得到很好的控制和保障。理论和实验结果均表明，与粗颗粒相比，同种物料的细颗粒其内部缺陷（如裂纹）更少，颗粒破碎所需的冲击速度更大、破碎难度显著提高。要进一步对物料颗粒进行细化，需采用更高压力、更大流量的气流粉碎设备及工艺，或者对已经细化的颗

粒进行二次及多次粉碎。

气流粉碎过程物料颗粒的冲击作用表现为自由冲击，此外还有摩擦、磨削、剪切等作用。摩擦作用主要是由于物料颗粒与内壁之间发生摩擦研磨运动而产生的；磨削作用主要是高速气流对微细物料颗粒表面（尤其是棱角处）的切向撞击力场作用；剪切作用主要是相对运动的颗粒之间切向撞击所产生的。从理论上分析，气流粉碎主要适用于脆性物料的微纳米化粉碎，如氧化剂的粉碎；也适用于对聚集体颗粒和凝聚体颗粒的解聚。

在高速气流作用下，物料颗粒随气流做高速运动，假设某颗粒的质量为 m，高速气流工质赋予其运动速度为 ω，则该颗粒所具有的动能为

$$E = \frac{1}{2}m\omega^2 = \frac{G\omega^2}{2g} \tag{4-2}$$

式中：G 为颗粒的重量；g 为重力加速度。

动能 E 只有一部分用于物料的粉碎上，当高速运动的物料颗粒对冲击板或者正在运动的其他颗粒发生冲击碰撞时，这部分能量 ΔE 可表示为

$$\Delta E = \frac{G\omega_i^2}{2g}(1-\varepsilon^2) \tag{4-3}$$

式中：ω_i 为发生冲击碰撞时颗粒所具有的速度；ε 为冲击碰撞后颗粒速度的恢复系数（$\varepsilon < 1$）。

假设硬而脆的物料颗粒是绝对弹性体，则颗粒冲击破坏所需的功 W 可表示为

$$W = \frac{G\sigma^2}{2e_M\gamma} \tag{4-4}$$

式中：σ 为物料的强度极限；e_M 为物料的弹性模量；γ 为物料的重度。

显然，为了使物料颗粒被粉碎，必要的条件是 $\Delta E \geqslant W$。由此，便可以求出使颗粒发生粉碎所必需的冲击速度 ω_i：

$$\omega_i = \sigma\sqrt{\frac{g}{e_M\gamma(1-\varepsilon^2)}} \tag{4-5}$$

在自由冲击碰撞时，颗粒发生冲击时的速度，等于两个彼此碰撞颗粒的相对速度。显然，在迎面冲击时，$\omega_i = \omega_1 + \omega_2$；在追赶撞击时，$\omega_i = \omega_1 - \omega_2$。

从式（4-5）可以看出，物料颗粒冲击破坏所需要的速度 ω_i，与颗粒的强度极限、弹性模量和重度等力学性能有关。此外，颗粒的表面状态和结构形态，也对所需的冲击速度有很大的影响。颗粒表面或内部存在各种各样的缺陷，如裂纹、微孔、空穴等，能使应力高度集中，或提高应力扩散速率，从而降低颗粒的强度 σ。此外，在气流粉碎过程中，物料颗粒还会受到高速气流的

冲刷、磨削作用，以及反复的冲击作用，使得产品粒度进一步降低。

上述一系列公式是在将物料颗粒看成绝对弹性体的假设条件下推导出来的。气流粉碎的大多数物料均可以近似地看成绝对弹性体。但是有些物料，如软化点很低的各种韧性聚合物或其他各种有机物等在常温下不是绝对弹性体，此时，上述公式仍然可以定性地描述冲击速度与各种因素之间的关系。实际上，由于存在着许多不可预测的因素，在气流粉碎过程中物料颗粒冲击破坏所需要的速度通常采用试验的方法或根据经验数据来确定。

关于气流粉碎基础理论的研究，在上述颗粒受到外界作用发生破碎的基本能耗假说基础上，通常还需开展喷嘴的气体动力学特性、颗粒在高速气流中的加速规律，颗粒在高速气流中的气流冲击粉碎规律，以及计算机模拟仿真等方面的研究工作。

4.1.2　喷嘴的气体动力学特性

气流粉碎设备根据不同的加工产品，可分别采用直孔型亚声速喷嘴、渐缩型等声速喷嘴、缩扩型超声速喷嘴。当采用缩扩型的超声速拉瓦尔（Laval）喷嘴时，气流在喷嘴中加速形成高速的射流，带动物料颗粒在气流交汇处冲击碰撞而发生粉碎，所以喷嘴的气体动力学特性对粉碎有重要的影响[9]。

1. 喷嘴流动状态参数

在工程上对各类喷管、扩压管、风洞等未发生激波的绝能流动，均采用等熵流动模型。除了产生激波时气体通过激波，喷嘴内的流动都可视为一维等熵流动，建立喷嘴运动的控制方程：

连续方程：

$$\rho_g S u = \mathrm{const} \tag{4-6}$$

动量方程：

$$\mathrm{d}p + \rho_g u \mathrm{d}u = 0 \tag{4-7}$$

能量方程：

$$\frac{\lambda}{\lambda+1} RT + \frac{u^2}{2} = \frac{\lambda}{\lambda+1} \frac{p}{\rho_g} + \frac{u^2}{2} = \frac{\lambda}{\lambda+1} RT_0 = \frac{u_{\max}}{2} = \mathrm{const} \tag{4-8}$$

气体状态方程：

$$p = \rho_g RT \tag{4-9}$$

式（4-6）~式（4-9）中：ρ_g 为气体密度（kg/m³）；S 为喷嘴的横截面积（m²）；u 为气流速度（m/s）；p 为绝对压力（Pa）；λ 为气体绝热指数；R 为气体常数（J/(kg·K)）；T 为绝热温度（K）；T_0 为气体的滞止温度（K）；$u_{\max}$ 为等熵条件下温度降至绝对零度时达到的最大速度（m/s）。

根据上述喷嘴的控制方程可以得到以滞止状态参数为参考状态的气体动力学函数：

$$\frac{T}{T_0} = \left(1 + \frac{\lambda-1}{2}Ma^2\right)^{-1} \tag{4-10}$$

$$\frac{p}{p_0} = \left(1 + \frac{\lambda-1}{2}Ma^2\right)^{\frac{\lambda}{\lambda-1}} \tag{4-11}$$

$$\frac{\rho_g}{\rho_0} = \left(1 + \frac{\lambda-1}{2}Ma^2\right)^{\frac{1}{\lambda-1}} \tag{4-12}$$

$$\frac{S}{S_t} = \frac{1}{Ma}\left(\frac{2}{\lambda+1} + \frac{\lambda-1}{\lambda+1}Ma^2\right)^{\frac{\lambda+1}{2(\lambda-1)}} \tag{4-13}$$

$$u_2 = \sqrt{2\frac{\lambda}{\lambda-1}RT_0\left[1-\left(\frac{p_2}{p_0}\right)^{\frac{\lambda-1}{\lambda}}\right]} \tag{4-14}$$

式（4-10）～式（4-14）中：下标为 0 的表示滞止状态的参数；下标为 t 的代表喷嘴横喉部处的参数；没有下标的为任意截面上的状态参数；p_2 为出口背压（Pa）；u_2 为喷嘴出口的气流速度（m/s）；Ma 为计算马赫数。

从式（4-10）可以看出，喷嘴出口的流体温度是小于进口温度的，这就是焦耳-汤姆逊效应，是以压缩空气为工质的气流粉碎的一个重要特点，对于粉碎一些低熔点或者热敏性物质是非常有益的。

由于气流经喷嘴加速后的速度一般都远远大于进口速度，在此可以忽略进口速度，将进口气体的状态作为滞止状态来进行气体动力学函数的计算。对于一个确定形状尺寸的喷嘴，将会存在一个确定的计算参数对应理想的流动状态。结合式（4-10）～式（4-14）就可以计算喷嘴出口所对应的状态参数。

2. 喷嘴流量

对于超声速喷嘴，气流通过喉部后虽然压力可以进一步降低，但出口由于背压所产生的压力波动并不能沿管内向上游传播。喷嘴渐缩段的压力是不受下游背压影响的，喷嘴的最大流量实际是由喷嘴喉部的临界状态参数所决定的。

等熵条件下并忽略入口速度时，通过喷嘴的流量为

$$m = S_2\sqrt{\frac{p_1^2}{RT_1}\frac{2\lambda}{\lambda+1}\left[\left(\frac{p_2}{p_1}\right)^{\frac{2}{\lambda}} - \left(\frac{p_2}{p_1}\right)^{\frac{\lambda+1}{\lambda}}\right]} \tag{4-15}$$

式中：下标为 1 的代表喷嘴入口处的参数；下标为 2 的代表喷嘴出口处的参数；如 T_1 表示喷嘴入口处的气体温度（K），p_1 表示喷嘴入口处的气流压力

（Pa），S_2 表示喷嘴出口的横截面积（m^2）。

由式（4-15）可以看出。在 p_2 为 0 或者等于 p_1 时，喷嘴流量为零。p_2 大于临界压力 p_* 时，由于气流在喷嘴扩张段没有完全膨胀致使喷嘴达到临界状态，此时喷嘴内全部为亚声速流动，这时出口处背压的降低产生的扰动能够传递至喷嘴内部，降低喷嘴的出口背压能够适当提高喷嘴的流量。当 p_2 等于 p_* 时，出口背压降低引起的扰动已不能反馈给喷嘴内部，此时喷嘴的流量已经达到最大值，进一步降低背压流量也不会增加。我们把喷嘴的这种背压降低而流量却不发生改变的现象称为"壅塞"现象。

当喷嘴达到最大流量时，喷嘴出口压力刚好等于临界压力，此时按照喷嘴临界截面处状态参数来计算流量的最大值。

临界压力 p_* 为

$$p_* = \left(\frac{\lambda+1}{2}\right)^{\frac{-\lambda}{\lambda+1}} p_1 \tag{4-16}$$

临界密度 ρ_* 为

$$\rho_* = \left(\frac{\lambda+1}{2}\right)^{\frac{-1}{\lambda-1}} \rho_1 \tag{4-17}$$

临界速度 u_* 为

$$u_* = \sqrt{\frac{2\lambda}{\lambda+1} RT_1} \tag{4-18}$$

则喷嘴的最大流量 m_{max} 为

$$m_{max} = \rho_* u_* S_t = \frac{\pi d_t^2}{4} \sqrt{\frac{\lambda p_1^2}{RT_1}\left(\frac{2}{\lambda+1}\right)^{\frac{\lambda+1}{\lambda-1}}} \tag{4-19}$$

从式（4-19）可以看出，喷嘴在喉部尺寸固定时，最大流量与进口压力成线性正比关系。在喷嘴流量一定的前提下，如果要粉碎一些易于粉碎或者要严格控制粉碎粒度的物料，需要使用较低进气压力或者使用喉部直径较大的喷嘴来防止颗粒发生过粉碎现象。

3. 喷气流结构

气体工质在自身压力下，强行通过喷嘴时，产生高达每秒几百米乃至上千米的气流速度；这种由高压工质通过喷嘴产生的高速强劲有力的气流，即称为喷气流。喷气流按其速度的变化情况，可分为三部分：靠近喷嘴出口处的势心带，与势心带相邻的过渡带和最末部分的匀速带，如图 4-2 所示。势心带是喷气流中能量最强的部分，故又称势核。在势心带周围的工质，连同悬浮在工质中的待粉碎的物料颗粒，以极高的速度被吸进势心带中，并进行剧烈的混合和加速,因此是起主要粉碎作用的。若喷嘴的出口直径为 d,则势心带的长度一般为 $6d$。在过渡带中,其横断面上的速度分布,越靠近中心轴线处越大。过渡带中的气流能量,已明显减弱。在匀速带,气流的轴向速度已经趋向均一,但其动能大为减弱,很难起到加速颗粒的作用。

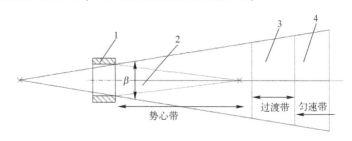

1—喷嘴;2—势心锥;3,4—轴向速度分布。

图 4-2　喷气流的结构示意图

　　喷气流外轮廓间的角度 β,一般称为喷气流的膨胀角。膨胀角越小,即喷气流的发散程度越小,对成品颗粒的分级越有利。设计良好的喷嘴,β 角一般为 $12°\sim14°$。

　　进到粉碎区的物料颗粒,依靠喷气流和小旋流的作用,发生混合、加速和冲击碰撞等过程。在粉碎区中,由于喷气流和小旋流的剧烈运动,位于工质中的颗粒是处于高度湍流运动状态,这正是气流粉碎过程所必需的。因为这样的湍动会使颗粒更充分地分散于工质喷气流中,并且使颗粒具有不同的速度和不同的运动方向,从而增大了颗粒相互间的碰撞概率。

4. 气流粉碎过程中噪声的产生及控制

　　气流粉碎机工作时,高压粉碎气流经 Laval 喷嘴加速到超声速,高速气流之间以及高速气流与器壁或管壁的强烈冲刷等相互作用,会引起粉碎主机排气口附近较大的噪声(气流所引起的啸叫声)。尤其是对于扁平式气流粉碎设备,当高速气流从排气口排出,与周围切向进入的高速气流产生强烈的相互作用,引起排气口附近剧烈的气体扰动,从而产生声级很高的噪声,形成排气出料喷流噪声[10]。此类噪声是连续的宽平带湍流噪声,峰值频率与气流速度成正比,与排气管直径成反比,其声功率的计算公式为

$$w = A \frac{(p_A - p_B)^8}{p_A \cdot p_B^2} \cdot D_N^2 \qquad (4-20)$$

式中:w 为排气噪声声功率(W);A 为常数;p_A 为排气口压力(Pa);p_B 为环境压力(Pa);D_N 为排气口直径(mm)。

　　由式(4-20)可知,对于一个确定的排气管来说,气流噪声的声功率与

排气口直径的二次方成正比。当高速气流在扁平式气流粉碎机的出料口直接放空时，噪声的产生如图 4-3 所示。

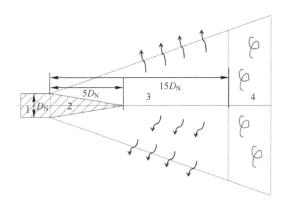

1—排气管；2—直流区；3—混合区；4—涡流区。

图 4-3　高速气流在出料口排气放空时噪声形成的示意图

图 4-3 中，在排气口附近（排气管直径 D_N 的 4~5 倍范围内）气流以声速前进，这段称为直流区，辐射高频噪声；在排气口稍远之处（$5D_N$~$15D_N$）称为混合区，气流在这个区域内排出的气体冲击和剪切附近静止的空气，引起气流扰动产生的噪声最为强烈。在离排气口更远的地方（$15D_N$ 以外）称为涡流区，在涡流区域的气流速度逐渐减低，产生的噪声是低频的。这种排气噪声的声功率主要与排气速度、声原介质和排气管的大小有关。要减弱这种噪声，一般采取减压扩容稳流的办法，逐步扩大通道的截面，才能有效地降低噪声。

李凤生教授带领团队在降低气流粉碎设备噪声方面开展了大量的研究工作，基于理论研究结果，结合扁平式气流粉碎设备，设计了使气体通道截面积逐步扩大的装置，用以降低出料口附近由高速气流引起的噪声。这种特殊的装置可使气流粉碎过程的噪声从 130dB 降低至 80dB 以下，已在相关科研生产中获得实际应用。

4.1.3　颗粒在高速气流中的加速规律

根据气流粉碎原理，物料经喷嘴加速后获得足够的运动速度进而具有强烈的粉碎能，而物料的运动速度来自高速气流。喷嘴的结构直接决定气流的速度进而制约粉碎效果，获得高速气流最常用的是采用缩扩型喷嘴（如 Laval 喷嘴）以获得超声速气流，进而使物料颗粒运动速度大大提高。因此，气流粉碎设计的关键之一是喷嘴设计，既要保证气流出口的流速（马赫数），又要保证出口的流型使气流不要过度发散。在气流粉碎机研制之初，在计算方法的确定、型面曲线修正、起始扩散角控制等方面做了大量基础实验研究工作。

1954 年，美国学者白志一（Shi-J-Pia）提出了射流轴心速度与喷嘴气流出口速度之间的关系为

$$\frac{u_m}{u_2} = 6.5 \frac{d_N}{\tau} \tag{4-21}$$

式中：u_m 为气流射流轴心速度；u_2 为气流从喷嘴喷出初速度；d_N 为喷嘴直径；τ 为气流射程。

1960 年，Rumpf 把这个从流体力学理论推导出的公式应用于气流粉碎机的设计，该方法可精确地估算单一气流存在时的喷嘴气流出口速度。但在实际情况中，物料总是伴随气流一起进行加速，气固两相流中的颗粒干涉作用必然会对气流速度造成影响，并且只有两相流中颗粒获取的速度才能最终转化为破碎能。

1999 年，加拿大卡尔加里大学（University of Calgary）的 Eskin 假设气固流在喷嘴中的流动为等压过程，推算出因气固非弹性作用而引起的气体动能损失，认为固体颗粒的质量流量和颗粒尺寸对能量的损失有很大关联，从而影响喷嘴中颗粒的加速过程[11]。研究结果发现，对于高 μ 值的气固流，喷嘴加速效率不高，能量损失大；其中 μ 为颗粒与气体的质量流量的比值，即 $\mu = \dfrac{m_s}{m_g}$。流动过程中，颗粒浓度越高，加速过程中能量损失越少。要使颗粒有效粉碎，碰撞时的速度必须足够高，即使在高颗粒浓度下，也可以通过提高喷嘴的压力而使颗粒加速。但是压力不能无限地增大，因为随着压力的增加，压缩机的能耗将以非线性的方式快速地增加。

Eskin 对颗粒加速的研究做了很多工作，是理论研究的一大进展，为气流粉碎机设计者提供了重要的信息。但是他对颗粒加速的影响因素只是定性地做了分析，没有给出明确的影响关系式，而且只用加速效率表征了颗粒的加速过程，并没有推导出颗粒的速度。这些基础理论方面的研究工作，都可进行进一步深入研究。

针对喷嘴中气固两相流的情况，2002 年，莫斯科国立鲍曼技术大学（Bauman Moscow State Technical University）的 Voropayev 认为气流粉碎机中固体颗粒的加速过程包括两个阶段：气固混合时的加速和气固流在喷嘴中的加速[12]。其中，气固混合是在低速下进行的，能耗损失较小。而物料和压缩气体一起通过喷嘴时速度快，能耗损失大，该过程中的颗粒加速规律一直是经典气流粉碎理论研究的热点。

Voropayev 指出，固体颗粒在气流粉碎机中的加速过程包括气固混合时的

加速和气固流在喷嘴中的加速两个阶段。目前，对物料和压缩气体一起通过喷嘴（图 4-4）的情况下颗粒的加速规律研究得比较多。气体压入混合室与物料混合，由于混合室的压力稍低于喷射气流的压力，所以混合是在低速下进行的，能量损失较少。经过动量传递和能量转换，混合物成为气固均质二相流。物料以一定角度进入气流，致使运动为非一维流动。

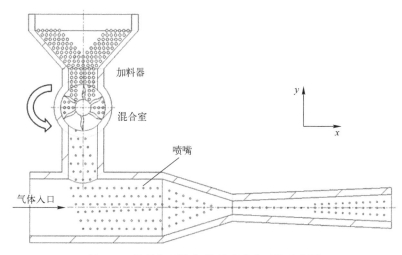

图 4-4　物料与压缩气体通过喷嘴时的示意图

　　2007 年，四川大学的陈海焱对气流引射式颗粒加速过程进行了研究，发现了喷嘴间的加速距离与气固浓度、颗粒的性质和产品的粒度要求有关[13]。根据大量的工业实验和前述计算的颗粒加速到最大速度的无因次距离，考虑颗粒重力、气固浓度对加速的影响，并便于工程设计，给出喷嘴加速距离为

$$\overline{R} = \overline{x} \cdot k_1 \left(\frac{40k_2}{d_s} \right)^{0.15} \tag{4-22}$$

式中：$\overline{R}$ 为喷嘴加速距离；$\overline{x}$ 为颗粒加速到最大速度时的无因次距离；k_1 为颗粒浓度对加速距离的影响因子，实验值取 1.7~1.9；k_2 为颗粒密度对加速距离的影响因子；d_s 为颗粒的入料粒度（μm）。当颗粒密度 $\rho_s \leqslant 2.65 \text{g/cm}^3$ 时，$k_2 = 2.65 / \rho_s$；当 $\rho_s \geqslant 2.65 \text{g/cm}^3$ 时，$k_2 = \rho_s / 2.65$。通常气流粉碎过程中，喷嘴之间的加速距离通常在 10~20 倍的无因次距离范围内，但对较粗的颗粒（$d_s \geqslant 500 \mu\text{m}$），其加速距离会超过 20 倍的无因次距离。

　　对于氧化剂气流粉碎过程，通常采用压缩空气作为工质，粉碎气体从喷嘴喷出的速度，可结合喷嘴结构和理想气体方程进行计算。但对于氧化剂颗粒在喷嘴中的加速，以及氧化剂颗粒在粉碎室内受到气流场作用而加速，过程复杂，实际情况难以准确计算。在进行气流粉碎过程物料加速规律估算时，可避免针对单个颗粒开展研究，而结合压缩气体流速与流量、氧化剂初始颗粒直径、氧化剂粗颗粒加料速率等进行宏观估算。进而结合氧化剂颗粒群加速规律的宏观估算结果，来分析氧化剂的冲击破碎规律。

4.1.4 颗粒在高速气流中的冲击粉碎规律

1959 年，Rumpf 根据 Hertz 理论提出了两颗粒以一定的速度碰撞所产生的最大应力，推导出了一定尺寸的颗粒破坏所需要的冲击速度。2001 年，Eskin 和 Voro payev 对气流粉碎区进行了分析，主要考虑的是单向流动，并考虑了颗粒在静止气体中的减速，因为在粉碎区中，气体的速度比颗粒的速度衰减得更快[14]。若以 I_{95} 表示 95% 的颗粒与其相反方向运动的颗粒发生碰撞的区域在喷嘴轴向上的长度（图 4-5），则 I_{95} 可表示为

$$I_{95} = \frac{0.49\rho_s d_s \omega}{\mu \rho_g u} \tag{4-23}$$

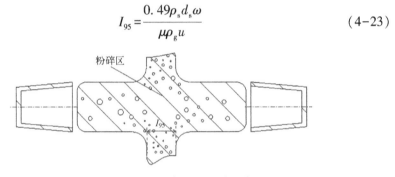

图 4-5　颗粒发生碰撞粉碎的区域示意图

由式（4-23）计算可知，I_{95} 很短。因此，颗粒在粉碎区的碰撞频率很高，而强烈的碰撞过程必然导致颗粒的减速，所以粉碎区中的颗粒浓度和流体力学阻力会有很大的提高；与自由喷射过程相比，粉碎区内的 μ 值（颗粒与气体的质量流量的比值）将提高。

另外一个重要的问题是气体对颗粒碰撞过程的影响。为了建立一个模型，做了以下假设：

（1）高速气固流流进静止的粉碎区。

（2）高颗粒浓度的区域在粉碎区中心形成，而且假设气体和固体颗粒在粉碎区的速度都为 0。

（3）在粉碎区入口处，气体和固体的速度相等，$u=\omega$。

（4）粉碎区的 u 值与在喷嘴中的 u 值相等。

（5）颗粒碰撞模型与用于计算喷嘴中气固流的模型相同。

假设喷射流中的颗粒进入粉碎区时未改变方向,通过与粉碎区静止的颗粒碰撞和静止气体流动产生的摩擦而减速。颗粒与颗粒间的碰撞可看作一个力对颗粒的作用,这个力可进一步认为在自由程内是个常数,计算公式为

$$f_{coll}^* = (1+\varPsi) \frac{\pi d_s^2}{4} \rho_s \varepsilon \omega^2 \tag{4-24}$$

式中:$\varPsi$ 为颗粒与颗粒碰撞的复位系数;ε 为冲击碰撞后颗粒速度的恢复系数。如果假设碰撞的颗粒是极好的塑性物料,碰撞的力 f_{coll}^* 与粉碎区入口处的摩擦力 f_g^* 之比 φ 为

$$\varphi = \frac{f_{coll}^*}{f_g^*} = 2 \frac{\mu}{c_D} = \frac{2\mu}{0.386 \times 1.325^{(\lg Re - 3.87)^2}} \tag{4-25}$$

式中:Re 为雷诺数,可根据颗粒速度计算(因为颗粒在静止气体中运动)。这个公式在 $0.5 \leqslant Re \leqslant 10000$ 范围内是有效的。若物料是极好的弹性材料,则式(4-25)中的乘数 2 必须变为 4。

众所周知,粉碎过程的能量效率随颗粒尺寸的减小、粉碎时间的增加、输入能的增加而减小。粉碎介质的动能用于颗粒的粉碎,表现为颗粒尺寸的减小,从而可推导出颗粒尺寸与粉碎能之间的关系式,而颗粒尺寸的减小可根据颗粒的比表面积进行估算。然而,由于粉碎区域的速度很高,直接测量有一定的困难,以上的研究基本上是理论分析推导和实验验证,关于颗粒在高速气流中的冲击破碎规律,还有许多问题值得进一步探讨。

4.1.5　计算机数值模拟及仿真优化

经典基础理论均是在理想假设条件下进行的定性或定量研究,拓展更替周期长,系统性强,掌握难度高,对气流粉碎设备的更新和应用拓展十分不利。然而与传统的理论公式推导和试验验证方法相比,计算机数值模拟有着无可比拟的优势。随着计算机数值模拟领域的快速崛起,基于前人的基础理论研究成果,借助计算机数值模拟技术进行二次优化,已成为气流粉碎基础理论研究领域新的重点[15-17]。

气流粉碎过程物料颗粒尺寸的减小是由粒子之间反复的碰撞所引起的。尽管许多参数影响气流粉碎机的性能,但能够采取有效手段进行研究的参数很少。气流粉碎机中颗粒的运动对粉碎过程和能耗有很大影响。2007 年,本·古里安大学的 Levy 和 Kalman 通过忽略颗粒与颗粒相互作用以及颗粒破碎来研究气流粉碎机内的颗粒运动,对给定尺寸气流粉碎机中的物料颗粒运动进行了三维数值模拟[18]。通过将不同情况下的预测气流速度与实验结果进行比较,获得了数值预测的部分验证。然而,并不是对所有通过真实气流粉碎机的颗粒

都进行了模拟。因此，为了获得对粒子轨迹的可靠模拟，不能忽略粒子与粒子的相互作用。

2010 年，华南理工大学的 Wang 和 Peng 采用总体平衡模型研究了碳化硅颗粒在流化床气流粉碎机中的分批研磨动力学[19]。讨论了在不同工艺参数下（如入口气压、进料负荷、喷嘴出口与射流交汇点的距离）获得的各种碳化硅颗粒在气流粉碎机中的破碎行为。通过建模可以模拟在不同操作条件下从气流粉碎机获得的产品尺寸分布，并且通过试验验证表明，在不同操作条件下获得的产品尺寸分布与通过建模模拟的结果相似。

2011 年，马来西亚理科大学的 Rajeswari 等提出了一个三维计算流体动力学（Computational Fluid Dynamics，CFD）模型，用于研究喷气式气流粉碎机粉碎过程中固-气相的流动动力学[20]。该研究使用 FLUENT 中的相关标准模型进行模拟，分析了固体进料量、气流压力和分级转速等操作参数对气流粉碎机性能的影响。CFD 模拟结果以双相矢量图、相的体积分数和粒子轨迹的形式呈现在粉碎过程中。基于所提出的模型给出了气流粉碎机内流动动力学的真实预测。通过在实际气流粉碎机上进行实验以研究粉碎产品的粒度与形态等，发现数值结果与实验结果非常吻合。

2011 年，华东理工大学的崔岩提出了气流粉碎过程仿真计算系统的建立方法，建立了靶式、流化床式和扁平式三种气流粉碎机的粉碎仿真分析计算模型[21]。这些模型对于粉碎过程中的各种粉体系统具有一定的普适性。确定了粉碎过程数值模拟的具体方法，并运用 ANSYS 软件的 LS-DYNA 系统模拟计算了靶式、流化床式和扁平式三种气流粉碎机的粉碎工况。通过仿真实验研究确定了不同物料的粉碎粒度与进料速度、分形维数之间的数学关系，得出了三者的函数关系。提出在计算过程中可用速度比代替颗粒数量百分比，即用整体速度的降低代替部分颗粒的速度丧失，经实验证明与实际粉碎效果相同。

此外，崔岩等还提出了气流粉碎过程的仿真显示系统的建立方法，运用分形理论描述了粉体在粉碎过程中的团聚行为[22]。运用 3ds Max 建模软件按实际比例建立了靶式、流化床式和扁平式三种气流粉碎机的粉碎仿真显示模型。建立了针对不同类型的粉体颗粒的材质库。将仿真计算结果与实际粉碎结果进行比较后，分析了仿真系统对于不同类型粉体的适用情况及计算误差的产生原因。通过仿真计算结果与实际粉碎结果的比较，确定了不同粉体的仿真计算误差范围，并据此得到了多种粉体超细粉碎时所需的破碎能量，以及相关粉碎参数。

采用计算机数值模拟及仿真优化的方法对气流粉碎设备，以及粉碎过程工艺参数进行研究，能够在经典气流粉碎理论和已有相对成熟的气流粉碎设备基础上，结合具体的待粉碎物料特性，对粉碎设备的结构参数进行快速优化设计，并对粉碎过程工艺参数进行模拟确定。这可大幅度降低以"试验–表征–优化试验"为主的传统模式的成本，为高附加值、高成本、毒性及易燃易爆等特殊物料的微纳米化粉碎，提供了新的安全、高效的技术途径。

4.2　典型的气流粉碎技术及应用

4.2.1　气流粉碎技术分类

气流粉碎机已经出现了很长一段时间，自 1882 年 Goessling 申请了第一篇关于利用气流动能进行粉碎的专利后，就出现了第一台气流粉碎机，之后相继出现了各种各样的气流粉碎机。这些气流粉碎机都包含射流喷嘴、进料装置和收料装置等。

无论是何种结构形式的气流粉碎机，都是利用高速气流的能量，携带颗粒相互冲击、剪切和摩擦以及与腔壁的冲击，使颗粒粉碎。然后再依靠力场作用，使粗细颗粒分级进而分离出细粒度产品。虽然它们各自的具体粉碎方式及原理不尽相同，但研究表明，腔体内气流速度的大小都是影响粉碎机粉碎粒度的一个最主要因素。因为气流速度的大小直接影响物料颗粒的运动速度，进而决定了物料粉碎的动能。因此，为了使粉碎产品的粒度进一步降低，气流粉碎机通常采用 Laval 喷嘴，将高压气体从喷嘴喷出，以获得超声速气流。

随着气流粉碎过程气流速度的增加，粉碎所获得的产品粒度减小，被粉碎物料颗粒的粒度均匀性增加，颗粒强度增大。当达到一定程度后，物料的粒度不再减小或减小的速度非常缓慢，也就是达到了物料的粉碎极限。若不把已经粉碎的微细颗粒及时从气流粉碎设备内排出，还可能由于微细颗粒物料比表面积增大，颗粒表面的活化能增高，微颗粒间发生相互团聚，进而导致粉碎产品粒度增大。当发生这种情况时，视为粉碎处于动态平衡状态，即使延长粉碎时间，也难以使物料粉碎得更细。为了提高粉碎效率，必须及时把这些已经粉碎的微细颗粒分离出去。因此，决定气流粉碎效果的不仅是气流速度，即物料颗粒的运动速度，还包括另外两个关键因素：其一是气流粉碎设备的分级形式与精度，其二是粉碎力场的作用形式。气流粉碎设备的技术发展及技术分类，也基本是围绕着气流粉碎速度的提高（被粉碎物料速度提高），以及物料分级形式与精度的改进和粉碎力场的优化三个方向展开的。其中，物料颗粒的速度提高不仅与加速气流的流动速度有关，还与颗粒的加速形式有关。

1. 物料颗粒的加速形式

1）气流引射形式

压缩气体从喷嘴喷出进入粉碎室，同时固体颗粒从进料口进入气流粉碎室，然后在气流的作用下开始加速而发生粉碎作用。这种形式最大的优点是颗粒不经过喉部较细的喷嘴，其对进料颗粒的粒度要求不是很苛刻。在喷嘴设计时，喉部直径一般都很小，以此来增加气流的动能，这样的结构也减小颗粒经过喷嘴时对喷嘴内表面的磨损。当前流化床式气流粉碎机基本都采用这种颗粒加速形式。

2）混合引射形式

颗粒在进入粉碎室之前，在加速管内和压缩空气混合加速后形成高速颗粒流，然后经过喷嘴进入粉碎室；在粉碎室内再进一步受到气流加速作用。颗粒在进入粉碎室前经过了一个加速过程，喷射速度比气流引射式的颗粒得到的速度要大；气流与颗粒之间动能交换效率更高，碰撞角度也更小，能够粉碎较难粉碎的物料。由于颗粒要经过喷嘴，喷嘴内表面会产生不同程度的磨损。受喷嘴喉部尺寸的限制，对进料颗粒的粒度有一定的要求，当进料量过大时容易造成喷嘴堵塞，如扁平式气流粉碎机，基本都是采用这种颗粒加速形式。

2. 物料颗粒的分级形式

1）基于分级装置进行分级

对于靶式气流粉碎机、对喷式气流粉碎机和流化床式气流粉碎机，通常需要在粉碎机内设置具有独立分级功能的分级装置（也称分级机）对粉碎后的物料颗粒进行分级处理。当前广泛使用的分级机主要由机筒、机架、传动电机和分级叶轮等组成，如图4-6所示。当携带物料颗粒的气流通过分级机时，在分级叶轮高速旋转所产生的离心力和气流所产生的向心力，以及分级叶轮后部负压产生的吸力共同作用下，粗颗粒被甩至粉碎室边壁并回落至粉碎区继续粉碎，细颗粒则穿过分级叶轮的叶片间隙随气流从成品排出管排出。随着转速提高，分级叶轮产生的离心力增大，所能分离出的颗粒粒度减小。当高速旋转的分级叶轮对颗粒所产生的离心力与气流对颗粒产生的向心力，以及分级叶轮后部负压产生的吸力达到平衡时，该颗粒的粒度即称为分级叶轮在该工作状态下的分级粒度（也是该状态下的极限分级粒度），若不能进一步提高分级叶轮的转速以提高离心力，则小于该粒度的颗粒将无法实现有效分级。

由于分级叶轮的存在，使气流粉碎机的粉碎区和分级区有较明显的过渡区，粉碎和分级之间的相互影响较小。粉碎时分级叶轮因转速能够单独调节，在一定粒度范围内分级效果比较好、分级精度较高，而且能有效防止颗粒粉碎过程中的过粉碎现象。

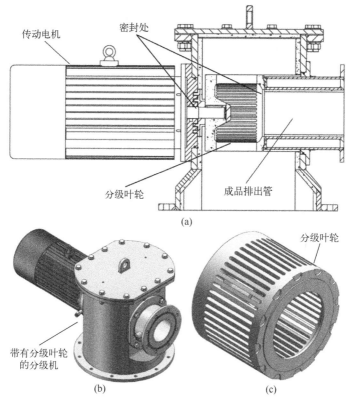

图 4-6 带有分级叶轮的分级机结构示意图

一开始出现的是靶式气流粉碎机，由于物料颗粒与靶板强烈的撞击会引起靶板磨蚀，并给物料带来杂质。为了解决靶板所引起的杂质问题，研究人员发明了对喷式气流粉碎机，这种气流粉碎机避免了靶板磨蚀所引起的杂质问题，并且由于物料颗粒以高速相对运动发生撞击，提高了撞击能量和粉碎效率。然而，靶式气流粉碎机和对喷式气流粉碎机，由于物料颗粒需要在喷嘴内加速至很高的运动速度，对喷嘴的磨损也较大；在对喷式气流粉碎机中，物料颗粒碰撞后会沿着与碰撞方向的垂直方向在一定角度范围内逸散，使得物料颗粒的粉碎效率也难以进一步提高；即便采用 3 个、4 个或多个喷嘴，使颗粒逸散问题有所改善，但粉碎效率依然较低。为了解决靶式气流粉碎机和对喷式气流粉碎机存在的喷嘴磨蚀、粉碎效率不高的问题，研究人员进一步设计研制出了流化床式气流粉碎机；这种气流粉碎机工作时，物料在粉碎室内高速气流的带动下做加速运动，通过在一个平面或立体空间均匀布置的多个（通常一个平面内是 4 个）喷嘴，使物料颗粒被加速后高速汇集于粉碎区，产生高速碰撞、摩擦、剪切等作用，避免了颗粒对喷嘴的磨蚀，减少了颗粒的逸散，达到了提高颗粒粉碎效率的目的；与此同时，通过使物料颗粒呈流化态，进一步提高颗粒的相互碰撞频次，并且使细颗粒能够及时从物料中分离出来，从而进一步提高粉碎效率。这三种气流粉碎机内物料颗粒在高速运动下发生撞击的过程，如图4-7所示。

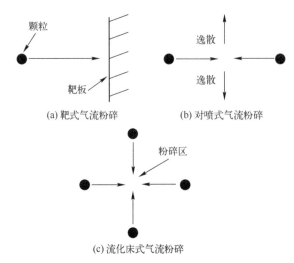

(a) 靶式气流粉碎　　　　(b) 对喷式气流粉碎

(c) 流化床式气流粉碎

图4-7　基于分级叶轮分级的气流粉碎设备内颗粒碰撞形式

分级叶轮的安装方式有立式和卧式两种形式，其对粒度大于5μm的AP等氧化剂进行分级处理时，具有产量大、产品质量稳定性好等优点。然而，不管分级叶轮以何种形式安装，由于转速有限，其产生的离心力场也有限，因而对细颗粒物料的分级精度较低。并且，当粉碎机内气固比较大时，也会使分级叶轮的分级精度降低。尤其是当氧化剂产品的物料颗粒粒度小于5μm之后，这种分级方式已难以满足精确分级的要求，所获得的产品粒度较大、粒度分布较宽。更为重要的是，高速旋转的分级叶轮的密封处（动件与静件结合处）很容易钻入微纳米粉尘，氧化剂的粒度越小，颗粒越容易进入该动静配合摩擦区，进而极易引发燃爆安全事故，国内外已发生过类似事故。

2）基于自旋转离心力场进行分级

对于循环管式气流粉碎机和扁平式气流粉碎机，在粉碎过程中，高速气流工质既是粉碎的动力又是分级的动力。高速旋转的主旋流，形成强大的离心力场，不同粒度的颗粒在旋转流场中所受离心力不同，引起颗粒所在的轨道半径也不同。较细颗粒靠近中心而有机会从气流粉碎机出口离开，较粗颗粒被甩向内环壁面并继续经过冲击、剪切、磨削等作用粉碎至所需粒度，在粉碎机内的物料依靠这种方式完成颗粒的自行分级。这种不需要额外分级装置对物料进行分级的性能，称为自行分级性能，或自旋转离心力场分级性能。

在扁平式气流粉碎设备内，高压工质经喷嘴以高速射入粉碎室；喷气流夹带着物料粒子以极高的速度旋转，并在粉碎室半径上形成流体动力特性梯度[23]。在粉碎室外圆周处，除有强劲的喷气流外，尚有许多的旋涡流，使物料颗粒呈高度湍动状态。物料颗粒彼此间以巨大的动量相互碰撞，又与圆周壁相互碰撞达到粉碎的目的，此区域即为粉碎区。被粉碎物料随旋转流高速旋转的同时，在离心力和向心力的作用下对粗细颗粒产生分级作用；粉碎室内发生分级作用的区域称为分级区。物料在粉碎室内被粉碎后，又在粉碎室内实现粗细分级，因此粉碎室往往又称为粉碎-分级室。

在扁平式气流粉碎机的粉碎-分级室中所发生的流体流动过程，如图 4-8 所示。喷气流 6 以极高的速度进入粉碎区后，把周围的物料颗粒吸入其中，并使颗粒加速到一定的速度和距离。具有一定速度的颗粒相互冲击碰撞，实现粉碎。由于各喷嘴的倾角 α 都是相等的，所以各喷气流的轴线都切于一个假想的圆周，这个圆周称为分级圆 7。整个粉碎-分级室被分级圆分成两部分：一部分为主要发生颗粒冲击粉碎的粉碎区 2；另一部分为主要发生颗粒分级的分级区 3。

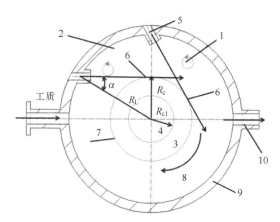

1—小旋流；2—粉碎区；3—分级区；4—成品收集区；5—喷嘴；
6—喷气流；7—分级圆；8—主旋流；9—工质分配室；10—排污口。
图 4-8　扁平式气流粉碎机内工质流动示意图

由于喷嘴倾角 $\alpha < 90°$，并且粉碎室轮廓又是圆形的，所以各喷气流经过一定的运动时间后，必定汇集成一个强大的高速旋转的旋流 8，称为主旋流。在粉碎区，相邻两喷气流之间的工质，又形成若干个强烈旋转的小涡旋 1，称为

小旋流。小旋流的旋转方向，与主旋流相反，如滚柱轴承中的滚柱相对于轴承内圈的运动模式相同。

　　与粉碎区不同，工质在分级区中的主旋流，是以层流的形式运动的。随主旋流一起运动的颗粒，也以层流形式运动。例如，在扁平式气流粉碎机中，工质主旋流的典型速度为 300m/s，若工质主旋流中的粒度为 4μm，则颗粒的雷诺数 Re 约为 20 或略高些，即完全处于层流范围内。这正是颗粒分级所必需的，因为只有高速回转的层流运动，才能提高已经很细小的颗粒的分级锐度，从而保证产品具有狭窄的粒度分布。

　　工质主旋流除具有切向速度 u_t 外，还具有向心的径向速度 u_r。处于由工质主旋流形成的离心力场中的任一位置上的颗粒，同时受到两个作用力。一个是离心力 F_c，这个力会力图把颗粒拉向粉碎区。另一个是由于工质的黏度引起的黏性阻力 F_d，其方向总指向主旋流的中心并力图把颗粒推向中心收集区，因此称为向心黏性阻力。假设物料颗粒在主旋流中的切向速度 ω_t 与工质的切向速度是相同的，即 $\omega_t = u_t$，则颗粒所受到的离心力为

$$F_c = \frac{\pi d^3 \rho_s \omega_t^2}{6R_i} = \frac{\pi d^3 \rho_s u_t^2}{6R_i} \qquad (4-26)$$

式中：d 为颗粒的有效直径；ρ_s 为颗粒的密度；R_i 为颗粒所在位置距粉碎-分级室中心的距离。

　　同样，可以假设物料颗粒的径向速度 ω_r 与工质的径向速度相等，即 $\omega_r = u_r$，并且由于气流粉碎的物料颗粒很微小，可近似地看成球体，那么颗粒上所受的向心黏性阻力为

$$F_d = \frac{\pi \xi \rho_g d^2 \omega_r^2}{8} = \frac{\pi \xi \rho_g d^2 u_r^2}{8} \qquad (4-27)$$

式中：ρ_g 为工质气流的密度；ξ 为阻力系数。

　　从式 (4-26) 和式 (4-27) 可以看出，F_c 与颗粒直径的三次方成正比，而 F_d 只与颗粒直径的平方成正比。故当粒度很大时，$F_c > F_d$，合力的方向朝外，指向粉碎区；小颗粒则相反，$F_c < F_d$，向心黏性阻力占主导地位，合力的方向指向中心收集区。这样，大颗粒进入粉碎区被进一步粉碎，而合格的小颗粒进入中心收集区，从出料口排出变成产品，从而完成自行分级过程。

　　可以推想，在颗粒由大变小的过程中，必有 $F_c = F_d$ 时的理想情况出现。此时的物料颗粒直径称为分级粒度 d_c，有

$$d_c = \frac{3\xi \rho_g u_r^2}{4\rho_s u_t^2} R_c \qquad (4-28)$$

式中：R_c 为分级圆半径。

　　显而易见，在上述理想情况下，直径为 d_c 的物料颗粒，将会在分级圆上不停地随工质一起旋转，如果不被进一步粉碎，当气流场处于稳定状态时，颗粒便会停留在分级圆周上。

　　实际上，这种理想的情况是不可能存在的，因为气流运动速度不可能恒定均一，而且颗粒在气流中总是有一定浓度的，尽管是在层流状态下运动，也不可能不发生彼此间的碰撞接触。这样，或者把分级圆周上的颗粒推向粉碎区，或者推向收集区，即不会让它们永远停留在分级圆的轨道上。只有小于式（4-28）计算的颗粒，才能克服离心力的影响，达到收集区。故扁平式气流粉碎机在实际运行时，自行分级不仅仅在分级圆上进行，而且也在一个狭窄的分级圆环上进行。这个分级圆环的外半径为分级圆半径 R_c，内半径为某一半径 R_{c1}。在这个分级圆环内，保持有粒度介于 d_1 和 d_2 的颗粒：

$$d_1 = \frac{3\xi\rho_g u_r^2}{4\rho_s u_t^2} R_c \tag{4-29}$$

$$d_2 = \frac{3\xi\rho_g u_r^2}{4\rho_s u_t^2} R_{c1} \tag{4-30}$$

　　这样，粒度大于 d_1 的颗粒，将进入粉碎区做进一步粉碎，而粒度小于 d_2 的颗粒，则进入中心收集区从出料管排出变成成品。从理论上讲，处于 d_1 和 d_2 之间的颗粒，会无限期地在分级圆环内运动。但实际上，它们或者被邻近的颗粒所碰撞而进一步被粉碎，或者被以阿基米得螺线（Archimedean Spiral）的轨迹运动的工质旋流带进了收集区。因此，式（4-29）和式（4-30）实际上给出了收集区中可以得到的颗粒大小的范围。这个范围越窄，成品的粒度分布越好。

　　对于实际的扁平式气流粉碎过程，由于工质气流在粉碎-分级室中具有明显的边界层效应和粉碎区内细颗粒的逸散现象，大于 d_1 和小于 d_2 的颗粒，都有混入成品中的可能，使气流粉碎产品的粒度分布范围比理论上可预测的要宽一些。

　　以上所述，都是假定颗粒是球形的。对于非球形颗粒，只有当其三维尺寸中至少有两个尺寸小于 d_c，才有可能离开分级区变成成品。显然，在扁平式气流粉碎机的粉碎-分级室中，工质气流同时完成颗粒的粉碎、分级，粗颗粒自行返回粉碎区进行进一步粉碎，与合格的颗粒及时离开粉碎-分级室这样一个基本循环过程。这是扁平式气流粉碎的基本特点之一。

　　影响分级粒度 d_c 的因素很多。但是，对于一定结构的气流粉碎机，在采用一定的粉碎工质的条件下，气流粉碎机的结构尺寸 R_c、R_{c1} 和 α 等都是固定不变的, 工质气流密度 ρ_g 和阻力系数 ξ 虽有变化, 但变化不大, 而当被粉碎的物料一定时, 物料的密度 ρ_s 也是不变的。这样, 影响分级粒度 d_c 的主要因素, 便只有工质的切向速度 u_t、径向速度 u_r 和工质的黏度 η。增大工质的切向速度 u_t, 可以减小粒度 d_c。因此, 在设计扁平式气流粉碎机时, 通过合理选择粉碎-分级室的几何尺寸; 或者在操作时, 增大工质入口压力或减少加料量, 都可以使 u_t 增大。虽然 u_r 随着 u_t 的增大将相应地变大, 但是 u_r^2/u_t^2 将变小。

对于一定的工质来说, 黏度 η 是温度的函数。工质温度 T 越高, 黏度 η 越大, 分级粒度 d_c 也越大。因此, 调节工质的温度, 也能改变 d_c 的大小, 只是改变的幅度不大。在实际操作中, 主要通过增加工质入口压力和减少加料量, 使分级粒度 d_c 变小。

扁平式气流粉碎设备结构简单, 操作方便, 粉碎产品粒度比较小, 产品的分级精度也比较高, 并且由于粉碎主机内无运动部件, 因而分级过程安全。通过优化设备结构、调控工艺参数, 可以获得粒度小、粒度分布窄的粉碎产品, 如粒度为 $0.5\sim5\mu m$ 的微纳米级 AP 等氧化剂产品。但扁平式气流粉碎设备在运行过程中壁面的磨损较为严重, 需对与物料接触的表面进行硬化处理。此外, 若结构设计不合理或工艺参数控制不得当, 将会引起自行分级精度较差, 得到产品的粒度分布宽。其中, 经常发生的就是由粉碎过程加料速率波动而引起的产品平均粒度增大、粒度分布变宽。

3. 粉碎力场的作用形式

1) 以高速冲击力场为主的气流粉碎形式

在以高速冲击力场为主的气流粉碎设备内, 物料颗粒主要受到高速气流形成的高速冲击、高速冲刷等粉碎力场作用, 被粉碎细化后在分级装置所产生的离心力场或自旋转离心力场作用下实现分级。例如, 基于分级装置进行分级的靶式气流粉碎机、对喷式气流粉碎机和流化床式气流粉碎机, 以及基于自旋转离心力场进行分级的循环管式气流粉碎机都是以高速冲击力场为主的气流粉碎设备。

2) 高速冲击与磨削力场耦合作用下的气流粉碎形式

对于扁平式气流粉碎机, 其工作时不仅会在高速气流作用下对物料颗粒产生强烈的高速冲击粉碎力场, 还会在高速旋转的气流场中产生强烈的磨削力场。在高速冲击与磨削力场耦合作用下, 不仅能够对物料颗粒进行微纳米化粉碎处理, 还能够对微细颗粒进行表面整形以消去棱角进而实现类球形化处理。因此, 通过对扁平式气流粉碎设备的结构参数和工艺参数进行优化, 使粉碎力场均匀、适宜, 就能够实现类球形微纳米 AP 等氧化剂的制备。

不管是针对何种类型的气流粉碎机, 相关研究工作的根本目的都在于提高目标产品的粉碎效果和能量利用率。因而国内外相关研究，一方面主要在于基于空气动力学和气固两相流相关理论，优化气流粉碎设备结构参数，如喷嘴尺寸与数量及结构、粉碎室结构、分级叶轮结构等；另一方面主要在于结合物料特性，设计并优化气流粉碎过程工艺参数，如气流压力、喂料速率、气流温度等。在这些研究工作基础上，逐渐形成了具有典型结构与工艺特点的气流粉碎技术及相应设备，如靶式气流粉碎技术、对喷（对撞）式气流粉碎技术、流化床式气流粉碎技术、循环管式气流粉碎技术和扁平式气流粉碎技术。

4.2.2　靶式气流粉碎技术及应用

靶式气流粉碎机（Target Type Fluid Energy Mill），又称靶板式气流粉碎机或单喷式气流粉碎机。靶式气流粉碎机是最早的一种气流粉碎设备，是利用被高速气流喷射而加速的高速颗粒撞击在一个刚性的物体（靶板）上进行粉碎的。由于被撞击的靶通常硬度都很大，所以适用于粉碎一些比较难以粉碎、粒度较粗且具有较好脆性的物料，也可对具有一定弹性的物料进行粉碎处理。粉碎过程中物料除与靶发生撞击之外，也会与粉碎室内壁进行反复的碰撞。靶式气流粉碎机由于其高速撞击粉碎的方式，使得粉碎强度较大、能量利用率较高、粉碎效率较高、粉碎后的产品产量较大。靶式气流粉碎机的缺点是靶在粉碎碰撞的过程中易被磨损，引起粉碎产品纯度降低，需要经常进行维修和更换，所以通常需要用比较耐磨损的材料制作。常用的材料有碳化钨、刚玉等，也可以通过对靶板进行一些特殊的硬化处理来减小其碰撞过程中的损耗。

靶板的结构分为固定靶和活动靶两种。固定靶气流粉碎机内物料通过加料斗然后与高速气体混合后共同加速，撞击到固定的靶板上而粉碎，然后通过分级装置进行分级，未达标的粗颗粒仍继续粉碎。而活动靶气流粉碎机在粉碎过程中靶板缓慢旋转，这样靶板所受的撞击及磨损就会比较均匀。

1. 固定靶式气流粉碎机

Goessling 所提出的气流粉碎机的机型，是最初的靶式气流粉碎机，其基本结构如图 4-9 所示。这种类型的气流粉碎机工作时，由加料管 5 进入粉碎室 3 中的物料，被喷嘴 1 中喷射出来的喷气流吸入并加速，经混合管 2 进一步匀化和加速后，直接与冲击板 4 发生强力冲击碰撞。冲击板 4 又称靶板，用坚硬的耐磨材料制作，如硬质合金、刚玉或碳化钨等。为了更好地匀化和加速颗粒，混合管 2 多做成超声速缩扩型。粉碎的细颗粒被工质气流带出粉碎区，到位于冲击板 4 上方的另外设置的分级装置进行分级。细颗粒被工质气流带出去，经捕集后成产品，粗颗粒重新被粉碎。

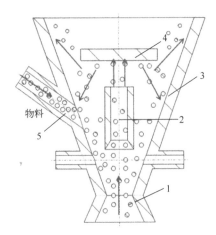

1—喷嘴；2—混合管；3—粉碎室；4—冲击板；5—加料管。

图4-9 早期的靶式气流粉碎机结构示意图

用这种设备粉碎对粒度要求不高的产品，如半焦炭、褐煤等，粉碎能耗较低、产能较大。在粉碎坚硬物料时，冲击板和混合管磨损严重。因此，除了采用耐磨材料制造，还要将其设计成能快速拆卸的结构，以使易损件更换方便。

普通靶式气流粉碎机由于其粉碎的产品比较粗，故应用有限。但是对其结构加以改进后，可利用焦耳-汤姆逊效应，使高压压缩空气在膨胀时吸收粉碎室内的热量，进而使粉碎过程保持在室温或低于室温下进行，形成"冷流冲击法"，并对各种坚硬的物料产生较好的粉碎效果。这种气流粉碎机在对物料进行粉碎时，若进料粒度较小，则原料中可能含有相当数量的合格颗粒。为了避免过粉碎并降低能耗，物料加料口要设置在上升管6中（图4-10），经气流带入分级装置分级后，只有粗大的颗粒才能进入粉碎室粉碎，进而提高粉碎效率。

为了提高这种气流粉碎机的粉碎效果，通常是通过提高气流速度来提高物料颗粒运动速度，如美国、德国、日本、比利时等国在20世纪60—70年代申请了超声速靶式气流粉碎机方面的专利，其中日本NPK公司于1967年研制出P.J.M.型超声速气流粉碎机并获得应用。对于出口马赫数大于2.5的超声速靶式气流粉碎机，还能用于对各种具有延展性材料、纤维状物料以及其他特种物料进行粉碎，效果很好。虽然这种气流粉碎机容易由于靶板磨蚀而导致产品污染，但其对超硬材料、韧塑性材料以及弹性材料具有较好的粉碎效果，因而仍然具有较大的应用空间。

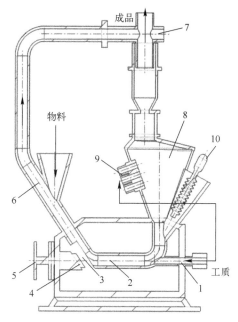

1—工质喷嘴；2—混合管；3—粉碎室；4—靶板；5—调节装置；6—上升管；
7—分级装置；8—粗颗粒收集器；9—振动器；10—螺旋加料器。

图 4-10　改进型靶式气流粉碎机结构示意图

2. 旋转靶式气流粉碎机

旋转靶式气流粉碎机（图 4-11）的冲击靶板通常做与气流入射方向呈相反方向的旋转运动，一方面避免高速气流携带物料长时间冲刷靶板的固定位置，而避免靶板局部形成较大的磨损，使靶板整体磨损均匀；另一方面也增大物料颗粒与冲击靶板的相对运动速度，进而提高粉碎效果，使产品粒度更小、

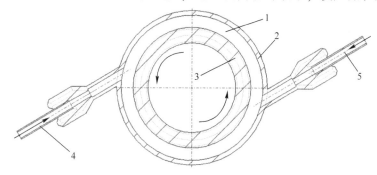

1—粉碎室；2—冲击面；3—冲击环；4，5—喷嘴。

图 4-11　旋转靶式气流粉碎机工作原理示意图

产能更大。原料通过螺旋加料器加入，在喷嘴的喷射效应所产生的吸引作用下向粉碎机内腔供料，借喷嘴喷出的超声速气流，原料在加速管部被加速，在冲击面上遭到强烈冲撞。碎料进一步受到高速运动的气流和物料本身相互摩擦等作用而使粒度降低。粉碎后的物料随气流上升到分级装置处进行分级，合格细粒物料排出粉碎机外，粗颗粒物料落下继续循环粉碎。

缓慢旋转的圆环状冲击面由下部驱动，圆环的整个外面为冲击面，所以局部的磨损和变形极少。冲击环通常采用氧化铝、超硬合金、耐磨合金等制造。

总体来说，靶式气流粉碎机由于物料以很高的速度与靶板发生冲击，对于粒度较大的粗颗粒物料，冲击能很强，粉碎效率较高。然而这种粉碎设备的产品粒度还不够小，且强烈的冲击导致靶板磨蚀严重，致使产品污染，进而使其工业化应用受到限制。虽然采用这种技术可以对氧化剂进行粉碎，如美国唐纳德逊公司马亚克分部采用靶式气流粉碎机，对原料粒度约 200μm 的 AP 进行粉碎，可使产品中 50% 的颗粒小于 6.5μm；粉碎后的 AP 产品用于固体推进剂中，获得了较好的应用效果。然而，由于进行氧化剂微纳米化粉碎的效率较低，大批量粉碎时产品纯度降低，因而在氧化剂微纳米化粉碎方面已被流化床式气流粉碎设备所取代。

4.2.3　对喷式气流粉碎技术及应用

1917 年，美国宾夕法尼亚州费城的威洛比（Willoughby）申请了对喷式气流粉碎机的专利，提出采用另一喷嘴取代靶式气流粉碎机的冲击板，使物料颗粒在双向对喷气流中加速冲击而粉碎。由于威洛比的专利，气流粉碎机的实用化向前迈进了一大步，这也是流化床式气流粉碎机的前身。对喷式气流粉碎机，又称为逆向喷射气流粉碎机，是利用在同一直线上但方向相反的喷嘴喷射出的超声速气流对物料加速，使物料颗粒做高速运动并发生相互冲击和碰撞，从而使物料粉碎细化。这种气流粉碎设备的喷嘴数量可以是一对也可以是若干对。因为冲击时强度较大，能量利用率较高，对喷式气流粉碎机可以用来加工莫氏硬度 9.5 以下的金属和非金属物料。

物料经由进料口进入，随后被喷嘴喷出的高速气流裹挟而喷入粉碎室进行强烈撞击粉碎，粉碎喷嘴也会将落下的未达到要求的粗颗粒喷入粉碎室，物料之间相互冲击碰撞，被粉碎以后随气流进入分级装置。细颗粒被分离出来进行收集，粗颗粒在粉碎室继续被粉碎。粉碎所得产品的粒度可以通过调节分级装置的分级力场和喷嘴的混合管尺寸进行控制。流化床式气流粉碎机相比于靶式气流粉碎机具有不易磨损的特点，结构设计避免了颗粒与管壁碰撞造成的磨损，也避免了管壁材料混入物料中会对粉粒产生污染，降低了对产品的污染程度。该类型设备的缺点是结构复杂、体积大、能耗较高，且气固混合流对粉碎室及管道仍会产生一定程度的磨损。

　　早期对喷式气流粉碎机的典型代表机型之一是美国宾夕法尼亚州的布鲁诺克斯（Blaw-Knox）公司的布鲁诺克斯型气流粉碎机（Blaw-Knox Jet Mill），其由设备外壳、粉碎室、4 个相对的喷嘴和分级装置 4 部分组成，如图 4-12 所示。

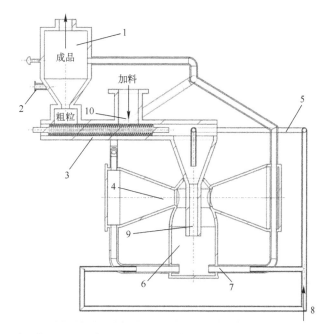

1—分级装置；2—二次风入口；3—螺旋加料器；4——次分级室；5—喷嘴；
6—粉碎室；7—喷射混合管；8—工质入口；9—喷射加料器；10—物料入口。

图 4-12　布鲁诺克斯型气流粉碎机结构示意图

　　图 4-12 中，物料经螺旋加料器 3 推进到喷射式加料器 9 中，被加料工质气流吹入粉碎室 6，在这里被来自 4 个喷嘴的喷射气流所加速，并相互冲击碰撞而粉碎。被粉碎的物料颗粒在一次分级室 4 中，进行初步惯性分级之后，较粗的颗粒返回粉碎室 6 做进一步粉碎，较细的颗粒进入分级装置 1 中做进一步分级。为了更完全地把细颗粒分离出来，要经二次风入口 2 向分级装置通入二次风。从分级装置出来的粗颗粒与新加入的物料混合后，重新进入粉碎室。调节粉碎喷射器的混合管尺寸、工质压力、温度以及分级力场，就可以大幅度地改变产品粒度。这种气流粉碎机早期用于火力发电厂所需的煤炭粉碎。

　　为了进一步提高粉碎效率，美国马亚克（Majac）公司又研制出了马亚克型气流粉碎机（Majac Jet Pulverizer），如图 4-13 所示。

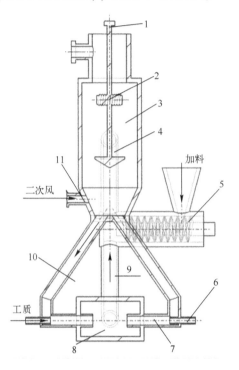

1—传动装置；2—分级装置；3—分级室；4—入口；5—螺旋加料器；6—喷嘴；7—混合管；
8—粉碎室；9—上升管；10—粗颗粒返回管；11—二次风入口。

图 4-13　马亚克型气流粉碎机结构示意图

在图 4-13 中，物料经螺旋加料器 5 进入上升管 9 中，依靠上升的气流，带入分级室 3 后，粗颗粒沿粗颗粒返回管 10 返回粉碎室 8，在来自喷嘴 6 的两股相对的喷气流作用下，发生冲击粉碎。粉碎的物料颗粒，被气流带入分级室进行分级。细颗粒通过分级装置 2 后，变成成品。在粉碎室中，已被粉碎的物料颗粒，从粉碎室底部的出口管进入上升管 9 中。出口管安设在粉碎室的底部，可以防止物料颗粒的沉积，从而可以防止粉碎室被堵塞。为了尽可能地把合格的细颗粒都分离出来，在分级装置下部要经过二次风入口 11 通入二次风。为了控制产品粒度，首先要控制分级室内工质气流的上升速度，以确保只有较细的颗粒才能被上升气流带到分级装置处；其次要调节分级力场。

苏联设计并成批生产的 СΠ 型对喷式气流粉碎机，跟上述马亚克型气流粉碎机的结构比较类似。马亚克型对喷式气流粉碎机是当时世界同类装置中较先进的，特点是物料颗粒以极高的速度直线迎面冲击，冲击强度大，能量利用率高。这种粉碎机的粉碎室容积很小，衬里材料的耐磨性容易解决，故产品的污染度低。粉碎成品的粒度可在较宽范围内调控，可从数十微米到几微米。尤其是对于脆性较大的物料，粉碎产品粒度还可进一步细化至亚微米级别。

对喷式气流粉碎机利用相对运动的高速气流携带物料颗粒发生高速碰撞，避免了靶式气流粉碎机的靶板磨蚀问题，减少了产品中的杂质污染。但由于这种气流粉碎机的物料在喷嘴内加速时依然对喷嘴有较强的磨蚀，并且由于颗粒逸散导致粉碎效率仍然较低。因而在氧化剂微纳米化制备方面获得实际工业化应用的报道甚少，后续也很快被流化床式气流粉碎设备所取代。

4.2.4　流化床式气流粉碎技术及应用

1. 流化床式气流粉碎概述

1981 年，德国 Alpine 公司将流态化技术引进了气流粉碎，研制出了流化床式气流粉碎机。这种粉碎机采用在平面或空间呈一定角度分布（二维平面分布或三维空间分布）的一组喷嘴（通常是 4 个或多个），喷出的高速气流使颗粒流态化[24]，并使高速气流汇聚到机内圆心焦点处。气体和固体颗粒分别进入流化床后，气体带动高速运动的颗粒相互碰撞、摩擦、冲击而被粉碎，由于物料呈流态化，从而提高了颗粒碰撞频率；同时采用了一个高速旋转的分级叶轮，使粉碎与分级同时进行。在分级叶轮处，随气流进入的细颗粒物料克服离心力被送到收集系统，粗粉则被离心力甩至粉碎室边壁，沿边壁下落返回至粉碎区，继续粉碎。这样就打破了粉碎过程中微细颗粒粉碎与团聚间的动态平衡，及时地分离出合格的微细物料，既避免了"过磨"，又提高了粉碎效率。目前，生产流化床式气流粉碎机的主要国家有中国、美国、德国、日本、俄罗斯等。

流化床式气流粉碎机是将对喷原理与流化床中膨胀气体喷射流相结合，其优点体现在节约能量、加工能力强、磨损小、结构紧凑、体积小、温升小等方面，是当前基于分级装置分级的气流粉碎设备中最为先进的机型，其结构原理如图 4-14 所示。

在流化床气流粉碎机内，主要依靠颗粒之间的相互作用实现粉碎，颗粒与粉碎机之间的作用很小。流化床气流粉碎机的独到之处在于其将传统的气流粉碎机的线、面冲击粉碎变为空间立体冲击粉碎，并将喷射冲击所产生的高速射流能利用于粉碎室的物料流动中，使粉碎室内产生类似于流化状态的气固粉碎和分级循环流动效果，提高了冲击粉碎效率和能量利用率。

流化床式气流粉碎设备工作时，物料从加料口在重力或螺旋推送作用下进入粉碎室。压缩空气通过粉碎喷嘴急剧膨胀加速产生的超声速喷射流，在粉碎

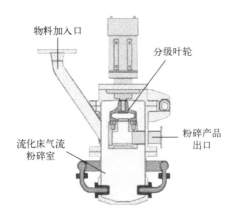

图 4-14   流化床气流粉碎机结构原理示意图

室下部形成向心逆喷射流场，在压差的作用下使粉碎室底部的物料流态化；被加速的物料在多喷嘴的交汇点处汇合，产生剧烈的冲击、碰撞、摩擦等作用而粉碎。粉碎室内多喷嘴交汇如图 4-15 所示。

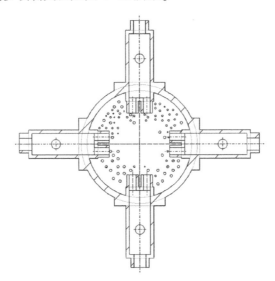

图 4-15   粉碎室内多喷嘴交汇示意图

　　对流化床式气流粉碎机而言，由于喷嘴喷射出的高速气流的交汇点处是流化床的中心位置，所以物料被粉碎时，对粉碎室内壁影响较小，粉碎室内壁的磨损程度大大减弱。与靶板式或对喷式气流粉碎机相比，流化床式气流粉碎机具有粉碎效果好、设备磨损程度小、能耗小、产品粒度可调整且纯度较高等优势。

为了提高流化床式气流粉碎设备的粉碎效率和能量利用率，需从设备结构参数和粉碎工艺参数进行综合考虑[25-31]。一方面，对分级叶轮的结构、材质等进行优化是非常重要的；另一方面，对流化床气流粉碎设备的粉碎室结构入料量、喷嘴结构、系统背压等进行优化与控制也同样重要。其中，粉碎室是物料通过气流加速后产生强烈冲击、摩擦、剪切等作用进而细化的区域，深入研究气固两相流的运动规律和气流粉碎机粉碎室的结构、形状等重要参数，对合理配置系统各参数起着重要作用[32-33]。通过研究、改进粉碎室内各个关键参数的配置，使粉碎室内物料流化状态良好，并使得高速气流的能量更多地转换为颗粒的动能，以减少死区、形成稳定的流场，提高物料颗粒的冲击速度和冲击频率，进而提高粉碎效率和能量利用率。

被粉碎物料的进料量，也是影响物料流化状态和物料颗粒之间碰撞速率和碰撞频率的重要因素，因而也会影响流化床气流粉碎效果和效率。进料速度要适当、均匀，确保粉碎室内物料的浓度在合适范围内。无论物料的浓度过低还是过高，都会对成品的产量和质量造成不良的影响。流化床粉碎室内的持料量计算公式为

$$m_{\mathrm{H}} = V(1-x)\rho_{\mathrm{s}} + m_0 \tag{4-31}$$

式中：m_{H} 为气流粉碎机的持料量（kg）；V 为气流粉碎分级区中有效空间体积（m^3）；$(1-x)$ 为气流粉碎分级区内物料颗粒的体积浓度；ρ_{s} 为固体颗粒的密度（$\mathrm{kg/m}^3$）；m_0 为流化床气流粉碎区底部填料量，与流化床底部结构有关（kg）。

流化床气流粉碎机粉碎室中的持料量大小与气流粉碎机的结构大小、底部形状，以及粉碎物料的密度和流动参数等相关。大量实践经验表明，持料量太小，粉碎效率太低、粉碎效果较差；持料量太大，粉碎产品的粒度变大、粒度分布变宽。

能否将已粉碎好的粉体颗粒及时、有效地从流化床式气流粉碎机内分离出来，分级叶轮的性能起着关键作用。大量的理论及实践经验表明，分级叶轮的分级精度和使用寿命，对产品粒度、纯度等质量指标影响很大。一方面，分级叶轮的旋转速度有限，难以进一步提高，这就很难进一步实现更细物料的分级；另一方面，随着分级叶轮的转速提高，对分级叶轮材质、结构、密封方式等的要求也进一步提高，并且分级叶轮转速提高后又带来了磨蚀严重、使用寿命降低等问题。这也致使当前流化床式气流粉碎机的应用受到了一定限制。

针对分级叶轮存在的这一技术难题，国外在不断地进行研究，如德国 Alpine 公司和日本细川（HOSOKAWA）公司均研制出一机采用多个分级叶轮或特殊分级叶轮结构的方法，大大提高了分级产量和精度[34]。

北京航空航天大学在改善分级叶轮性能方面开展了大量的工作，他们从基础研究入手，在粉碎室的形状、射流形状、入射速度、入射角度、喷嘴的空间布置等方面做了多次实验，从优化配置上很大程度地提高了粉碎效率，并通过对气体流动通道结构的研究，提高了分级精度，降低了分级磨损。四川绵阳空气动力研究所根据空气动力学和多相流理论以及专业理论和实践经验，从分级叶轮的设置方式、材料及制造工艺，以及气流的合理利用等方面进行研究，进而提高了分级精度，延长了分级叶轮的使用寿命。

目前，对于分级叶轮的研究主要集中在叶轮片形状、分级叶轮片数量、分级叶轮片安装角度等几个方面[35]。直叶轮片会引起分级叶轮外侧气流的速度降低，增大分级叶轮内外的速度差，影响粗细颗粒的有效分级；Z形叶片和流线型叶片可以有效提高分级叶轮外侧的湍动能，并使分级叶轮叶片间速度流场更均匀。弯曲分级叶轮叶片可以减少叶片间气流引起的惯性反旋涡，达到有效分散物料的效果，提高分级性能。优化叶片的形状轮廓成非径向弧形叶片，与直叶片分级叶轮相比，由于气流和叶片间的入射角为零，能有效避免气流和粉体颗粒在分级叶轮叶片间发生碰撞。分级叶轮转速和叶片数量的适度增加都可以改善分级腔内的速度流场分布，从而更好地对粉体进行分级。分级叶轮叶片间如果存在涡流会明显降低分级效率，机器内最高粉体颗粒浓度主要集中在分级叶轮叶片上，大部分颗粒在分级叶轮外围转动，因此需要减小叶片间的涡流强度，防止粉体颗粒在分级叶轮中长时间逗留影响分级效率。

北京大学的徐政和卢寿慈利用Phoenics流体力学软件，将气流分级机内分级叶轮叶片之间的流场看成三维单相湍流旋转流场，对影响分级流场的几种主要参数（如叶片角度、叶片间距、叶片宽度、转速和颗粒在叶片间的跳弹等）进行了模拟研究[36]。结果表明：后倾叶片其叶间的流场趋于稳定，有利于微纳米颗粒的分级；叶片宽度的增加有利于叶片间流场的层流化，利于颗粒分级。转速的增大，分级区域的切向速度增大，将导致颗粒随气流以较高的速度撞击到叶片上，引起颗粒的弹跳，粗颗粒有可能被弹入叶轮内部而影响分级粒度。另外，转速的提高使叶片间粒子所受到的离心力增大，分离粒度降低。因此，需要综合考虑转速对分级性能的影响。

华东理工大学的蒋士忠和葛晓陵用有限差分法计算了卧式分级叶轮非对称流场的气流速度分布规律[37]。结果表明，分级叶轮直径越大、宽度越窄，沿分级叶轮轴向的气流速度分布越均匀。

中国石油大学孙国刚等用五孔球形探针系统地对气流分级机内全范围流场进行了测量和分析[38]。结果表明：分级叶轮外缘附近气流旋转速度比分级叶轮的旋转线速度低得多，分级叶轮的径向气流分布严重不均匀，叶片之间的流场与分级叶轮到外壁之间的流场差别很大，特别是靠近分级叶轮边缘的流场更加复杂。

此外，当被粉碎的颗粒随上升气流进入分级区时，颗粒越分散就越有利于分级。例如荷兰格罗宁根大学的 Bosma 和 Hoffmann 通过在流化床粉碎室的出口处放置分散装置的方法，将进入分级区的颗粒充分分离，不但提高了整机的效率，而且验证了气流分级叶轮的分级效率与进入分级区的颗粒的分散程度有较大的影响[39]。工质压力是流化床气流粉碎过程影响物料颗粒分散性的重要因素，进而对分级效率产生重要影响。喷射工质压力、气流粉碎机的背压、分级叶轮的压力场等，均将直接影响系统的粉碎性能与分级性能。只有合理建立粉碎–分级系统的压力分布，才能获得理想的粉碎能力和产品粒度。其中，分级叶轮的转速、加料量等是影响分级效率、分级粒度的主要因素。

南京理工大学国家特种超细粉体工程技术研究中心与相关单位开展紧密产学研用一体化合作，针对流化床气流粉碎设备的分级叶轮材质、分级叶轮结构、分级叶轮密封方式等开展了大量的研究工作，研制出了新型的分级叶轮；并研究了在物料进入分级叶轮前设置预分散装置的措施，提高了分级精度和分级效率。然而，研究结果也表明，对于粒度小于 $5\mu m$ 的 AP 等氧化剂产品，即便采用改进后的分级叶轮，仍然很难实现精确、有效分级。更重要的是，高速旋转的分级叶轮其密封处存在粉尘泄漏的隐患，当微细氧化剂粉尘泄漏进入密封结构后，将与高速旋转的叶轮轴产生强烈摩擦与挤压等作用，进而引发燃烧或爆炸事故。

2. 流化床气流粉碎技术及应用分类

1）基于分级叶轮的布置形式进行分类

流化床气流粉碎机主要由粉碎喷嘴、分级叶轮、分级轴气封装置、出料管气封装置、出料管、分级电机、加料装置等部件组成。压缩空气供气装置主要由空压机、储气罐、冷冻干燥器、油水过滤器等设备组成。配套辅助设备主要由旋风集料器、脉冲除尘器、高压引风机、卸料阀、控制柜、除尘器等设备组成。流化床气流粉碎机的分级叶轮可以立式竖直安装，也可以卧式水平安装。分级叶轮立式安装的粉碎机主要适合大产量用户，如化工、矿物、磨料、耐火材料等普通行业；分级叶轮卧式安装的粉碎机分级精度更高，能够做到控制精细颗粒的目的，适用精细化需求较高的粉碎产品。根据流化床气流粉碎机分级叶轮的安装轴向位置、分级叶轮的数量以及分级叶轮的组合应用情况，可将流化床气流粉碎机分为卧式单分级叶轮流化床气流粉碎机、立式单分级叶轮流化床气流粉碎机、卧式多分级叶轮流化床气流粉碎机、多级分级组合式流化床气流粉碎机。

（1）卧式单分级叶轮流化床气流粉碎机。这种类型的流化床气流粉碎机的分级叶轮轴向水平安装，如图4-16所示。

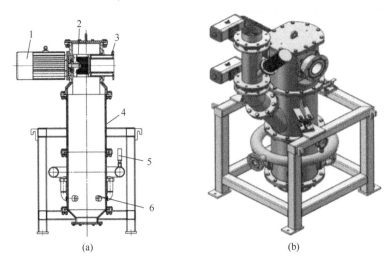

(a)　　　　　　　　　　　(b)

1—分级电机；2—卧式分级叶轮；3—出料口；4—粉碎室；5—压力表；6—粉碎喷嘴。

图4-16　卧式单分级叶轮流化床气流粉碎机结构示意图

（2）立式单分级叶轮流化床气流粉碎机。这种类型的流化床气流粉碎机的分级叶轮轴向竖直安装，其典型特点是产量比卧式单分级流化床气流粉碎机大。但大量实用数据也表明，这种类型的粉碎机其分级精度和产品的粒度分布，比卧式单分级流化床气流粉碎机略差。该机型的结构如图4-17所示。

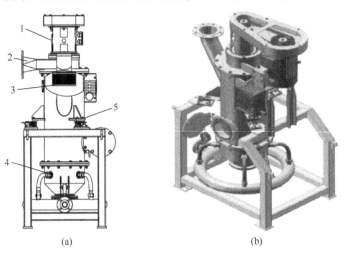

(a)　　　　　　　　　　　(b)

1—分级电机；2—出料口；3—立式分级叶轮；4—粉碎喷嘴；5—粉碎室。

图4-17　立式单分级叶轮流化床气流粉碎机结构示意图

（3）卧式多分级叶轮流化床气流粉碎机。为了提高卧式分级叶轮流化床气流粉碎机的产量，可将分级叶轮设置为多个（通常为3个），这些分级叶轮安装在同一水平面并成等角度均匀分布。卧式多分级叶轮流化床气流粉碎机的产量比单分级叶轮设备的产量大幅度提高，其结构如图4-18所示。

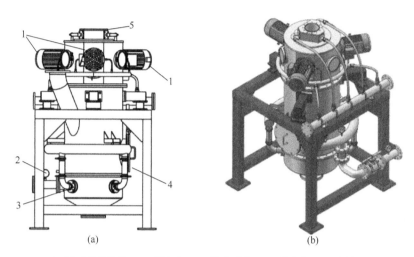

(a)　　　　　　　　　　　(b)

1—卧式分级叶轮；2—压力表；3—粉碎喷嘴；4—粉碎室；5—出料口。

图4-18　卧式多分级叶轮流化床气流粉碎机结构示意图

（4）多级分级组合式流化床气流粉碎机。多级分级组合式流化床气流粉碎机，是上述三种流化床气流粉碎机与后续进一步精确分级的带有分级叶轮的分级机所构成的组合结构形式。严格来讲，这种粉碎机只是粉碎机与分级机的整体组合结构发生变化，并非粉碎机的机型结构有显著不同。在实际工业生产过程中，某些产品对粒度分布要求很高，既要除去较大颗粒，还要除去较小颗粒。因而在粉碎物料从流化床气流粉碎机排出收集后，在后续压缩空气辅助下进一步采用一级或多级分级叶轮，对产品物料进行分级，以进一步除去产品中的较小颗粒或较大颗粒，从而使物料产品的粒度分布控制在特定范围内。这种组合式流化床气流粉碎设备的结构如图4-19所示。

2）基于物料加料方式进行分类

（1）基于重力下落加料方式的流化床气流粉碎设备。这种流化床气流粉碎设备工作时，物料主要靠自身重力，在阀门控制下从料仓进入加料管，然后落入粉碎室内，适用于对流动性较好、比重较大的物料进行连续加料粉碎，其主体结构如图4-20所示。

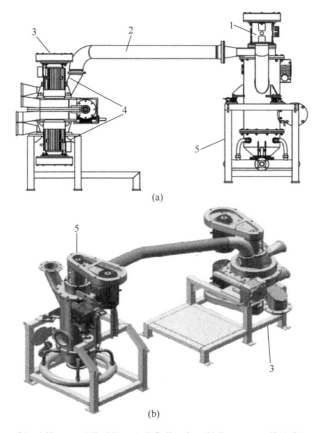

1—分级叶轮；2—连接系统（含收集装置与送粉装置）；3—精确分级机；
4—分级叶轮；5—流化床气流粉碎机。

图4-19　多级分级组合式流化床气流粉碎机结构示意图

料仓上下料位由精密料位传感器或通过称重传感器自动控制阀门（如星形阀、双蝶阀）给料，或通过称重传感器实时反馈重量信号而进行控制，使粉碎过程中料位始终处于最佳状态。物料进入粉碎室后，在高速气流所产生的气流冲击能，以及气流膨胀成流态化并悬浮翻腾而产生的强烈碰撞、摩擦及剪切等作用下进行粉碎，并在负压气流带动下通过顶部设置的分级叶轮分级。细粉排出粉碎室并进一步由旋风分离器及袋式收尘器捕集，粗粉受重力作用返回粉碎区继续粉碎。

（2）基于螺旋推送加料方式的流化床气流粉碎设备。这种流化床气流粉碎设备既可用于对流动性较好、比重较大的物料进行连续加料粉碎，也可用于对流动性较差、比重较轻的物料进行连续加料粉碎，其主体结构如图4-21所示。

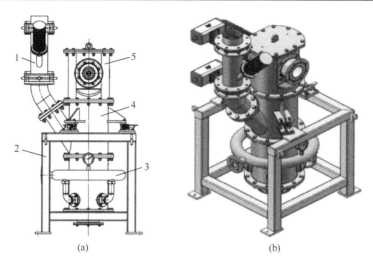

1—进料管路；2—机架；3—气体分配室；4—粉碎室；5—分级腔。

图 4-20　基于重力下落加料方式的流化床气流粉碎机结构示意图

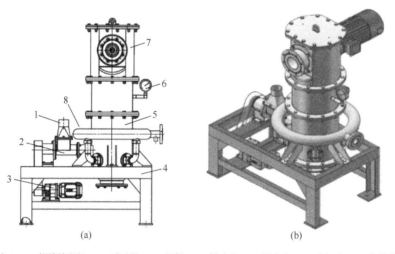

1—进料口；2—螺旋输送机；3—减速机；4—机架；5—粉碎室；6—压力表；7—分级腔；8—气体分配室。

图 4-21　基于螺旋推送加料方式的流化床气流粉碎机结构示意图

　　这种流化床气流粉碎设备由料仓、螺杆、粉碎室、高压进气喷嘴、分级叶轮、出料口等部件组成。物料粉碎时是先将物料加入过渡料仓内（可采用星型卸料阀或螺杆进行物料输送与加料），然后再通过螺旋加料器将物料送入粉碎室。物料进入粉碎室后，其粉碎过程与上述基于重力下落加料方式的流化床气流粉碎设备相同。

　　流化床气流粉碎技术及设备已在氧化剂细化粉碎制备方面获得工业化应用，通过对喷嘴结构、喷嘴数量、喷嘴位置、粉碎室的结构、分级叶轮的结构等几何参数，以及气流粉碎工质压力、工质流量、工质温度、分级叶轮转速、加料速率等工艺参数进行优化，可使 AP 等氧化剂的粒度 d_{50} 达 5～10μm。并且，流化床气流粉碎与扁平式气流粉碎相比，在一定粒度范围内（d_{50} 在 10～13μm），流化床气流粉碎的能耗相对较低。这是因为，流化床气流粉碎工作时由于多向同时对撞气流的合力大，使粉碎效果加强、能量利用率提高；粉碎过程同时进行分级，使合格细粒产品能及时排出，只有不合格的粗颗粒才能返回粉碎室内进行二次粉碎，有效防止颗粒过度粉碎，从而又进一步减少能量的损耗。另外，流化床气流粉碎的磨损与黏滞小，通过喷嘴的介质只有空气而不与物料同路进入粉碎室，从而避免了粒子在加速途中产生的撞击、摩擦以及黏滞沉积，也避免了粒子对管道及喷嘴的磨损。然而，流化床气流粉碎技术由于高速旋转的分级叶轮的分级极限与分级过程的安全风险等问题，对于小于 5μm 的 AP 等氧化剂产品，已不能满足安全、高品质微纳米化制备的需求。

4.2.5　循环管式气流粉碎技术及应用

　　循环管式气流粉碎机的工作原理是压缩气体通过喷嘴产生高速射流，物料由于负压通过加料口被自动吸入混合室，并被射流携带而送入粉碎室[40]。物料被加速后，颗粒与颗粒、颗粒与粉碎室内壁产生强烈冲击、摩擦及剪切等作用进而使物料被粉碎。被粉碎后的物料随气流进入循环管道上端的分级腔中，粗颗粒在离心力作用下沿分级环道外径方向运动而返回粉碎室继续粉碎，细颗粒则随向心气流从分级腔末端的出口流出环道，完成粉碎与分级。通过结构和工艺设计，还可使流出环道的气-固两相在流出粉碎机前，以更高的速度切向进入一个曲率半径更小的蜗壳形第二分级室实行第二次分级，物料颗粒在第二分级室可获得比第一分级室更大的离心力，因而可对第一次分级后的物料实行更精细的分级。在循环管气流粉碎机内，物料颗粒在管内高速运动时发生追赶碰撞，如图 4-22 所示。

　　起初的循环管式气流粉碎机是由美国宾夕法尼亚州的流能加工和装备（Fluid Energy and Equipment，简称 Fluid Energy）公司研制出来的[41]。之后由于其应用较为广泛，生产的厂家也越来越多。这种粉碎机主要有三种机型，分别是等圆截面的循环管式气流粉碎机、变截面循环管式气流粉碎机和双循环管式气流粉碎机[42]。

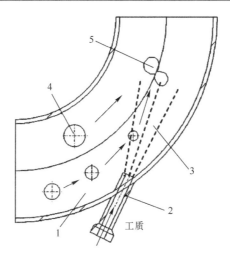

1—粉碎室；2—喷嘴；3—喷气流；4—运动的颗粒；5—相互碰撞的颗粒。

图 4-22　颗粒在粉碎室中的运动轨迹示意图

1. 等圆截面的循环管式气流粉碎机

1940 年，美国新泽西州粉碎工程公司的基德韦尔（Kidwell）和斯蒂法诺夫（Stephanoff）提出了等圆截面的循环管式气流粉碎机结构。这种气流粉碎机首次在美国出现时的商品名称为"里达克蒂奥奈泽尔"（Reductionizer），如图 4-23 所示。被粉碎的物料经加料器 1 进入粉碎区 3，工质经过一组工质喷嘴 2 进入粉碎室，使物料加速并发生冲击碰撞。工质旋流夹带着被粉碎的颗粒沿上行管 4 向上运动，受半圆形分级区 6 所限定，气-固两相流发生半圆周的回转运动，从而产生离心力场，使粗、细颗粒发生分级。粗颗粒在离心力的驱使下集中在循环管的外侧，细颗粒在向心黏性阻力的作用下密集在循环管内侧。粗颗粒随循环工质流沿下行管 8 重新进入粉碎区，而合格的细颗粒经由成品出口 7 离开粉碎室，进行气-固分离后变成产品。

这种气流粉碎机的循环管内腔横断面是一个真正的圆，圆的直径处处都是相等的，粉碎区 3 和分级区 6 的弧形都是半圆周，上行管 4 和下行管 8 都为直筒状，因此几何形状规整，加工制造比较容易。

2. 变截面的循环管式气流粉碎机

自 1941 年以来，Stephanoff 发表了一系列专利，阐述了结构更新颖的变截面的循环管式气流粉碎机。1946 年，根据他的专利，在美国研制出了这种气流粉碎机，商品名称为"杰托米泽尔"（Jet-O-Mizer，JOM 系列），之后获得广泛的应用。这种类型的粉碎机其粉碎和分级原理与里达克蒂奥奈泽尔型大体相同，设备下部是粉碎区，上部是分级区，结构如图 4-24 所示。

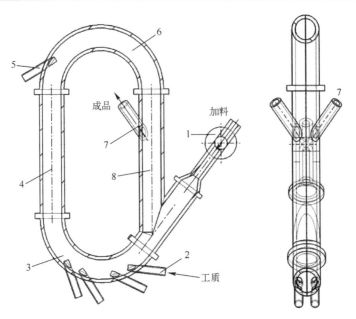

1—加料器；2—工质喷嘴；3—粉碎区；4—上行管；5—辅助喷嘴；
6—分级区；7—成品出口；8—下行管。

图 4-23　等圆截面循环管式气流粉碎机结构示意图

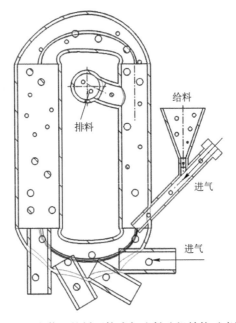

图 4-24　变截面的循环管式气流粉碎机结构示意图

　　该机粉碎室的内腔横截面不是真正的圆截面，循环管各处的截面也不相等，并且分级区和粉碎区的弧形部分的曲率半径是变化的。基于这种结构，物料颗粒在离开粉碎区之后能减速上升，增加物料颗粒碰撞频率；进入分级区时又能加速，增强离心力场的作用，借以产生更大的离心分级力场。这就提高了粉碎效率和分级效率。

　　这种气流粉碎机有两个缺点：一是物料颗粒不发生迎面冲击，容易出现冲击碰撞时的"飞斜"现象，故粉碎能量利用率稍低；二是夹带固体颗粒的工质气流离开粉碎区开始改变运动方向的地方，由于物料颗粒运动方向的改变，使这段循环管内壁受到较大的冲击，磨损加剧，这段循环管内壁称为冲击壁。

3. 双循环管式气流粉碎机

　　双循环管式气流粉碎机的出现，是为了解决变截面的循环管式气流粉碎机所存在的冲击壁问题，其结构如图 4-25 所示。在这种类型的气流粉碎机中，物料由料斗 6、7 经文丘里喷射式加料器 2、3 进入粉碎区。由于物料颗粒发生迎面冲击，所以粉碎强度大，能量利用率高，不发生"飞斜"现象。两股气流合而为一，沿公用的上行管 9 进入分级区 10、11，因此消除了冲击壁，减少了管壁磨损。

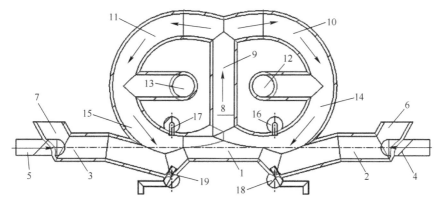

1—粉碎区；2，3—喷射式加料器；4，5—工质喷嘴；6，7—料斗；
8—中心碰撞区；9—上行管；10，11—分级区；12，13—成品出口；
14，15—粗颗粒返回管；16，17—辅助工质分配管；18，19—辅助喷嘴。
图 4-25　双循环管式气流粉碎机结构示意图

　　循环管式气流粉碎机由于其特殊形状的设计，使其不仅能加快颗粒的运动速度，还能加大离心力场，进而可以提高粉碎机的粉碎效率和分级效果。然而，循环管式气流粉碎机由于物料与粉碎室内壁的冲击、摩擦作用较大，磨损较为严重[43]，所以并不适用于高硬度物料的粉碎。另外，对易吸湿的 AP、硝酸铵、氯酸钾等氧化剂物料进行长时间粉碎时，环形管道还存在堵塞风险。因此，目前在氧化剂气流粉碎方面，已被扁平式气流粉碎设备所取代。

4.2.6　扁平式气流粉碎技术及应用

1. 扁平式气流粉碎概述

扁平式气流粉碎机，又称为水平圆盘式气流粉碎机。美国 Fluid Energy 公司于 1934 年研制的 Micro Jet Mill 是最早的扁平式气流粉碎机。1936 年，美国马萨诸塞州斯特蒂文特磨（Sturtevant Mill）公司的安德鲁（Andrew）提出了不仅能进行粉碎，而且能将已粉碎的颗粒按大小自行分级的扁平式气流粉碎机专利。从此，气流粉碎机的结构水平大大地提高了一步，之后便进入了真正工业化应用的时代。Andrew 所提出的扁平式气流粉碎机，在美国首次制造，商品名称为"迈克勒东泽尔"（Micronizer），如图 4-26 所示。至今，这种气流粉碎机仍然受到广泛应用，而 Micronizer 这一商品名称，也成了扁平式气流粉碎机的代名词。这种气流粉碎机的工作原理如图 4-27 所示。

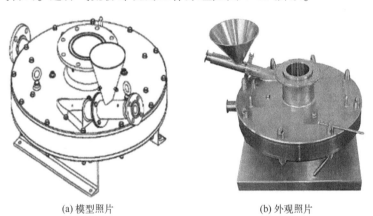

(a) 模型照片　　　　　　　　　　　　(b) 外观照片

图 4-26　Micronizer 型气流粉碎机模型及外观照片

美国 Sturtevant Mill 公司是世界著名的扁平式气流粉碎机制造厂家，所生产的 Micronizer 型扁平式气流粉碎机已获得广泛应用，用以生产各种微纳米粉体物料。美国新泽西州的 Jet Pulverizer 公司研制的 Micron-Master 系列扁平式气流粉碎机，也获得了大量的工业化应用。美国 Fluid Energy 公司生产的 Micro-Jet 型扁平式气流粉碎机，是 20 世纪 70 年代开发成功的，据相关报道，这种粉碎机性能精良，可粉碎坚硬的磨料，且产品粒度可达亚微米级。

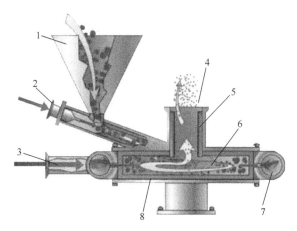

1—加料漏斗；2—加料喷嘴；3—粉碎进气口；4—粉碎产品出口；5—出料芯管；
6—粉碎-分级室；7—工质分配室；8—粉碎室内衬。

图 4-27　Micronizer 型扁平式气流粉碎机工作原理示意图

日本制造的扁平式气流粉碎机，如日曹技术成套设备株式会社的尤米泽尔（U-Mizer）型超声速气流粉碎机，具有两个特点：一是采用超声速缩扩型喷嘴，喷气流自喷嘴出来的速度在马赫数 2.5 以上；二是废工质连同粉碎成品一起从粉碎室下部排出。日本风动工业株式会社生产的 Supersonic Jet Mill PJM 系列超声速气流粉碎机，在结构上也有两个特点：一是工质的超声速（工质出口速度在马赫数 2.5 以上）；二是采用双分级室，因此粉碎成品粒度更小。

此外，英国、意大利、德国、瑞士、俄罗斯等国，也都能生产扁平式气流粉碎机。进入 21 世纪以来，我国的气流粉碎技术及设备也获得了长足的发展和进步，也能够生产各种规格型号的扁平式气流粉碎机，已在军民领域获得广泛应用，并且相关技术已处于国际先进水平，部分结构已达国际领先。

扁平式气流粉碎设备主要由进料系统、进气系统、粉碎-分级及出料系统等组成[44-45]。工质可采用压缩空气、过热蒸汽或其他惰性气体。扁平式气流粉碎机的工作原理是工质（如压缩空气）通过入口进入气流分配室并从粉碎喷嘴喷出进入粉碎室；物料从料斗进入混合室，随后被加料喷嘴喷射出的高速气流喷入粉碎室。粉碎喷嘴和粉碎室的半径方向是有一定角度的，所以粉碎喷嘴喷射出的高速气流将做高速旋转运动，并携带物料颗粒做高速旋转运动。物料与物料之间、物料与粉碎室的内壁之间进行着相互碰撞、摩擦等作用，而使物料被粉碎。其中，物料因携带很大的动能而产生的相互碰撞粉碎约占总粉碎量的 80%，而物料和粉碎室内壁之间的碰撞所产生的粉碎约占总粉碎量的20%，即扁平式气流粉碎机内主要粉碎作用是依靠物料之间的碰撞来实现的。

不符合要求的较粗的物料在离心力的作用下被甩向壁面继续粉碎；符合要求的微细颗粒，被气流带到中心阻管处并越过阻管轴进入中心排气管，从粉碎机的出口管道进入气流粉碎机的收集系统而被收集进而成为成品。

这种气流粉碎机以冲击粉碎为主，同时进行磨削、摩擦、剪切等粉碎。工作时相邻两喷气流之间的工质形成若干强烈旋转的小旋流，由于喷气流和小旋流的剧烈运动，在工质中的物料处于高度的湍流运动状态，颗粒具有不同的运动速度和运动方向，并以极高的碰撞概率相互碰撞而达到粉碎的目的。由于主气流是从腔壁切向高速进入粉碎室的，在对物料进行粉碎的同时携带物料在腔内做高速旋转运动；在离心力的作用下，物料中的粗颗粒被抛向外圈靠近粉碎室内壁区域，受到刚进入粉碎室内主气流的再次冲击，再经受新的一轮碰撞、摩擦、剪切等作用而粉碎成微细颗粒。由于颗粒逐渐变小，其所受到的离心力也逐渐减小。随后，在向心力的作用下细颗粒逐渐随气流向粉碎室中心运动，直至完全失去离心力，而随主气流从粉碎室中部的排出口排出而进入收集装置。通过适当调整粉碎室结构参数和工艺参数，可以生产出不同粒度的产品。圆形粉碎室内物料及气流的运动分布状态如图4-28所示。

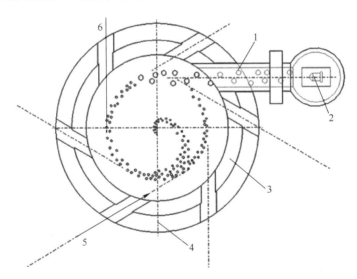

1—加料喷嘴；2—推料喷嘴；3—密封垫；4—外壳；
5—粉碎主气文丘里喷嘴；6—粉碎带及物料运动轨迹。

图4-28　扁平式气流粉碎机圆形粉碎室内物料的运动及分布状态

对于扁平式气流粉碎机，喷嘴喷射的气流实际上是呈圆锥状，其锥角为β，此圆锥将与分级圆交出一个有限的圆弧[46]，如图4-29所示。

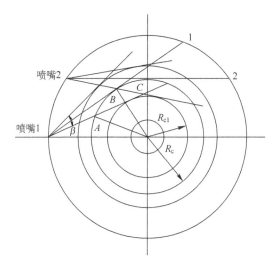

图 4-29　计算喷嘴数目示意图

喷嘴 1 与分级圆相交出的圆弧长度为 $\overset{\frown}{AB}$，喷嘴 2 对应的圆弧长度为 $\overset{\frown}{BC}$，如此类推。若每一个喷嘴对应的圆弧起点，恰是前一个喷嘴对应圆弧的终点，而且所有圆弧的总和正好是一个完整的分级圆周长，则通常认为此时喷嘴数目就是最佳喷嘴数目 N。喷嘴最佳数目 N 可表示为

$$N = \frac{2\pi R_c}{\overset{\frown}{BE}} = \frac{360°}{\theta} \tag{4-32}$$

$$\theta = \arcsin\left[\frac{\sin\left(\alpha - \dfrac{\beta}{2}\right)}{\sin\alpha} - \frac{d_N\sin\dfrac{\beta}{2}}{D\sin\alpha\tan\dfrac{\alpha}{2}}\right] - \left(90° + \frac{\beta}{2}\right) \tag{4-33}$$

式中：$\overset{\frown}{BE}$ 为最优喷嘴布置时单个喷嘴所对应的圆弧长度；θ 为 $\overset{\frown}{BE}$ 对应的圆心角；α 为喷嘴安置角（倾角）；β 为喷射膨胀角，一般取值为 $12° \sim 14°$；d_N 为喷嘴直径（m）；D 为粉碎室直径（m）。

由式（4-32）和式（4-33）计算的喷嘴数目通常要取整，并符合"偶数准则"。根据经验，确定方法为：当粉碎室直径为 $50 \sim 200$mm 时，$N = 6$；当粉碎室直径为 $250 \sim 500$mm 时，$N = 12$；当粉碎室直径为 $500 \sim 1000$mm 时，$N = 12 \sim 18$。

对于扁平式气流粉碎设备而言，衡量其粉碎效果的主要指标也是产品粒度、粒度分布、生产能力和能量利用率等。影响产品质量及生产能力的因素很多，除了粉碎机自身结构、物料可粉碎性等参数，还与操作因素有关。对于一定的粉碎机和工质来说，粉碎效果可通过调节工质的压力和加料速度来改变。

工质喷气流的动能与其质量流的一次方成正比，与其速度的平方成反比，所以喷气流的速度是重要因素。通常，喷气流的速度与工质入口压力成正比。工质入口压力越大，喷气流速度就越快，喷气动能越大，则粉碎效果越好。对于一个确定的系统，加料速度应有一个最佳值。加料速度（影响粉碎室的空隙率 x）与粉碎效率常数 K 之间的关系：当加料速度增加时，即表示粉碎室内物料颗粒的体积浓度 $(1-x)$ 增加，当 $(1-x)$ 小于 10^{-3}，则 K 呈现增加的趋势；当 $(1-x)$ 在 $10^{-3} \sim 10^{-2}$ 范围时，K 出现平坦峰值；当 $(1-x)$ 在 $10^{-2} \sim 10^{-1}$ 范围时，K 又出现迅速下降的趋势。因此，通常认为 10^{-1} 这一数量级是 $(1-x)$ 的极限值。

目前，扁平式气流粉碎机由于结构简单、操作方便而在各行各业得到广泛应用。扁平式气流粉碎机具有自行分级功能、无机械转动部件等优点，产品粒度分布可通过调整工艺参数控制在很窄的范围内，对产品污染少。同时还可以采用过热蒸汽作为粉碎介质，黏度低、不带静电，可减少粉碎后物料的二次内聚现象。进行微纳米化粉碎时产品粒度可达 $0.5\mu m$ 甚至更小；进行解磨粉碎时，可达到原级颗粒大小。特别适宜于粉碎脆性物料（如 AP 等氧化剂），以及由各种聚集体或凝聚体构成的物料（如各种沉淀颜料）。若在粉碎的同时加入各种助剂或添加剂，可对物料表面进行改性或进行复合处理，如可以制备燃烧催化剂和微纳米 AP 构建的复合氧化剂。

2. 扁平式气流粉碎技术分类

1）基于排气和卸料方式进行分类

根据扁平式气流粉碎设备的排气和卸料方式，可将扁平式气流粉碎设备分为上排气下卸料型扁平式气流粉碎机、上排气上卸料型扁平式气流粉碎机和下排气下卸料型扁平式气流粉碎机。

（1）上排气下卸料型扁平式气流粉碎机。早期的扁平式气流粉碎机就是设计为上排气下卸料方式，主要由高压气体入口、气体出口、加料口、产品出口等组成，如图 4-30 所示。

上排气下卸料型扁平式气流粉碎机主要由进料系统、进气系统、粉碎-分级室及出料系统等组成。工质由进料喷气口进入气体分配室，在自身压力作用下，通过切向配置在粉碎室四周的数个喷嘴（通常是超声速 Laval 喷嘴），产生高速喷射流并引起进入粉碎-分级室内的物料产生碰撞、摩擦、剪切、磨削等作用。料斗中的物料被加料喷嘴喷射出来的气流引射到文丘里管，在文丘里管中物料和气流混合并增压后进入粉碎-分级室。

物料被粉碎后，在粉碎-分级室内高速旋转运动的气流所形成的离心力和向心力共同作用下实现自动分级，粗颗粒被甩到粉碎室周边内壁作循环粉碎，

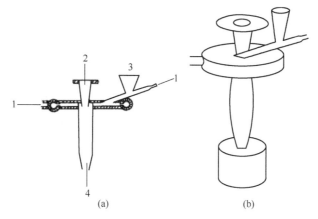

1—高压气体入口；2—气体出口；3—加料口；4—产品出口。

图 4-30　早期扁平式气流粉碎机示意图

细颗粒随气流运动至中心阻管处并越过阻管，进入粉碎机自带的出料管路中。该出料管路相当于是一个小型的旋风分离器。携带粉碎后颗粒（成品）的气流从切向进入该出料管路的下出料管中，在下出料管内做高速旋转运动并产生离心力场，使其携带的物料沿下出料管内壁做高速旋转运动，较大的颗粒（占成品的 85%～95%）沿下出料管内壁向下运动并从成品出口排出，较小的颗粒在向心力场的作用下随气流（废工质）向中心排气管运动并从中心排气口（上出口）向上排出。从上出口排出的废工质及其所携带的物料进入后续气固分离装置及除尘设备，进一步收集物料并使气体净化后排空。这种气流粉碎机的总体结构如图 4-31 所示。

　　这种气流粉碎机虽然卸料方便，但难以实现较小粒度物料的粉碎，并且由于废工质会带走较多物料（占成品的 5%～15%，且颗粒越小，被带走的越多），使得从下卸料口收集的物料得率较低。随废工质进入后续分离装置的物料虽然能够被收集，但其粒度及粒度分布也与从下卸料口收集的物料相差较大。另外，这种设备很难实现"配方粉碎"，即当被粉碎的物料由两种及以上组分构成时，所收集得到的产品中的物料组成与投料配方组成不一致。例如国内外相关单位曾采用这种类型的气流粉碎机对 AP 等氧化剂进行微纳米化处理，对于平均粒度在 5～8μm 和 8～13μm 的 AP 等氧化剂产品，生产效率较高、产能较大，成品物料收集比较方便，能够满足固体推进剂等火炸药产品的装药需求。但这种类型的气流粉碎机对于粒度在 3～5μm 的 AP 等氧化剂的产能较低，并且基本不能制备粒度小于 3μm 的 AP 产品。因而当高燃速固体推进剂与燃料-空气炸药及温压炸药等火炸药产品对 AP 的粒度需求更小、产能更大

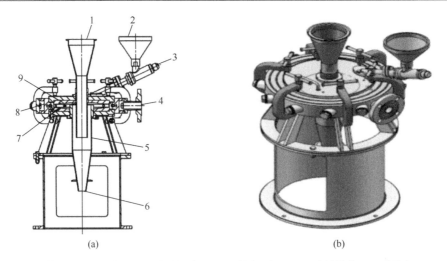

1—气体出口；2—加料口；3—加料进气口；4—粉碎进气口；5—出料管路；6—成品出口；
7—下部内衬；8—气体分配室；9—上部内衬。

图4-31　上排气下卸料型扁平式气流粉碎机结构示意图

时，这种结构的扁平式气流粉碎机已无法满足应用需求。这也促进了上排气上卸料型和下排气下卸料型扁平式气流粉碎机的发展和在氧化剂微纳米化粉碎方面的推广应用。

（2）上排气上卸料型扁平式气流粉碎机。上排气上卸料型扁平式气流粉碎机也主要由进料系统、进气系统、粉碎-分级及出料系统等组成。其粉碎及分级过程与上排气下卸料型气流粉碎相同。粉碎后的成品物料与工质一起经上排气管排出，进入后续气固分离装置（如捕集器或旋风分离器）实现气固分离而被收集。这种类型的气流粉碎机如图4-32所示。

上排气上卸料型扁平式气流粉碎设备比上排气下卸料型扁平式气流粉碎机制备的产品粒度更小、粒度分布更窄，通常微纳米化粉碎过程的产能更大，并且能够实现配方粉碎。

（3）下排气下卸料型扁平式气流粉碎机。下排气下卸料型扁平式气流粉碎机对物料粉碎后，制备的微纳米及粉料与工质一起经下排气管排出。其粉碎及分级过程与上排气下卸料型、上排气上卸料型气流粉碎机相同，粉碎产品的粒度比前两种粉碎机更小、粒度分布更窄。这种类型的气流粉碎机如图4-33所示。

当采用下排气下卸料型扁平式气流粉碎机对 AP 等氧化剂进行微纳米化粉碎处理时，若粉碎机的结构设计合适、工艺参数控制得当，则产品粒度可达亚微米级。

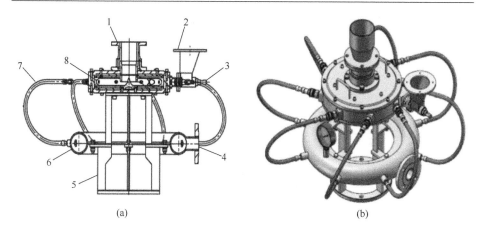

(a)　　　　　　　　　　　　(b)

1—成品出口；2—加料口；3—加料进气口；4—粉碎进气口；

5—机架；6—气体分配室；7—压力软管；8—内衬。

图 4-32　上排气上卸料型扁平式气流粉碎机结构示意图

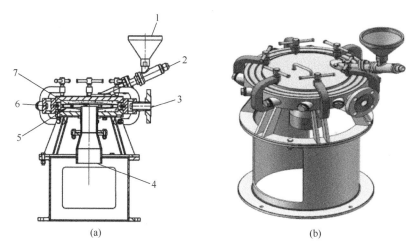

(a)　　　　　　　　　　　　(b)

1—加料口；2—加料进气口；3—粉碎进气口；4—成品出口；

5—下部内衬；6—气体分配室；7—上部内衬。

图 4-33　下排气下卸料型扁平式气流粉碎机结构示意图

2）基于粉碎-分级室结构进行分类

粉碎-分级室是由上盖、下盖和喷嘴圈围成的。因为其内径 D 与高度 H 的比值很大，故有扁平式之称。粉碎-分级室的腔型是气流粉碎机的关键部位之一，因其直接影响粉碎效果，故各国学者都在探讨理想的腔型。本节以上排气下卸料型扁平式气流粉碎设备的粉碎腔体结构为例，对主要腔型结构介绍如下。

（1）短圆柱腔型粉碎-分级室。这种腔型的特点是高度 H 在整个直径上是相等的，如图4-34所示。通常 $H/D=0.05\sim3$，一般多取较小值。

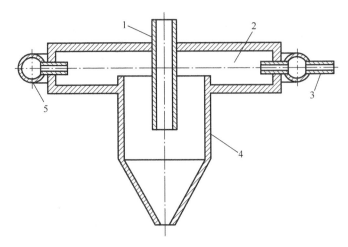

1—废工质排出管；2—粉碎-分级室；3—进气口；4—成品收集器；5—工质分配室。

图4-34　短圆柱腔型粉碎-分级室结构示意图

这种腔型比较简单，制造容易，便于衬里的施工，是扁平式气流粉碎机粉碎-分级室的最基本腔型。

（2）带二次分级室的粉碎-分级室。这种粉碎-分级室的明显特点是有一个二次分级室，如图4-35所示。物料在粉碎-分级室中粉碎后，细颗粒经一环形通道进入二次分级室，再进行一次分级。合格颗粒从二次分级室中心的下中心管，进入成品收集器。废工质夹带部分细颗粒沿废工质排出管排走。二次分级室分离出来的粗颗粒，在离心力作用下，进入粉碎室外围，经联通管进入缩扩型超声速喷嘴的低压区，随工质一起进入粉碎-分级室，重新粉碎。这种气流粉碎机的喷射式加料器，不是安装在粉碎-分级室上盖上，而是安装在侧壁处。

这种气流粉碎机由于采用了超声速喷嘴而具有很高的粉碎能力，并且二次分级单独进行，不受粉碎过程所干扰。再加上分级出来的细颗粒不与进来的待分级的物料相混，所以产品中不会含有不合格的大颗粒。但是，这种腔型的粉碎-分级室结构复杂，喷嘴的磨损加剧，物料多次通过狭窄的通道，因此通道被物料堵塞的可能性大。尤其是对于微纳米 AP 等氧化剂，由于吸湿性强，很容易引起粉碎设备堵塞。

（3）分级区向中心收缩的粉碎-分级室。这种腔型的粉碎-分级室，其结构如图4-36所示。

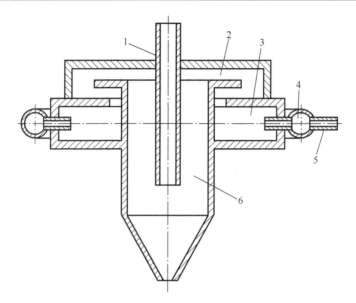

1—废工质排出管；2—二次分级区；3——次分级区；4—工质分配室；5—进气口；6—成品收集器。

图 4-35　带二次分级室的粉碎-分级室结构示意图

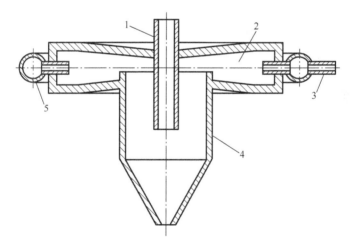

1—废工质排出管；2—粉碎-分级室；3—进气口；4—成品收集器；5—工质分配室。

图 4-36　分级区向中心收缩的粉碎-分级室结构示意图

这种粉碎-分级室的特点，是物料的分级粒度大小向中心方向递增。因此，待分级颗粒不会在工质主旋流中发生大量堆积，也就不会发生物料周期性堵塞粉碎-分级室现象，进而能够有效防止边界层中的粗大颗粒进入成品中。为了确保分级粒度在粉碎-分级室半径方向上向心地递增，分级区高度的向心收缩度，必须有一个临界值。该值的大小与粉碎-分级室的高度、分级圆半径、物料性质、工质的种类、流量及工质在粉碎-分级室中切向速度的大小等因素有关，通常需结合具体物料特性，理论设计后再通过试验验证加以优化。

（4）双截头圆锥腔型粉碎-分级室。这种腔型粉碎-分级室，如图 4-37 所示。

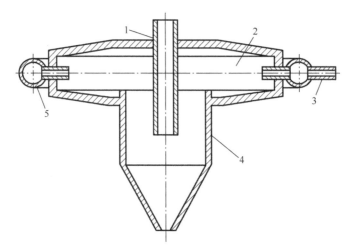

1—废工质排出管；2—粉碎-分级室；3—进气口；4—成品收集器；5—工质分配室。

图 4-37　双截头圆锥腔型粉碎-分级室结构示意图

粉碎区向中心扩张角 β 多为 $12°\sim14°$。扩张部分宽度为 R_L-R_c（R_L 为粉碎-分级室半径，R_c 为分级圆半径）。这种腔型的粉碎-分级室，由于粉碎区的高度向着粉碎-分级室中心变大，而且小于分级区的高度。所以在同样的喷射角下，粉碎区的容积变小，工质和物料的浓度变大，因而使工质的流速变大，物料颗粒相互碰撞的概率变大，强化了粉碎过程。由于分级区的高度比粉碎区高度大，而且在整个分级区内高度保持不变，所以分级效果好。因此，这种粉碎-分级室也是一种应用很广的基本腔型。对于这种中小型扁平式粉碎-分级室，为了简化结构，可使分级区的高度向粉碎-分级室中心方向扩张，一直扩张到废工质排出管外壁和成品收集器外壁上。

（5）阶梯腔型的粉碎-分级室。这种腔型的粉碎-分级室是为了防止粗大颗粒混入粉碎成品中而设计的，如图 4-38 所示。其结构特点是：在上下盖内壁上，设计一些凸起型结构，使内壁成为不连续结构。这种结构是为了破坏工质流体在分级区上下盖内表面上所形成的边界层。因为在这种边界层中，使颗粒进入中心收集区的径向速度，比按室高均匀分布的平均径向速度要大得多，不合格的粗大颗粒，便可能经过边界层进入粉碎成品中。

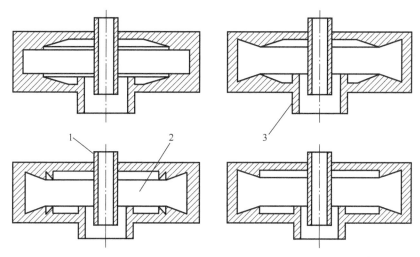

1—废工质排出管；2—粉碎-分级室；3—成品收集器。

图 4-38　阶梯腔型粉碎-分级室结构示意图

研究表明，工质与物料颗粒组成的双相主旋流，在分级区上下内壁附近的边界层中，径向速度 u_r 远远大于平均值，而且这种差异程度又与工质主旋流的切向速度 u_t 和径向速度的比值 u_t/u_r 的大小有关。例如，当 $u_t/u_r < 4$ 时，边界层中的最大径向速度是平均径向速度的 4 倍；当 u_t/u_r 约为 10 时，是 7 倍；当 u_t/u_r 约为 20 时，是 10 倍。边界层中这样高的径向速度，足以把若干不合格的大颗粒推到收集区。

内壁上的凸起物可以是各式各样的，但必须上下对称，其位置最好在 $0.7R_L \sim 0.8R_L$ 处，即位于分级圆附近，且凸起物应当有一定的高度。根据相关报道表明，这种腔型的粉碎-分级室，能得到粒度小、粒度分布窄的优质粉碎产品，并且粉碎-分级室不易堵塞。

目前，由于扁平式气流粉碎机所制备的产品粒度小、粒度分布窄，且结构简单、操作方便，已在 AP 等氧化剂微纳米化制备方面获得广泛工业化应用。尤其是当微纳米氧化剂产品的粒度要求小于 $5\,\mu m$ 时，扁平式气流粉碎技术及设备与流化床式气流粉碎技术及设备相比，具有显著的优势。

4.3　气流粉碎过程影响因素分析及解决思路

4.3.1　影响气流粉碎机粉碎效果的因素

气流粉碎机的粉碎效果一般可用粉碎效率常数表示，其至少应包含产品粒度、生产能力和能量利用率三项内容。其中，产品粒度是最关键的指标。要减小产品粒度，一要增加粉碎区内物料颗粒的相互碰撞次数，即增大碰撞概率P_c；二要增大颗粒在相互碰撞时发生破裂的可能性，即提高应力概率P_σ。用以表征物料粉碎产品粒度的比表面积增量ΔS，可以表示为

$$\Delta S \propto P_c P_\sigma d - Y \qquad (4-34)$$

式中：d为物料粒度；Y为一修正系数。引入Y，是因为尚有其他的一些影响因素没有被考虑，如物料性质、物料颗粒在外力作用下产生的塑性变形，以及颗粒粉碎难度因粉碎粒度的降低而增大等。

影响P_c和P_σ的因素很多。除了气流粉碎机的结构参数，还有许多操作参数，如物料的可粉碎性（取决于物料的机械强度、颗粒结构形态和表面状态、粒度大小等）、加料量（决定着粉碎气固比）、工质的种类及其参数（入口压力、温度、背压）等。

本节将结合影响气流粉碎机粉碎效果的主要因素，包括气流粉碎机的结构参数（几何参数）、工艺参数（操作参数）、激波和物料特性（如初始粒度、黏度、含水率），对气流粉碎过程进行分析。

1. 气流粉碎机结构参数对粉碎效果的影响

1）气流粉碎机材质对粉碎效果的影响

气流粉碎是靠高速冲击、剪切、摩擦等作用对物料颗粒进行细化的，不同类型的气流粉碎机的材质对粉碎效果的影响也不相同。例如对于靶式气流粉碎机，通常要求材质硬度越大越好。这是因为，靶板越硬，靶板自身变形所引起的能量衰减越少，与物料冲击作用越强，进而粉碎效果越好；材质硬度越大，越不容易磨损，粉碎产品的纯度和产品品质也越高。

对于流化床式气流粉碎机，由于物料与粉碎室内壁的相互碰撞、摩擦等作用较弱，因而粉碎室的材质对粉碎效果和产品纯度影响不大，通常可根据被粉碎材料的物性和环境条件选择材质，如经常采用不锈钢材质。此外，由于流化床式气流粉碎机或靶板式气流粉碎机还需使用分级叶轮对粉碎后的物料进行粗细分级，故而分级叶轮的材质会对粉碎效果产生影响。这主要表现在分级叶轮作为高速旋转的部件，会与气固混合流中的固体颗粒形成强烈的摩擦、撞击等作用，进而使分级叶轮的叶片表面被磨损而使产品中引入杂质。气固混合流中固体颗粒浓度越大、分级叶轮转速越高，分级叶轮的表面磨损越严重。因此，对于产品纯度要求较高的粉碎过程，分级叶轮必须使用耐磨材质，如硬质合金、陶瓷等。

对于循环管式气流粉碎机或扁平式气流粉碎机，虽然没有分级叶轮磨损所引起的产品污染问题，但粉碎腔体、循环管道等的磨损，也会导致产品纯

度降低。因此，这些部件也通常选用硬度较大的材质，或者进行表面硬化处理。对于扁平式气流粉碎机，其粉碎腔体通常选用硬质合金、陶瓷等硬度较大的材料，或对材料表面进行喷涂碳化钨硬化处理。针对氧化剂微纳米化粉碎，为了保证粉碎过程安全，需在粉碎过程中及时导出静电，因而需使材质导静电效果良好。所以通常会选择硬质合金或对不锈钢表面进行喷涂碳化钨硬化处理。

2）气流粉碎机尺寸对粉碎效果的影响

一般情况下，气流粉碎机的尺寸（即粉碎室直径）越大，粉碎物料的能力越强，产品产能越高。并且，气流粉碎机尺寸越大，其制备的同种物料产品的粒度往往越小。但是，随着气流粉碎机的尺寸变大，产品的粒度分布宽度也会发生明显变化。因此，在进行气流粉碎设备设计或选型时，必须结合所需的产能要求，选择尺寸适宜的气流粉碎设备，以达到产品需求的粉碎效果。

相比其他的粉碎设备，气流粉碎设备适合加工质量要求高、附加值高的产品。气流粉碎机尺寸对粉碎效率的正向影响使得开发大型气流粉碎设备的前景非常可观。可以预见，气流粉碎机大型化也是今后的发展趋势。

3）喷嘴结构与尺寸对气流粉碎效果的影响

喷嘴是形成高速喷射气流的部件，喷嘴的型号、尺寸在很大程度上决定了喷射气流的速度、形状及稳定性。而喷嘴的空间分布，则影响到颗粒加速及碰撞区域的流场[47]。

一般的流化床式气流粉碎机或扁平式气流粉碎机通常都采用 Laval 喷嘴，得到的产品粒度亦会相应比采用其他喷嘴得到的产品要小。平滑且满足气流场相关参数要求的喷嘴结构，有利于获得能量损耗较小的高速、平稳、集中的喷射气流，从而提高粉碎效率。

在同等耗气量条件下，喷嘴直径越大，气流压力越小，对物料的加速效果会在达到一定值后随着喷嘴的进一步增大而减弱，进而使粉碎效果降低。在喷嘴直径相同和数量一致的条件下，耗气量越大，气流的压力也越大，对物料的加速效果就越好。在以压缩空气为工质对氧化剂进行气流粉碎时（气流压力一般小于 1.2MPa），通常气流压力越高，粉碎效果也越好。另外，在同等耗气量条件下，若喷嘴的数量在合理的设计范围内增多，并使喷射气流的压力升高，也会提升粉碎效果。这种影响对于扁平式气流粉碎机更为显著。

4）喷嘴的布置方式对粉碎效果的影响

在喷嘴安装布置时，喷嘴与靶板间的轴向距离，或喷嘴与喷嘴间的轴向距离，称为分离距离，对粉碎效果有显著的影响。这是因为，物料受到喷嘴喷射出的高速气流作用而做高速运动时，需要一定的加速距离才能使物料颗粒的速度达到最大值或最优值。喷嘴的分离距离必须能够使物料颗粒具有足够的加速距离。例如对于靶式气流粉碎机，喷嘴与靶板间的轴向距离一般等于或略大于物料颗粒的加速距离。对于流化床式气流粉碎机，喷嘴与喷嘴之间的轴向距离一般等于或略大于物料颗粒加速距离的两倍。在考虑物料加速距离以使物料获得充分的加速时，适当增大喷嘴与喷嘴之间的轴向距离，对于提高粉碎产能也是十分有利的。

对于扁平式气流粉碎机，喷嘴安装布置的角度应结合喷嘴喷射流的特性和分级圆加以设计，使喷嘴的圆锥状喷射流与顺着喷射方向临近的后一个喷嘴的圆锥状喷射流在分级圆上相交于一点。这样依次布置喷嘴，使所有喷嘴的圆锥状喷射流与分级圆的相交圆弧组合在一起，形成一个完整的分级圆，并使喷嘴数量为偶数。在这种设计原则下，必须首先准确掌握喷嘴喷射流的结构，才能使设计最优化。

2. 气流粉碎过程工艺参数对粉碎效果的影响

1）加料量（加料速率）对粉碎效果的影响

加料速率与粉碎室内气固两相流的颗粒浓度及颗粒持料量极为相关，加料速率偏低时，粉碎室内的颗粒浓度较低，颗粒所具有的平均动能较高，产品的粒度可能较细；当加料速率偏高时，粉碎室内的颗粒浓度较高，颗粒的碰撞概率较高，碰撞冲击强度较低，粉碎速率降低或升高都有可能。因此，需要考虑颗粒的碰撞概率和所具有的平均动能两者之间的平衡，选择最佳的给料速率。持料量与产品平均粒度的关系呈"鱼钩"曲线，即存在一个持料量（范围），使得产品颗粒的平均粒度最小。

在气流粉碎过程中，碰撞概率 P_c 显然与物料在粉碎区里的体积浓度（$1-x$）有关，因此也就与加料量（或加料速率）有关：加料量越大，P_c 也越大。但是，加料量增大到一定限度后，若超过（$1-x$）的最佳范围，将会严重影响单个颗粒所获得的动能，即影响颗粒的冲击速度，从而使应力概率 P_σ 下降。为了提高粉碎效果，加料量必须有一最佳值，才能使产品的粒度最佳，或者在一定的产品粒度下，产生单位表面积的耗能最小。

值得指出的是，在超微粉碎的情况下，颗粒越细，粉碎区内自由空间越小，（$1-x$）越大，因此影响粉碎效率的主要因素不是 P_c，而是 P_σ。通过开展相关研究以提高 P_σ，是气流粉碎过程中的关键。相互碰撞的颗粒所产生的应力，可表示为

$$\sigma_{\max} \propto m^{0.2} \omega^{0.4} r^{-0.6} e_M^{0.8} \tag{4-35}$$

式中：m 为颗粒的质量；ω 为颗粒运动速度；r 为颗粒冲击部位的曲率半径；

e_M 为颗粒的弹性模量。

对于一定质量的物料，σ_{max} 主要取决于颗粒运动速度。为了提高 P_σ，主要途径是提高 ω。当工质各参数一定时，在一定的体积浓度（$1-x$）范围内，颗粒从工质气流中获得的动能与加料量成反比。

影响加料量大小的因素较多，基本上与影响 P_e 和 P_σ 的因素一致。在其他条件均保持不变的情况下，通常加料量越大，成品越粗，粒度分布越宽。确定适宜的加料量是调节成品粒度最有效的方法，在气流粉碎的实际操作中，通常都会采用改变加料量的方法对成品的粒度进行调节。而改变工质流量和工质喷气流速度，因受许多条件限制，往往不易实现。

关于加料量的控制，最理想的方式是通过检测粉碎成品的粒度，实现自动控制加料量。但是，目前在工业实践上，尚做不到在粉碎过程中连续检测粉碎产品的粒度变化并发出信号。因此，目前一般通过对间接因素的检测，来实现加料量的控制。例如把粉碎气固比的变化作为信号，自动调整加料量，以保持粉碎操作的稳定。目前，工业应用的气流粉碎设备，其工作过程中基本上都是在采样检测了成品的粒度之后，再决定是否需要调节加料量。

如上所述，加料速率是影响粉碎效果的重要参数之一，加料速率主要由粉碎区的持料量决定。加料速率的大小决定粉碎室每个颗粒受到的能量大小。当加料速率过小，粉碎室内颗粒数目不多时，颗粒碰撞概率下降，颗粒粒度变大；当加料速率过大时，粉碎室内的颗粒浓度增加，每个颗粒所获得的动能减少，导致由碰撞能转变成颗粒粉碎的应变能变小，颗粒粒度增大、粒度分布变宽。因此，寻找最佳加料速率是很重要的。

2）加料均匀稳定性对粉碎效果的影响

对于一定的气流粉碎机来说，当工质入口压力 p_1、温度 T_1、比容 v_1 和背压 p_2 均保持不变时，工质质量流量 m_g 是恒定不变的。这样，随着加料量的改变，粉碎气固比也相应变化。

粉碎气固比是气流粉碎机的重要操作参数之一，其不仅是一项技术指标，也是一项经济指标。过小的粉碎气固比，因喷气流动能不足而难以得到合格的成品粒度；过大的粉碎气固比，不仅浪费能量，还会降低某些物料的分散性。所以，改变加料量的目的，实质上是达到最适宜的粉碎气固比。物料的可粉碎性越差，成品粒度要求越高，粉碎气固比应当越大。

气流粉碎过程加的连续、均匀、稳定性，直接决定了粉碎过程中粉碎室内的瞬时气固比，进而对粉碎效果产生显著的影响。如果加料不均匀，喷气流时而过载，时而轻载，这将无法得到恒定的产品粒度。加料量过大，粉碎区内物料保持量大增，甚至会使气流粉碎机粉碎-分级室发生堵塞。为了实现物料

粒度分布精确可控，必须提高加料的均匀稳定性及加料精度，通常需控制在
±5% 以内；对于粒度要求更高的产品，加料精确需控制在 ±2% 以内。这对氧
化剂微纳米化粉碎过程极为重要，因为只有氧化剂的粒度分布窄，才能使固体
推进剂与混合炸药等火炸药产品的性能更稳定。

　　3）工质压力对粉碎效果的影响

　　工质压力是产生喷气流并影响喷气流速度和粉碎产品粒度的主要参数。一
般而言，工质压力越高，速度越快，动能就越大。在气流平稳、颗粒流散性较
好的情况下，喷射气流的速度越高，往往被加速的颗粒碰撞速度越高，因而粉
碎强度越大，产品粒度越小。物料颗粒的速度 ω_c 源于高速气流，超声速气流
则是压缩空气流经喉形管时，因绝热膨胀被加速而获得。Laval 喷嘴能将高压
气流加速到超声速，其剖面结构如图 4-39 所示。

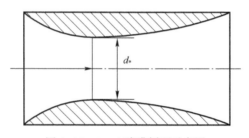

图 4-39　Laval 喷嘴剖面示意图

　　结合式（4-14），高压气体经 Laval 喷嘴加速后的气体流速 u_2 计算公式为

$$u_2 = \sqrt{2\frac{\lambda}{\lambda-1}RT_1\left[1-\left(\frac{p_2}{p_1}\right)^{\frac{\lambda-1}{\lambda}}\right]} \tag{4-36}$$

式中：p_1 为喷嘴入口处的绝对压力（MPa）；p_2 为喷嘴出口处的绝对压力
（MPa）；λ 为气体绝热指数，对室温空气，$\lambda=1.4$；R 为气体常数（J/(kg·K)）；
T_1 为喷嘴入口处气体温度（K）。

　　对气体种类和温度已知的气流，其速度及相应的马赫数 Ma（气流速度相
当于声速的倍数）仅与压力比（p_1/p_2）相关。图 4-40 表示了气流马赫数与
压力比的关系。

　　对于超声速气流粉碎机，其气流速度可达马赫数 3（即 1000m/s 左右）甚
至更高。显然提高 p_1 与降低 p_2，将有助于马赫数的提高。

　　尽管假设物料颗粒与气流速度相等，然而颗粒的实际速度 ω_c 比气流速度
u_2 低得多。一般根据实验确定为

$$\omega_c = \frac{u_2}{K_a} \tag{4-37}$$

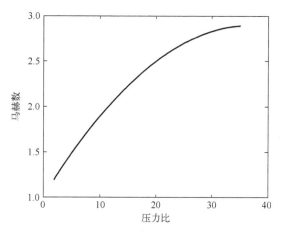

图 4-40　气流马赫数与压力比的关系曲线

式中：K_a 为系数，$K_a = 2 \sim 3$。例如，当 $\lambda = 1.4$，$T_1 = 293\text{K}$，$p_1/p_2 = 7$ 时，可得 $u_2 = 504\text{m/s}$，ω_c 则为 $170 \sim 250\text{m/s}$。

若气流马赫数 $Ma = 2.5 \sim 3.0$，则 ω_c 可达 $300 \sim 400\text{m/s}$。影响颗粒速度的因素很多，除了粉碎工质压力，固体颗粒质量与气体质量之比也是一个重要因素，适当降低该比值，可以提高 ω_c。

由上述分析可知，提高粉碎工质压力，可以提高粉碎效果。当粉碎工质压力增加到某一定值时，产量的增加和粒度的减小趋势变缓。这是因为喷嘴出口速度与喷射压力并非线性关系，当工质压力超过一定值时，打破了喷嘴前后的压力比，从而可能在粉碎室产生激波。气相穿过激波时速度下降，固相速度几乎不变，气固相的速度差导致固相撞击速度下降而影响了粉碎效果。因此，从能耗与产量的关系来说，粉碎工质的压力有一最优值。

另外，在高入口压力条件下，颗粒相互冲击作用较为剧烈，颗粒碎裂产生的子颗粒具有尖锐的棱角，圆形度比低压力下的要低。此外，气流粉碎过程中，颗粒浓度越高，加速过程中能量损失越少，即在高颗粒浓度下，还可以进一步提高喷嘴的压力，从而使颗粒获得更好的加速。但是，压力不能无限增大，因为随着压力的增加，气体压缩机的能耗将以非线性的方式快速增加。

工质入口压力的大小取决于物料的可粉碎性和成品的粒度。对于易粉碎物料或成品粒度要求不高的物料，工质入口压力可以选得低些；对于难以粉碎的物料或成品粒度要求很高的物料，入口压力要选得高些。为防止压力波动而引起的喷气流动能的波动，工质入口压力 p_1 要稳定。相关研究认为，当 p_1 为 $0.7 \sim 1.5\text{MPa}$ 时，压力变化幅度不应当超过 $\pm 0.02 \sim 0.05\text{MPa}$。

喷射式加料器的加料工质压力，应当尽可能低些，以物料能被送进粉碎-分级室为限。因为过高的压力会影响粉碎和分级效果。进料工质压力的大小，一般由试验确定。逐渐提高加料工质压力，直到物料不发生倒冲为止，这时的加料压力就是最适宜的加料压力。大多数扁平式气流粉碎机的加料工质压力，约为粉碎工质压力的一半或略低，即通常在 0.35~0.5MPa。

若长期粉碎磨损性较大的硬物料，喷射式加料器的混合-扩散管喉部直径有被磨损扩大的可能性。这时会出现这种情况：粉碎工质喷嘴在满负荷压力下运行时，加料工质喷嘴在正常压力下已不能把物料顺利地引射进入粉碎-分级室内。这时，只有降低粉碎工质压力或提高加料工质压力，才能顺利加入物料。因此，要经常检查文丘里喉管直径，一经变大，最好立即更换。

4）工质温度对粉碎效果的影响

影响工质喷气流动能的另一个状态参数是工质的入口温度。喷气流出口速度 u_2 与入口温度 T_1（绝对温度）的平方根成正比。空气工质的临界速度（等于当地声速）与温度的关系，如图 4-41 所示。当工质的温度过高时，气体的流速加快。以空气为例，室温下的临界速度为 320m/s，当温度升到 480℃ 时临界速度可以提高到 500m/s，即动能增加了 150%。因此，在允许的范围内，提高工质的温度有利于提高粉碎的效果。

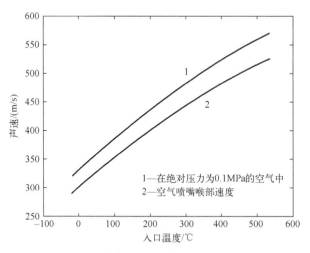

图 4-41　不同温度下空气工质的临界速度

决定工质温度的主要因素是被粉碎物质的物理化学性能，尤其是耐热性。对于氧化剂气流粉碎过程，工质温度不能过高，否则将可能引发燃烧或爆炸事故。氧化剂气流粉碎时工质（压缩空气）的温度通常控制在 5~95℃，对 AP

进行粉碎时温度控制在 50~80℃为宜。为了防止喷气流的速度波动，工质温度要保持恒定，其允许的变化幅度与工质入口温度的高低有关。对于常温工质，温度变化幅度不应超过±5℃；对于 300℃以下的工质，则不应超过±10℃。此外，温度升高也会使工质的黏度增大，从而影响颗粒分级效果。

5）工质黏度对粉碎效果的影响

工质黏度越大，对物料颗粒的分级越不利，但对物料的粉碎过程有利。与液体相反，气体黏度随其温度升高而变大：

$$\eta = a\sqrt{T} \tag{4-38}$$

式中：a 为系数；T 为工质的绝对温度。

各种气体的动力黏度与温度的关系，如图 4-42 所示。提高工质的温度虽然将导致黏度增加而不利于颗粒分级过程，但这种副作用通常被喷气流速度的提高所带来的粉碎效率提升所抵消。总体来说，随着工质温度的提高，对粉碎过程是有利的。尽管如此，由于过高的温度使气流粉碎的运行、成品卸料、包装和捕集等过程复杂化，所以在实际工业生产时一般不倾向于过分提高工质的温度。

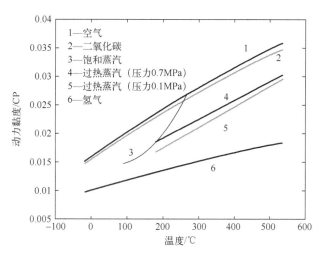

图 4-42　气体黏度与温度的关系曲线

6）分级叶轮转速对粉碎效果的影响

对于靶式气流粉碎机、对喷式气流粉碎机和流化床式气流粉碎机，需采用分级叶轮对粉碎后的物料进行分级。分级叶轮的转速（叶片外沿的线速度）直接决定了粉碎产品的粒度和粉碎产能。分级叶轮不仅使得成品粉体的粒度较细、粒度分布紧凑，而且减少了颗粒的过磨，对于提高粉碎效率有重要意义。

随着分级叶轮转速提高，产品的平均粒度减小，但产能也会降低。当分级叶轮转速提高至一定程度后，产品的粒度基本不变，尤其是当粒度小于一定值（如高氯酸铵的粉碎产品小于 5μm）时，分级叶轮已难以进一步对产品进行精细分级。这时提高分级叶轮的转速，不仅不能获得更小粒度的产品，还会使得产品产能显著降低。

3. 激波对气流粉碎效果的影响

气流粉碎是一种软冲击粉碎，对保证氧化剂的安全粉碎是有利的。一般气流粉碎机都采用 Laval 喷嘴，以获得超声速气流。对于 Laval 喷嘴，是否能产生超声速气流，除了与其本身结构有关，还与其背压有很大关系。只有当背压为喷嘴计算状态出口截面的压力时，才能获得最大的平行流喷射速度。若背压高于此值，在喷嘴附近将会出现不同位置及不同强度的激波，使得气流速度降低。这无疑会使粉碎机粉碎效能降低；同时，激波的存在还会影响气流粉碎机的其他性能。

南京理工大学李凤生教授团队分析了气流粉碎过程中激波产生的原因，采用数值计算方法，讨论了激波对粉碎机内颗粒的冲击速度的影响[48]。研究结果表明：一方面，取在喷嘴出口处、激波马赫数为 1.5 时，在波后附近，其速度梯度最大；在没有激波时，气固两相将以虚线所示的速度平行喷射；激波的存在，使得颗粒的冲击动能损失较大，导致固体颗粒冲击碰撞速度大大降低，从而影响粉碎效果。另一方面，控制马赫数为 1.5，当进料粒度分别为 130μm、100μm、70μm 时，随着进料粒度越小，速度降低越快；在喷嘴附近，其冲击速度的变化幅度也越大，亦即激波对粒度小的颗粒的冲击粉碎影响较大；由粉碎理论知，粒度越小的物料，越难以粉碎，而在有激波产生的情况下，粒度小的颗粒其冲击速度反而比粒度大的颗粒要小，这对物料进行微纳米化气流粉碎极为不利。相应的冲击速度变化曲线如图 4-43 所示。

此外，研究结果也表明，对于给定粒度为 50μm 的颗粒，在激波马赫数分别为 1.4、1.7 和 2.0 时，随着激波强度的增大，颗粒的冲击速度降低的幅度变大，亦即随着激波的增强，气流粉碎机内颗粒冲击动能损失变大。激波的存在将严重影响粉碎机的性能，且随激波强度的增加，其影响也增大。

针对激波对物料颗粒冲击速度的影响进而影响气流粉碎效果，提出了防止粉碎室内激波产生的操作步骤：首先，根据 Laval 喷嘴的结构，计算适宜的压力比（入口气流压力/喷嘴截面压力）；其次，选择喷嘴入口处的总压，匹配合适的引风机，以调整系统背压的大小，消除 Laval 喷嘴产生激波的条件，以产生超声速气流；最后，及时卸下除尘器滤袋上的粉料，使排气畅通，以减小

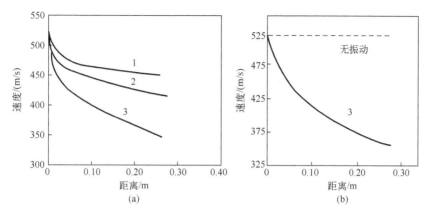

1—粒度为 130μm 的颗粒；2—粒度为 100μm 的颗粒；3—粒度为 70μm 的颗粒。

图 4-43 当马赫数为 1.5 时颗粒的冲击速度变化曲线

粉碎室内背压。通过这些研究工作，优化了气流粉碎工艺参数，提高了气流粉碎效率。

4. 物料特性对粉碎效果的影响

1）进料粒度对粉碎效果的影响

进料粒度的大小与粉碎物料的硬度、韧性、成品粒度以及气流粉碎机的结构型式、规格大小等因素有关。粉碎物料硬度越大，成品粒度要求越高，进料颗粒的尺寸就越小。一般情况下，超微粉碎坚硬且密度很大的物料，最大进料粒度应当小于 14 目，平均进料粒度一般控制在 100~200 目较好。对于超微粉碎中等硬度的脆性物料，最大进料粒度可以为 2~5 目，平均进料粒度一般控制在 40~70 目较好。但是，对于实验室用的小型气流粉碎机，由于喷射式加料器的混合-扩散管喉管直径一般很小，进料粒度应当更小一些。在某些场合下，当粉碎的物料十分坚硬而且粉碎产品粒度和粒度分布又要求很严时，甚至要求把物料预粉碎到 200~325 目，才能获得经济合理的效果。对于氧化剂而言，通常进料粒度需控制在 16 目或 20 目以下。

与加料量相比，进料粒度对成品粒度的影响也是显著的，尤其是当采用扁平式气流粉碎机粉碎难粉碎物料时，这种影响更加突出。对于凝聚体或某些比较松软的聚集体的解磨粉碎，进料时物料往往是以较大粒度的粒料甚至以料块的形式存在的。它们的宏观质地一般都比较疏松，因此进料粒度不是关键因素。但料块尺寸也不能过大，以防止对加料的连续性造成影响或导致喷射式加料器堵塞。这时要求最大进料的料块尺寸，不应大于喷射式加料器混合-扩散管（文丘里管）喉管直径的 1/4。

当采用气流粉碎机粉碎某种物料时，若没有可供选用的现成进料粒度数据，应当根据物料的性质及所要求的粉碎成品粒度，通过试验来探求经济合理的进料粒度。

2）物料黏度及含水率对粉碎效果的影响

对于具有黏性或含水率较高的物料，通常不宜采用气流粉碎设备进行微纳米化粉碎。因为这种物料不仅会堵塞进料喷嘴，还会引起粉碎-分级室内出料不顺畅，进而引起气流粉碎设备故障。例如对 AP、硝酸铵、氯酸钾等氧化剂进行粉碎时，物料在进入粉碎机前必须进行严格的干燥处理，不然物料可能黏附于粉碎室内壁或管道内壁，引起管路堵塞，使粉碎无法连续进行，进而无法获得品质良好的微纳米产品。

4.3.2　气流粉碎基本操作及故障排除

各种气流粉碎设备的操作方式虽然不尽相同，但也有许多共同点。本节以扁平式气流粉碎机为例，简单介绍相关的操作方法。

1. 开车操作

开启空气压缩机（或蒸汽锅炉）和加热系统，使工质达到规定的压力和温度。打开通往粉碎-分级室的工质管路上的阀门，把整个系统吹扫清理一遍。检查粉碎工质喷嘴是否被机械杂质堵塞。如果气流管路上安装了工质计量仪表，那么只要观察空车运行时工质流量是否明显下降，便知道喷嘴是否堵塞。对于中小型扁平式气流粉碎机，可以很方便地打开上盖，对喷嘴进行逐个检查。如果发现喷嘴被堵塞，就要在投料前进行疏通。可采用直径略小于喷嘴内径的钻头或金属丝，顺着工质的流动方向，轻轻疏通。一般不要把喷嘴卸下来疏通，因为这有可能破坏喷嘴与安装部位之间的气密性。

对于过热蒸汽工质，达到规定的压力和过热度往往需要数小时之久。因此，蒸汽工质的气流粉碎设备最好能在较长时间内连续操作。蒸汽工质的气流粉碎还需使用过热蒸汽预热粉碎系统（干法捕集系统要预热到袋式除尘器；湿法捕集系统要预热到预捕集器），使系统的温度达到蒸汽的饱和温度以上。

空气或过热蒸汽预热完毕（低温和常温空气工质的气流粉碎设备，不需预热），要开动加料系统进行加料。如果发生倒料（反喷）现象，出现物料被粉碎-分级室中的工质反吹出来，就要降低粉碎工质压力，或提高加料工质压力，直到倒料现象消失为止。在这种压力下向粉碎-分级室加料片刻，室内将具有适量的循环物料。循环物料量一经达到要求，便要进一步提高粉碎工质压力，以达到规定的操作压力。之后，粉碎设备便处于正常运行之中。

2. 停车操作

气流粉碎设备，不论采用何种工质，停车前一定要先关闭加料系统，停止加料。加料停止后，切勿立即停机，需再花几分钟把粉碎系统中的残留物料吹扫干净。最好在吹扫时能提高粉碎工质压力，即使粉碎-分级室中残留的物料通过喷射式加料器向外飞散也不要紧。因为只有这样，才能保证粉碎-分级室中的物料不通过喷嘴进入工质分配室中，消除粉碎工质喷嘴被物料堵塞的可能性。如果工质为高温空气，停车时要先切断热源，在装置慢慢冷却后，再切断空气工质。这点对于抗热振性能不强的非金属衬里的气流粉碎设备，尤为必要。

当采用过热蒸汽工质时，停车后一定要把系统中残留的蒸汽赶走。尤其是干法捕集系统中的袋式除尘装置，更要把水蒸气置换干净，以防残留的蒸汽冷凝成水。最好用热空气吹干。

此外，有的中小型气流粉碎设备，往往同一台设备要粉碎不同品种或不同颜色的物料。这时，每当一批物料粉碎完毕后，需要彻底清扫装置，必要时要更换袋式除尘器的滤袋，以防止残余物料污染下一批被粉碎的物料。

3. 设备运行

工业规模的气流粉碎设备，是连续运行的。操作人员的责任就是巡回检查。检查的重点是：工质的压力和温度是否发生变化；加料是否连续均匀；卸料和捕集回收系统是否畅通；工质喷嘴和粉碎-分级室是否堵塞；粉碎成品的粒度是否发生变化等。

加料系统不畅通或者堵塞是气流粉碎设备，特别是中小型气流粉碎设备最容易发生的事故之一。这主要是由于物料在文丘里喷射式加料器的料斗下端架桥而引起的。当然，加料工质压力过低、流量过小和粉碎-分级室内背压太大，也容易使加料困难，甚至导致堵塞。物料的黏滞性越大，湿含量越高，物料中细颗粒成分越多，则架桥堵塞的可能性越大。其中，湿含量的影响特别显著。许多聚集体或凝聚体物料，往往因为受潮而加料特别困难。中小型设备因加料系统孔道狭小，也容易被物料中的粗大料块所堵塞。保证加料的连续均匀的途径是：调节适宜的加料工质压力和流量；进料颗粒尽可能连续均匀；控制物料的湿含量；在易堵塞的地方安装振动装置等。

气流粉碎机一旦发生堵塞，可按下列程序排除：首先关闭加料器，再关闭工质总管上的阀门，以同时切断粉碎工质和加料工质，此时粉碎工质管路上的阀门和加料工质管路上的调节阀门均不动，保持原有的开启度。疏通后，再开启总管上的阀门，粉碎即可继续进行。

气流粉碎设备的卸料和捕集回收系统的阻力，是必须经常巡视的参数之一。阻力过大，影响粉碎和分级效果，一旦发生堵塞，装置便无法运行。要重视捕集回收系统的压降，一旦超过额定值，就要分析原因。对于粉碎过程中极易黏壁的物料，设计气流粉碎工艺流程时，就要考虑采取防黏壁措施。若发生轻微堵塞现象，可在不停车的情况下排除，如敲击已发生堵塞的部位，若堵塞严重便要停车排除。防止物料的黏壁堵塞，是气流粉碎的关键技术之一。

多喷嘴型的气流粉碎机，一旦有喷嘴被堵塞，运行就不正常，使得产品达不到预先设定的粉碎粒度，而且粉碎-分级室还易被堵塞。这是因为，有的喷嘴堵塞之后，工质的总流量下降，适宜的粉碎气固比被破坏，工质流型也发生了变化。除了用工质流量下降来判断喷嘴是否堵塞，还可以通过产品粒度的变化来判断，因为喷嘴堵塞是成品粒度变粗的主要原因之一。如果喷嘴堵塞，就只有停车排除了。

在气流粉碎过程中，定期检验成品粒度，是调节气流粉碎工况的主要依据。为了能尽快地发现成品粒度的变化，应当尽量选用快速而准确的粒度测定方法。

4. 故障排除

如果气流粉碎机在运行过程中发生进料困难甚至发生倒料现象，可能由下述原因所引起：加料工质压力下降；喷射式加料器的加料工质喷嘴位置不对，这时要调节喷嘴位置（向前移动或向后移动），以获得最大的引射负压；喷射式加料器的文丘里管局部黏壁堵塞，需要加以清理；文丘里喉管发生磨损，直径变大；系统（尤其是干法袋式除尘器或旋风分离器）阻力变大，粉碎-分级室内的背压增加，此时需要对系统加以清理；粉碎-分级室、物料出口和排气系统被黏滞物料所局部堵塞。

如果产品颗粒变粗，甚至有大颗粒存在，可能由下述原因引起：加料量太大；工质的压力下降；粉碎工质喷嘴有局部堵塞或不畅通现象；装置被物料局部堵塞，系统阻力变大，喷气流达不到应有的出口速度；喷嘴与安装部位的配合间隙过大，经此间隙进入粉碎-分级室的工质流，破坏了工质的流型；物料进料速度不均匀或不连续。

如果发现工质耗量过大，可能由下列原因所致：喷嘴被磨损，直径变大；工质入口压力增大，或背压下降；喷嘴与安装部位配合间隙过大。

4.3.3　气流粉碎过程黏壁及解决方法

1. 黏壁现象产生的原因

在气流粉碎作业中，最经常发生的故障之一，是物料的黏壁。黏壁现象是粉体物料沉积在粉碎系统有关部位的内表面上，形成一层物料黏附层。有时在粉碎介质力（如气流粉碎的工质冲击力）作用下，这种黏附层会变得坚硬密实，牢固附着在内壁上，甚至越积越厚，使装置的狭窄通道处发生堵塞。扁平式气流粉碎机黏壁堵塞现象十分常见。

黏壁现象基本上在所有的干法微粉碎（特别是超微粉碎）系统中都会发生。气流粉碎由于其产品粒度较小，所表现出的黏壁现象更为严重。并且，气流粉碎设备内有许多狭窄的通道和不连续的内壁表面，如喷射式加料器的接受室和混合-扩散管、粉碎-分级室、扁平式气流粉碎机下部的成品收集器、废工质排出管，以及捕集回收系统的有关部位，如预捕集旋风分离器、脉冲袋式除尘器等，这些部位最容易发生黏壁堵塞现象。

发生黏壁现象的原因很多，涉及物料性质、装置结构、工质种类以及操作等因素。

1）物料性质

物料性质是引起黏壁现象最根本的原因。从现象上看，黏滞性较强的粉体、水分含量较大的粉体、熔点较低的粉体或粒度较小的粉体，最容易黏壁。若从本质上看，则粉体颗粒的表面状态如表面能、表面电荷以及颗粒形态等，是发生黏壁现象的根本因素。当粉体以极细的颗粒状态（即所谓高分散状态）存在时，颗粒表面能很高、表面活性很大，这不仅使粉体易于凝聚，也会导致物料黏壁现象的发生。颗粒越细，表面活性越大，黏壁现象越严重。这就是气流粉碎机比其他机械式粉碎机更容易发生黏壁堵塞事故的原因。对于氧化剂微纳米化粉碎过程，由于微细颗粒的表面能高、表面活性大、表面电荷较多，并且由于微细氧化剂颗粒的吸湿性很强，所表现出的黏壁现象比较严重，尤其是粉碎制备粒度小于 $3\mu m$ 的 AP 等氧化剂时，黏壁现象更为严重。

2）装置结构

气流粉碎设备的结构不合理，或者制造误差过大，也是发生黏壁现象的原因之一。对于扁平式气流粉碎机，粉碎-分级室结构尺寸选择不当，成品收集器内径椭圆度过大，筒体锥角过大，与粉体相接触的内壁表面粗糙度过大，以及能使含固体颗粒的工质气流的运动状态发生突然变化的一些结构因素，都会导致黏壁现象。在氧化剂粉碎过程中，管道管径突变处、阀门挤压处、静电积聚处等部位，黏壁现象很严重；尤其是采用不导静电的陶瓷内衬进行粉碎时，粉碎-分级室出料管处堵塞尤为严重。

3）工质种类

工质类型发生变化时，可能引起物料表面携带的静电荷发生显著变化，从而加剧物料的黏壁现象。例如，采用蒸汽工质时，物料表面携带的静电荷较少，物料不容易发生黏壁；采用压缩空气工质粉碎氧化剂，以及氧化铁、二氧化钛等物质时，会产生大量的静电荷，从而导致较为严重的黏壁现象。

4）操作

操作不稳定，工质压力过大，空气工质中的水分和油分去除不彻底，蒸汽工质部分冷凝等，都会导致黏壁现象。

2. 防止黏壁的措施

1）添加功能助剂

理论上讲，防止物料黏壁现象的最得力措施，是降低粉体颗粒的表面能与表面活性并及时消除表面静电，以提高其流动性。添加功能助剂，如流动性促进剂、防静电剂等，都可降低颗粒的表面活性。

防静电剂的采用，是为了消除粉碎过程中因物料摩擦而产生的静电荷。从气溶胶原理可知，由于被粉碎得很细的颗粒在粉碎室内运动速度很高，可能产生较大的静电。颗粒与颗粒、颗粒与粉碎室壁之间的静电场力，可以是重力或离心力的100倍。当电位超过约 $10\,kV/cm$ 时，粉碎室中容易发生火花放电现象。在 AP 等氧化剂微纳米化气流粉碎时，若设计不当，静电电压将高达 $30kV$ 以上，这十分危险，需及时消除静电。对于氧化剂微纳米化气流粉碎过程中，不能光靠防静电剂，关键还得采用惰性工质和选用不发生静电火花放电的衬里材料，以消除静电火花放电现象。

2）合理的结构设计

适当增加喷嘴数目，含固相的工质气流的流动通道应尽可能光滑，尽量不使物料流动方向发生突然改变或气流速度突然下降，尽可能取消能使物料颗粒发生堆积的水平面等措施，都有助于减轻或消除黏壁现象。对于上排气下卸料式扁平式气流粉碎机下部的成品收集器，为了消除黏壁堵塞，以高速旋转运动的方式进入成品收集器的气流，其速度应能很快地下降。只有这样，才可以防止粉碎成品堆积在卸料口附近的器壁上。减小出口压力，使之与大气压力之差最小，或改变顶部进料口尺寸，使收集器顶部的工质压力降低；或者从出口处放出一部分工质（如采用透气的布袋作为成品收集器），都会降低堵塞的倾向，但这会损失一部分成品。在基于空气工质的小型气流粉碎机上经常采用透气的布袋作为成品收集器。

3）机械振打

机械振打虽然不是一种理想的方式，但却是有效的。机械振打器通常都安装在易发生黏壁堵塞的部位，当其实际应用时，既可采用低振幅的振打器，又可采用高振幅的振打器。大量的实际应用效果表明，采用低振幅的振打器对防止黏壁的效果较好。根据物料黏壁程度不同，可采用连续振打或间歇振打的方式。间歇振打器由时间继电器控制，间歇周期不宜过长。在粉碎高黏滞性的物料（如二氧化钛）时，在喷射式加料器、成品收集器、旋风分离器和袋式除尘器的有关部位，安装电磁振荡式振打器，基本能解决黏壁堵塞问题。对于氧化剂，也可在机械振打辅助下，配合其他相关措施，以达到防止物料黏壁的目的。

4）保温

用蒸汽作为粉碎工质的气流粉碎设备，其成品收集器、旋风分离器和袋式除尘器的器壁温度有时会降到饱和温度以下。因此，与器壁接触的蒸汽工质便会发生局部冷凝而析出水。挂在器壁上的冷凝水，最容易把物料黏附在器壁上。当冷凝水量较大时，还会在器壁上形成厚厚的一层料饼。这种料饼中的物料颗粒极容易发生凝聚结块，一旦凝聚成块的料饼落入成品中，就会严重影响成品粒度。因此，基于蒸汽工质的气流粉碎设备一定要妥善保温，而且只有器壁温度被预热至远高于饱和点时，才能投料粉碎。

5）降低进料湿含量

有些黏滞性较强的粉体物料，如果水分含量过大，就会使加料系统黏壁现象加剧。进料颗粒越细，水分的含量越大。为此，要严格控制进料中的湿含量。气流粉碎机的进料，通常来自干燥工序。这时，一方面要控制干燥料的水分含量，另一方面最好能使干燥的物料马上进入气流粉碎机，因为物料在空气中堆放，会吸收水分，尤其在潮湿地区或潮湿季节。对于氧化剂气流粉碎过程，在高温高湿季节，黏壁现象更加显著。

6）选择合适工质

同一物料，用蒸汽工质粉碎时不易产生静电荷，而用空气工质粉碎时则会产生大量静电荷，进而导致黏壁现象严重。因此，当一种物料既可用过热蒸汽又可用压缩空气粉碎时，从防止黏壁现象这一点出发，需选用蒸汽作为粉碎工质。

7）适当降低工质压力并定期铲除黏附层

有时，在对产品粒度或粉碎产量影响不大的前提下，适当降低工质压力，也会缓和物料的黏壁现象。

此外，对于具有特殊化学性质的物料和低熔点的物料，会在气流粉碎机的粉碎室中形成一层坚硬的黏附层。这种黏附层与器壁结合得很牢固，必须打开粉碎室，用机械方法铲除。因此，为了操作顺利，对于这类物料的气流粉碎，通常需要拟定一个合适的运行周期，在粉碎过程中严格按照设定周期停车并消除黏附层。

4.3.4　助剂及添加剂的使用

近年来，粉碎作业领域里的一项重大技术进展，就是粉碎助剂的应用。为探求粉碎助剂的作用机理，开发新的粉碎助剂品种，以及解决添加粉碎助剂的各种技术问题，各国都在进行大量的科学研究。在氧化剂气流粉碎过程中，粉碎助剂的选择需适当、用量需适宜，最好是火炸药体系中的既有成分，否则将影响火炸药产品的质量及其加工制造过程的安全性。

粉碎助剂又称助磨剂或粉碎添加剂，是微粉碎和超微粉碎作业的一种辅助材料。由于大都是一些有机或无机化学药品，故又称化学粉碎助剂，虽然加量甚微，但收益颇大。粉碎助剂应用后，可以减小粉碎产品的粒度，也可以在不变的动力消耗下提高粉碎装置的生产能力（增产幅度可达 20%~40%），还可以改善粉体物料的性能（如流动性、应用分散性、储存稳定性等），并防止物料的黏壁等。

1. 助剂的种类

可用作粉碎助剂的物质，品种众多。例如用于二氧化钛颜料的粉碎助剂有几十种，水泥的粉碎助剂也有十几种。若按助剂在常温下的存在状态分类，则有液体粉碎助剂、气体粉碎助剂和固体粉碎助剂。

1）液体粉碎助剂

这是最常见的粉碎助剂，应用最广的液体粉碎助剂是胺类、醇类、酯类、醚类以及无机盐类。水也是一种液体粉碎助剂。湿法粉碎作业的水分散液，能有效地阻止物料凝聚。即便是干法粉碎，有些物料如石灰石、花岗石、白云石、搪瓷料等，若含有适量的水分，也有利于粉碎。例如，用二氧化碳气体工质粉碎赭石时，含有千分之几的水分，比完全干燥的物料更容易粉碎。

2）气体粉碎助剂

进入粉碎装置的气体粉碎助剂品种不多，只有水蒸气、丙酮气体和惰性气体等。但是，大多数液体粉碎助剂，在加入粉碎室后，由于剧烈的机械冲击和摩擦以及高温等因素的共同作用，很快汽化成气体分子，进而吸附在颗粒表面上，形成单分子膜。

3）固体粉碎助剂

固体粉碎助剂的品种很多，通常以分散性良好的粉体状态存在。胶体状的白炭黑是一种有效的固体粉碎助剂，在农药、石灰石、硅砂、铜粉、二氧化钛等物料的粉碎过程中，效果良好。硅粉（用于石英、石灰石）、炭黑（用于煤和水泥等）、硬脂酸钙（用于石灰石、硅砂、铜粉）、硬脂酸钠（用于水泥与石膏的混合料、水泥熔块）、无机盐氰亚铁酸钾（用于平均粒度在 $1\mu m$ 以下的金属粉末）、硬脂酸（用于氧化铁颜料、铝粉）等，都可作为粉碎助剂在一定条件下应用，以提高粉碎效果。对于氧化剂粉碎过程，可采用十八烷胺、十二烷基苯磺酸钠、十二烷基磺酸钠等作为助剂。

2. 粉碎助剂的作用机理

大量的研究结果证明，微粉碎和超微粉碎过程中的颗粒，不仅发生机械变化（粒度降低），而且也发生明显的物理–化学变化（突出地表现在颗粒表面状态的变化上）。粉碎助剂就会在这种物理–化学变化过程中发挥作用。

1）影响塑性变形

单个颗粒在粉碎过程中会发生塑性变形、脆性破裂和颗粒重新凝聚等现象。被粉碎的物料颗粒（如离子型无机非金属固体）吸附一层单分子膜的粉碎助剂后，其显微硬度下降，容易发生滑移破裂。塑性变形力的作用时间越长，这种效果越明显。对于塑性变形在颗粒破裂过程中占主导地位的物料，粉碎助剂会对粉碎过程起促进作用。但是，在气流粉碎条件下，物料颗粒所受的变形力极强，变形时间极短，所以往往不会表现出完全的塑性变形，大都表现为脆性变形。因而粉碎助剂的作用大都不表现在这方面。

2）降低物料的强度

理想的脆性固体受到机械力作用时，仅仅发生弹性变形。当所产生的应力超过了物料的抗张强度时，颗粒便发生破裂。这种破裂，几乎都是从颗粒上已有的裂纹或其他缺陷处开始的。Rumpf 认为，根据 Griffith 破裂理论，脆性固体物料的抗张强度可表示为

$$\sigma = \sqrt{\frac{4e_{\mathrm{M}}\gamma}{\pi l}} \tag{4-39}$$

式中：σ 为固体颗粒的抗张强度，单位为 $\mathrm{Pa \cdot m^{0.5}}$；$e_{\mathrm{M}}$ 为固体颗粒的弹性模量，单位为 Pa；γ 为表面能量，单位为 N/m；l 为颗粒裂纹长度，单位为 m。

当粉碎助剂分子吸附在颗粒表面上时，表面能量 γ 降低，σ 也随之下降。据研究，有的物料表面能量最大可下降 30%，相应地，抗张强度下降 20%。粉碎助剂降低物料颗粒强度这一现象，一般称为"莱宾杰尔"效应。抗张强度下降了，粉碎自然就容易了。

3）防止凝聚和黏壁现象的发生

被粉碎物料颗粒的新生表面，具有一定的活性。当粉碎产品粒度很小时，这种活性很大。该活性是由范德华力和静电力引起的，会导致颗粒发生再结合现象、黏壁现象和包球现象。新生表面一经吸附了粉碎助剂后，活性迅速降低，从而减轻了凝聚性、黏壁性，提高了流动性。流动性的增大，既有利于粉碎过程，更有利于分级过程。有效降低聚集效应，是粉碎助剂最重要的功能。

4）改善产品的应用性能

有些粉碎产品，为了提高其在应用过程中的分散性和流动性，也需要采用

粉碎助剂改性。例如，在气流粉碎氧化铁系颜料时加入 0.5%~1% 的硬脂酸作粉碎助剂，不仅产能增幅达到 26%，而且当制备的氧化铁红颜料用于制造油漆时，分散时间缩短 50%。又如，采用六偏磷酸钠、焦磷酸钠、三乙醇胺、二异丙醇胺等助剂，可明显提高二氧化钛在水性体系中的分散性；苯甲酸及其酯类、三羟甲基丙烷等，可提高二氧化钛在油中和有机成膜物中的分散性；用有机硅作助剂粉碎的二氧化钛，在非极性介质如聚烯烃塑料中有很高的分散性。当采用十八烷胺等作为助剂添加到氧化剂微纳米化气流粉碎过程中，可使微纳米氧化剂的分散性大幅度提高，储存时间大大增加。

3. 粉碎助剂的添加方法

1）助剂添加量

助剂添加量与粉碎助剂的种类有关。通常无机粉碎助剂添加量较大，如在二氧化钛气流粉碎时，像六偏磷酸钠、焦磷酸钠和碱金属的硅酸盐一类的无机粉碎助剂，极限加量可达 2%（以被粉碎的二氧化钛颜料计）。有机粉碎助剂添加量较少，一般多为千分之几，尤其以 0.1%~0.4% 效果最好。粉碎助剂添加量并非越多越好，当添加量达到一定值后，随着助剂添加量的增加，粉碎效果变差。相关理论及试验研究表明，当粉碎助剂的用量使每个物料颗粒表面都形成单分子膜或单颗粒层时，粉碎助剂的效果最佳。在具体气流粉碎过程中，还需结合实际情况进行助剂添加量的试验验证。

2）助剂浓度

大多数液体粉碎助剂，需要配成一定浓度后才能加入气流粉碎机中。通常较稀的溶液效果更好些，浓度过大则会降低助剂效果。例如，在气流粉碎二氧化钛颜料时，若采用三乙醇胺作粉碎助剂，可用乙醇稀释成 10% 的溶液，也可用丙酮稀释到 200g/L，还可用水稀释成 50% 的溶液；对于液体状的低分子量聚乙二醇，可采用丙酮稀释到 200g/L；对于固体状的聚乙二醇，可溶在甲醇中制成 200g/L 的浓度；对于聚磷酸酯，则需用丙酮稀释成 200g/L。

3）添加方式

粉碎助剂可能在粉碎初期有效，也可能在粉碎后期或在分级时有效。对于前者，如果气流粉碎的物料是喷雾干燥后的物料，这时助剂可以在喷雾干燥过程中加入。如果进入气流粉碎机的物料是通过风送方式输送的，助剂可以在风送系统中加入。此外，还可以在文丘里喷射式加料器中加入。重要的是，粉碎助剂应当与物料混合均匀。

对于粉碎后期有效的粉碎助剂，可以在气流粉碎机的分级区内加入，或采用低粉碎压力、低粉碎气固比的工况，专门为添加助剂进行第二次气流粉碎。液体助剂溶液一般可用比例泵打入，也可用喷洒的方式喷在物料内。

4. 添加剂的应用

在气流粉碎过程中，添加助剂通常是为了改善气流粉碎效果，如使粒度减小、粒度分布变窄、产能增大、防止黏壁等。有时，为了提升产品性能，或为了制得具有多种性能的微纳米复合材料，通常在对某种主要物料进行粉碎时，加入另一种物质（又称为添加剂或改性剂）。被粉碎的物料和添加剂在气流粉碎过程中，充分复合、分散，进而发生改性、包覆等效应，使多个工序集成一体化完成。

1) 气流粉碎-表面改性一体化技术的机理

气流粉碎-表面改性一体化技术是将原来的气流粉碎与表面改性两步工艺结合在一起，其作用机理如下。

(1) 气流粉碎机的高湍流作用：由于高速气流的冲击和气体膨胀产生高湍流作用，使粉碎室内颗粒间产生剧烈的碰撞，并使改性剂与物料颗粒得以充分的接触，从而有利于改性剂包覆在颗粒的表面。

(2) 机械力化学作用：在气流粉碎过程中，机械能一方面产生破碎、细化、微细化等直观变化；另一方面施加于物料的机械能，除了部分用于颗粒细化，还有一部分储存在颗粒内部，引起颗粒的表面特性（如表面能与表面静电等）变化，使颗粒表面的化学活性增强，从而不需要加热也能发生一些化学反应。机械力化学效应在粉碎过程中若不能被及时加以利用，则颗粒表面的化学活性将被空气中的水分子或其他粒子所钝化。因此，在微纳米化粉碎的同时进行表面改性可以有效地利用机械力化学效应，促进改性剂与颗粒表面发生相关化学反应，提高改性效果[49]。

2) 气流粉碎-表面改性一体化技术的工艺流程

表面改性剂可以在粉体粉碎前的预处理过程中加入，或在粉碎的过程中通过风送系统或加料器喷洒加入，加入的位置有粉碎区、分级区和收集系统等，可根据需要选择合适的加入方式。按照改性剂加入方式的不同，一体化工艺又可分为以下两种工艺。

(1) 预混-粉碎改性工艺：首先在一定的温度下，将物料与改性剂在混合设备中混合均匀；其次直接加入气流粉碎机中粉碎，其主要工艺参数为粉碎压力、进料速度、分级速度和改性剂用量、改性温度等。该工艺操作简单，条件易于控制，在研究中比较常见。气流粉碎机仍作为粉碎设备使用，一般为间歇操作。

(2) 连续加入-粉碎改性工艺：该工艺是将改性剂直接连续喷入气流粉碎机中，与粉碎室中的粉碎颗粒直接接触，以达到表面改性的目的。这需要一个改性剂添加装置，一般情况下，该装置以压缩空气为气源，通过喷嘴将改性剂雾化喷入粉碎室，完成对粉体颗粒的改性。

　3）氧化剂气流粉碎-表面改性一体化技术应用案例

　气流粉碎与改性相结合，实现颗粒粉碎、改性与混合一体化，可减少固定资产投入，降低能耗，降低生产成本；在微纳米化粉碎的同时完成表面改性，可有效克服微纳米化粉碎与表面改性两种单元操作单独完成时，改性剂与物料表面亲和性差、附着作用弱且不均匀的缺点。此外，利用粉碎过程中机械力化学效应对颗粒表面的激活作用，使新生表面和高活性点大量出现，从而增强颗粒表面的反应活性，使物料与改性剂的反应能力增强。

　李凤生教授带领团队在氧化剂微纳米化粉碎-表面改性一体化技术研究方面，开展了大量的研究工作。例如在 AP 微纳米化粉碎过程中，将纳米级燃烧催化剂（如氧化铜、氧化铁、亚铬酸铜等）作为改性剂加入，不仅实现了 AP微纳米化粉碎（平均粒度在 $1 \sim 3 \mu m$），还同步实现了纳米燃烧催化剂与氧化剂的均匀复合，使纳米燃烧催化剂均匀附着于微纳米 AP 颗粒表面，成功实现了微纳米 AP 的表面改性。这种技术获得改性微纳米 AP，其流散性大幅度提高，吸湿性降低，储存稳定性能大大提升；将这种复合改性的微纳米 AP 加入改性双基推进剂中，相较于由同等粒度级别的微纳米 AP 和纳米燃烧催化剂的普通混合物所制备的推进剂样品，燃速提高 $15 \sim 20mm/s$ 以上（在 10MPa 条件下），在高燃速固体推进剂中获得了良好的应用效果。

4.4　气流粉碎技术制备微纳米氧化剂的研究进展

4.4.1　氧化剂微纳米化气流粉碎过程中的安全问题

　国内外研究者已结合气流粉碎相关理论及技术，开展了大量的粉碎实验，对各种粉碎产品的性能进行分析、研究，设计出多种基于气流粉碎的微纳米化制备工艺技术，以及与之配套的微纳米化辅助工艺技术[50-53]，这在很大程度上促进了气流粉碎技术的实际工业化应用。尤其是对于易溶于水的氧化剂，气流粉碎因干式工艺而受到青睐，已在 AP 等氧化剂微纳米化制备中获得大规模工业化应用。

　采用气流粉碎技术对氧化剂进行微纳米化制备过程中，安全问题应是首要考虑并解决的问题。氧化剂属易燃易爆材料，并且粒度越小，感度越高。然而，对氧化剂进行微纳米化气流粉碎的过程，就是将其粒度减小至设计范围进而伴随着氧化剂感度升高的过程。所制备的氧化剂的粒度越小，氧化剂的感度升高越大，微纳米化制备过程的安全风险也越大。这是因为，在氧化剂气流粉碎过程中，目标产品的粒度越小，需要对氧化剂施加的粉碎力场也越大，这样就需要将更大的粉碎力场施加到更危险的物料上，因而安全风险进一步增大。尤其是当采用气流粉碎技术制备粒度小于 5μm 的 AP 等氧化剂时，由于微纳米 AP 的感度高，则实现安全、高品质、大批量制备的难度极大。

氧化剂在微纳米化气流粉碎过程中，当体系温度、静电、刚性冲击、摩擦等超过一定阈值时，或当体系中存在可燃成分并具有合适的温度或火花时，就可能引发燃烧或爆炸。因此，在氧化剂微纳米化气流粉碎过程中，必须要杜绝可燃成分存在，并严格控制系统温度、静电及火花，以及强烈的刚性冲击或摩擦，这样才能确保安全[54-55]。可燃成分的控制，可以经工艺严格设计得以实现。温度过高问题的控制，可以通过严格控制压缩气体工质的温度得以实现，并且由于焦耳-汤姆逊效应，通常气流粉碎工质在绝热膨胀时都会吸热降温，这样也有利于设备粉碎室温度的降低和物料温度的控制。也就是说，在氧化剂微纳米化气流粉碎过程中，所面临的安全问题，主要就是静电、刚性冲击或摩擦等所引发的安全风险问题。

对于刚性冲击或摩擦，首先就要求微纳米化气流粉碎技术及设备必须设计适当，而且微纳米化处理的工艺技术参数也必须控制在合适的范围内，在此基础上才能确保微纳米化处理的力场（能量场）在微纳米氧化剂发生热分解，进而引发燃烧或爆炸的临界阈值以下，使氧化剂微纳米化处理过程安全可靠、可控。另外，必须指出的是，粉碎过程中由于粉碎设备内的高速旋转部件（如流化床式气流粉碎设备内高速旋转的分级叶轮），以及辅助设备（如阀门）对微纳米氧化剂所产生的强机械刺激作用，必须加以控制并解决。

对于静电问题，采用不同类型的气流粉碎设备对氧化剂进行微纳米化粉碎时都需重视并解决。氧化剂溶于水，采用气流粉碎技术对其进行微纳米化处理时，无法采用过热蒸汽，并且从成本角度出发，也不适合采用氮气或其他惰性介质。因此，从工业化实际应用出发，氧化剂微纳米化气流粉碎过程通常都需采用干燥的压缩空气作为工质。当干燥的高速压缩空气携带 AP 等氧化剂颗粒在气流粉碎设备内产生强烈撞击、摩擦、剪切等作用时，极容易产生静电，一旦设备设计不当，将产生静电放电火花，进而引发微纳米氧化剂热分解并进一步引起燃爆风险。因此，在氧化剂微纳米化气流粉碎技术工业化应用前，还必须解决静电所引起的安全问题。

李凤生教授带领的团队在氧化剂气流粉碎方面的研究走在了国内乃至国际的前列，通过 30 多年来的试验研究，研制出满足氧化剂安全微纳米化的 GQF 系列新型扁平式气流粉碎机[56]。这种类型的气流粉碎机具有特殊的粉碎腔体结构，不仅使粉碎室内气流与物料的流场合理，避免了刚性冲击和摩擦所引起的安全风险问题，实现了粉碎过程柔性施加力场，而且通过加装消除静电系统，克服了静电放电现象发生，避免了刚性冲击与摩擦。此外，粉碎系统内也无积热，生产过程十分安全，获得了良好的粉碎和分级效果。这种技术以压缩空气为粉碎工质，针对粉碎过程极易产生静电的难题（如以刚玉为衬里的超声速气流粉碎机，以干燥空气为介质，对干燥的 AP 进行微纳米化时，粉体出口处实测静电电压高达 30kV 以上），设计了高效及时消除静电的措施，使 AP 粉体出口处的实测静电电压稳定控制在 500V 以下，避免了静电火花的产生，生产出的微纳米 AP 产品的粒度 $d_{50}<3\mu m$，极大地支撑了新型高性能固体推进剂与混合炸药等火炸药产品的研制。此外，该技术及设备对高氯酸钾、高氯酸钠、高氯酸锂、硝酸钾、硝酸铵、氯酸钾等氧化剂物料，都具有良好的粉碎效果。

4.4.2　基于流化床式气流粉碎技术制备微纳米氧化剂

流化床气流粉碎技术由于对产品粉碎后粒度分布较窄，且产能较大，当对氧化剂粉碎产品的粒度要求不是很高时（如 $8\sim13\mu m$ 的 AP），具有一定优势和吸引力。尤其是当早期加料速度均匀性（线性加料）难以保证时，采用扁平式气流粉碎技术及设备对 AP、氯酸钾、高氯酸钾、硝酸铵等进行微纳米化粉碎所获得的产品，其粒度分布通常比流化床气流粉碎设备所制备的产品要宽，并且在粒度分布曲线右端粒度增大的方向还存在一个小峰（曲线拖尾）。这就使得粉碎后的产品在固体推进剂与混合炸药等火炸药产品中应用时，对产品的性能产生了一定影响，进而限制了扁平式气流粉碎设备在氧化剂大批量微纳米化粉碎方面的应用。产生这个问题的根本原因在于：加料速度不连续、不均匀、不稳定，这种波动式加料影响了扁平式气流粉碎设备粉碎室内的粉碎流场与分级流场，使得粉碎后粒度增大，并且由于分级精度降低而引起产品粒度分布较宽。

流化床气流粉碎设备的粉碎室内，被粉碎后的物料是靠分级叶轮实现粗细分级的，这有效解决了加料速度不恒定时所引起的粉碎产品粒度分布变宽的问题。在整个粉碎过程中，只需将粉碎室内的物料控制在一定范围内，就可保证粉碎效率和产能，而产品粒度分布，由分级叶轮分级决定。因此，有关流化床气流粉碎设备的研究就受到广泛关注和青睐，尤其是对产能要求较大的 AP 等进行细化处理时，所表现出的优势比较明显。例如当前国内仍有几个单位，采用流化床气流粉碎技术及设备生产平均粒度 $5\sim8\mu m$ 和 $8\sim13\mu m$ 的氧化剂产品，设备总体运行稳定，基本能够满足固体推进剂大批量装药的需求。

然而，由于分级叶轮的转速有限，其产生的离心力场有限，对细颗粒物料的分级精度较低；尤其是当氧化剂产品的物料颗粒粒度小于 5μm 之后，这种分级方式已难以满足精确分级的要求，所获得的产品粒度较大、粒度分布较宽。因此，尚未见采用流化床气流粉碎设备大批量制备粒度小于 5μm 的 AP 等氧化剂产品方面的报道。

4.4.3　基于扁平式气流粉碎技术制备微纳米氧化剂

近年来，随着连续、均匀、稳定批量化加料技术及设备的研制成功，扁平式气流粉碎技术及设备所制备的微纳米氧化剂产品粒度分布很窄（可控比流化床气流粉碎设备更窄）。并且，扁平式气流粉碎设备由于具有结构简单、操作简便、清洗维护方便等优势，以及产品粒度分布更小、粒度可控范围更宽、无高速旋转的分级叶轮所引起的安全风险等典型优势，已在微纳米氧化剂大批量制备领域获得工业化应用，比流化床气流粉碎技术及设备更加具有优势和吸引力。尤其是对粒度小于 5μm 的 AP 等氧化剂粉碎，这种优势更为显著。

采用扁平式气流粉碎技术对氧化剂进行微纳米化粉碎处理，一开始上排气下卸料型扁平式气流粉碎机使用较多。这是因为这种结构的气流粉碎设备自带气固分离功能，通常能够将不少于 85% 的粉碎物料直接从粉碎机下出料口收集，使用较为方便，进而受到较多关注和青睐。随着自动化气固分离技术的发展，这种结构的气流粉碎设备的优势逐渐消失，并且还存在较大的不足，如粉碎机下部出料口的物料收集率偏低、产品粒度分布范围较宽、难以实现较小粒度氧化剂产品的高效制备等。在固体推进剂与混合炸药等火炸药产品对微纳米 AP 等氧化剂需求越来越迫切的背景下，上排气上卸料型扁平式气流粉碎机和下排气下卸料型扁平式气流粉碎机应用越来越广泛。尤其是下排气下卸料型气流粉碎机，其粉碎产品粒度更小、产能更大，应用效果也更好。因此，本书将重点介绍下排气下卸料型气流粉碎设备在微纳米氧化剂粉碎制备方面的应用。

针对 AP 等氧化剂微纳米化制备过程的安全问题及产品粒度与防团聚问题，李凤生教授带领团队研制出了 GQF-3 型气流粉碎机。该设备已实际投入 AP 微纳米化生产应用 30 多年，产品粒度稳定，生产一直安全可靠。研究表明，为了降低产品的粒度并提高粉碎室内的自行分级处理效果，关键是要使粉碎室内被粉碎的颗粒既受到强烈的粉碎作用，又受到合适的离心力作用，使其既能被充分粉碎，又能被良好地分级。因此，GQF-3 型气流粉碎机主要在粉碎腔体结构方面进行了较大改进和创新，如喷嘴的安装形式、喷嘴的结构形状、粉碎腔体的结构形状等都对粉碎与分级效果有很大影响，都需要精心优化设计。更为重要的是，GQF-3 型气流粉碎机设计了高效消除静电的措施，使粉碎过程中的静电电压始终较低，确保粉碎过程安全可靠。

大量的研究表明，当采用扁平式气流粉碎机对氧化剂进行微纳米化处理时，工艺参数对产品粒度等指标影响很大。下面以 GQF-3 型气流粉碎机（图 4-44）对 AP 进行粉碎为例加以说明。

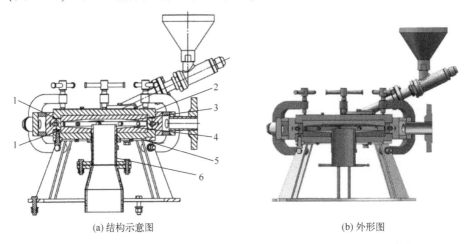

(a) 结构示意图　　　　　　　　　　　　　(b) 外形图

1—上下盖密封垫；2—上盖；3—上部内衬；4—下部内衬；5—下盖；6—出料管。

图 4-44　GQF-3 型气流粉碎机结构示意图

1. 原材料的粒度大小对产品粒度的影响

研究结果表明，原材料的粒度大小对粉碎出的产品粒度及粒度分布有很大影响。控制其他工艺条件不变，通过改变 AP 原料的粒度，研究气流粉碎效果，试验结果如表 4-1 所列。

表 4-1　高氯酸铵原料粒度大小对产品粒度的影响

原料粒度 $d_{50}/\mu m$	100~160	200~250	250~300	350~800	800~1600
成品粒度 $d_{50}/\mu m$	1.25~2.5	1.25~3.5	2.5~5	3~10	5~20
分散性	均匀	较均匀	分布宽	分布宽	分布宽

由表 4-1 可知，当其他工艺参数选择合适时，若原料粒度控制在 100~160μm 时，则可获得平均粒度小于 3μm 的 AP 产品，而且分布均匀。随着原料粒度的增大，产品粒度变粗，而且粒度分布变宽。实验还发现，当原料粒度大于 1600μm 时，不仅加料过程不稳定、易出现物料反喷现象，而且粉碎效果很差。

2. 原料的水分对粉碎效果的影响

研究结果表明，易吸湿的氧化剂粉碎时，原料的水分含量对粉碎效果有相当重要的影响，试验结果如表 4-2 所列。

表 4-2　高氯酸铵原料水分含量对粉碎效果的影响

原料水分含量/%	≤0.3	0.5	0.8	1.21	>2.0
成品粒度 d_{50}/μm	1.25~2.5	2.0~3.5	3.0~5.0	5.0~10.0	难进料
分散情况	均匀	较均匀	分布宽	分布宽	成团快

由表 4-2 可知，为获得平均粒度小、粒度分布窄的微纳米 AP 产品，原料水分应控制在 0.3% 以下，最好小于 0.1%。由于 AP 等氧化剂易吸湿，粉碎前需用烘箱将原料烘干至规定水分含量。

3. 进料速度对粉碎效果的影响

研究结果表明，进料速度对产品粒度有很大影响。通过改变进料速率来分析粉碎效果，试验结果如表 4-3 所列。

表 4-3　高氯酸铵原料进料速度对产品粒度的影响

进料速度/(kg/h)	5	10	15	24	36
产品粒度 d_{50}/μm	2.5	4.0	6.2	10.8	15.9
分散情况	均匀	较均匀	分布较宽	分布宽	分布很宽

由表 4-3 可知，随着进料速度增大，产品的平均粒度增大，粒度分布宽度也随之增大。实际生产过程中，应根据不同粒度要求选择不同的进料速率。

4. 工质气流参数的影响

研究结果表明，粉碎工质高压空气的参数对粉碎效果也有很大影响。通过改变粉碎气流的压力（主气压）或粉碎气流压力与进料气流压力（辅气压）之比分析粉碎效果，试验结果如表 4-4 所列。

表 4-4　工质气流参数对粉碎效果的影响

气流参数	主气压力 1.2MPa	主气压力 0.8MPa	主气压/辅气压 0.8MPa/0.4MPa	主气压/辅气压 0.8MPa/0.2MPa
成品粒度 d_{50}/μm	1.25~2.5	2.5~3.5	2.5~4.5	5~6.5
分散情况	均匀	较均匀	分布宽	分布很宽

由表 4-4 可知，粉碎主气压越高，产品粒度越细。然而，主气压的升高会对粉碎系统尤其是喷嘴的磨损加剧，使得设备耐用性降低，进而增加了成本。另外，粉碎压力过高，还存在安全风险问题。因此，气流粉碎压力的选择应适当。此外，主气压与辅气压之比对产品粒度及粒度分布也有影响。这是因

为，一方面，辅气压会影响 AP 原料颗粒进入粉碎室时的速度，进而影响粉碎效果；另一方面，辅气压也会影响粉碎室内的气体流场分布，进而影响粉碎效果和分级效果。

当所制备的微纳米 AP 应用于固体推进剂中，可以显著提高推进剂的燃速。例如当颗粒粒度在 100~200μm 的 AP 应用时，固体推进剂的燃烧速度为 10~20mm/s，而当 AP 的粒度小于 3μm 时，在相同条件下固体推进剂的燃速为 60~80mm/s。若使 AP 粒度进一步减小，并使微细 AP 颗粒在推进剂中充分分散，将使推进剂的燃速提高至 100mm/s 以上，在某些特殊催化剂联合作用下可达 150mm/s 以上。也就是说，当 AP 微纳米化并高效分散应用后，将使推进剂的燃烧速度提高 5~10 倍或更高。

在 GQF-3 型气流粉碎设备基础上，不仅制备得到了不同粒度级别的 AP 样品，还通过优化控制工质气流压力、加料速度、粉碎次数等工艺参数，并调节出料管高度等结构参数，成功批量制备出了平均粒度在 2~4μm 的类球形 AP[57-58]，如图 4-45 所示。

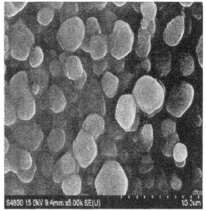

图 4-45　平均粒度在 2~4μm 的类球形 AP 的 SEM 照片

另外，在 GQF-3 型气流粉碎设备基础上，通过优化工艺技术参数，也制备得到了其他微纳米氧化剂产品。例如通过控制气流压力、喂料速率等工艺参数，成功将硝酸钾（KNO_3）粉碎至平均粒度约 2.7μm[59]，如图 4-46 所示。

此外，研究表明，采用气流粉碎技术制备的微纳米 AP 等氧化剂，容易吸湿、团聚结块，且粒度越小，吸湿性越强，越容易团聚结块。尤其是当 AP 的粒度小于 3μm 后，极容易发生吸湿并团聚结块，使得筛分、储存等后处理工序的难度大幅度提高，甚至由于吸湿、团聚结块而直接丧失微细颗粒的优异性

图 4-46　所制备的 KNO_3 样品的 SEM 照片和粒度分布曲线

能，进而无法使用。并且，微纳米 AP 等氧化剂吸湿并团聚结块后，往往都是结成硬块，需要采用很强的搓散力场才能勉强将结块物料分散开来，该过程不仅处理效率低、人工劳动强度大，而且作业环境粉尘飞扬、对人体危害大，另外由于强烈挤压、摩擦等作用所引起的安全风险也很高。为了解决这一难题，李凤生教授带领团队在这方面开展了大量的研究。首先分析了引起团聚的原因及防止团聚的机理，随后研究了防止团聚的各种方法，其关键是要控制微纳米氧化剂颗粒的表面特性（如表面能与表面电荷及表面水分，以及环境温度与湿度等）并使之达到平衡。在此基础上对采用 GQF-3 型气流粉碎机制备的微纳米氧化剂进行分散处理，成功实现了微纳米 AP 等氧化剂的高效防团聚。相关技术已在国内多家工厂建成科研生产线，产品性能稳定、储存效果良好。

　　总体来说，目前国内外已基于气流粉碎技术，实现了 AP 等氧化剂的批量化粉碎制备，如对于平均粒度为 8~13μm 和平均粒度为 5~8μm 的超细 AP、超细硝酸铵等产品已获得大批量粉碎制备，并且粉碎产品已在固体推进剂中获得大规模实际应用。对于这种粒度较大的微米级氧化剂产品，既有采用流化床气流粉碎技术的生产单位，也有采用扁平式气流粉碎技术的生产单位。近年来，连续、均匀、稳定批量化加料技术及设备逐渐研制成功，这使得扁平式气流粉碎技术在氧化剂微纳米化制备方面的优势也越来越凸显。尤其是对于粒度小于 5μm、粒度分布更窄的 AP 等氧化剂的粉碎需求，扁平式气流粉碎技术更比流化床式气流粉碎技术具有更大的优势。随着新型高燃速固体推进剂及高性能燃料-空气炸药与温压炸药等火炸药产品的发展进步，对粒度更小的微纳米 AP 等氧化剂需求也更加迫切。对于传统的扁平式气流粉碎技术设备，虽然能够制备出平均粒度小于 5μm 的氧化剂产品，但其生产能力仍然难以满足当前火炸药产品的大量需求。因此，必须开展新型扁平式气流粉碎技术的研发与应用研究。

参 考 文 献

[1] 李凤生. 超细粉体技术 [M]. 北京：国防工业出版社，2000.

[2] 刘杰，李凤生. 微纳米含能材料科学与技术 [M]. 北京：科学出版社，2020.

[3] 李凤生，刘宏英，陈静，等. 微纳米粉体技术理论基础 [M]. 北京：科学出版社，2010.

[4] 李凤生. 特种超细粉体制备技术及应用 [M]. 北京：国防工业出版社，2002.

[5] 杨宗志. 超微气流粉碎（原理、设备和应用）[M]. 北京：化学工业出版社，1988.

[6] 张军，刘建国，王宾. 粉体加工中气流粉碎技术的研究进展 [J]. 现代矿业，2020，36（11）：96-102，108.

[7] 孟宪红，宋守志，徐小荷. 关于气流粉碎基础理论研究进展 [J]. 国外金属矿选矿，1996（5）：50-54.

[8] 李凤生，刘宏英，刘雪东，等. 微纳米粉体制备与改性设备 [M]. 北京：国防工业出版社，2004.

[9] 尚兴隆. 对喷式流化床气流粉碎与分级性能研究 [D]. 大连：大连理工大学，2014.

[10] 刘宏英，杨毅，李凤生. 超细粉碎过程中噪声控制的研究 [J]. 噪声与振动控制，2004（3）：26-28.

[11] ESKIN D, VOROPAYEV S, VASILKOV O. Simulation of jet milling [J]. Powder Technology, 1999, 105 (1-3): 257-265.

[12] VOROPAYEV S, ESKIN D. Optimal particle acceleration in a jet mill nozzle [J]. Minerals Engineering, 2002, 15 (6): 447-449.

[13] 陈海焱. 流化床气流粉碎分级技术的研究与应用 [D]. 成都：四川大学，2007.

[14] ESKIN D, VOROPAYEV S. Engineering estimations of opposed jet milling efficiency [J]. Minerals Engineering, 2001, 14 (10): 1161-1175.

[15] 马银亮. 高浓度气固两相流的数值模拟研究 [D]. 杭州：浙江大学，2001.

[16] 褚开维. 流化床中气固两相相互作用行为的数值模拟 [D]. 西安：西安建筑科技大学，2001.

［17］丁新民．对喷式流化床气流粉碎机气固两相流耦合研究［D］．成都：成都理工大学，2020．

［18］LEVY A, KALMAN H. Numerical study of particle motion in jet milling［J］. Particulate Science and Technology, 2007, 25（2）：197-204.

［19］WANG Y M, PENG F. Dry Comminution of silicon carbide particles in a fluidized bed opposed jetmill: kinetics of batch grinding［J］. Particulate Science and Technology, 2010, 28（6）：566-580.

［20］RAJESWARI M S R, AZIZLI K A M, HASHIM S F S, et al. CFD simulation and experimental analysis of flow dynamics and grinding performance of opposed fluidizedbed air jet mill［J］. International Journal of Mineral Processing, 2011, 98（1-2）：94-105.

［21］崔岩．气流粉碎过程的破碎理论研究及计算机仿真系统开发［D］．上海：华东理工大学，2011．

［22］崔岩，孙观，何宏骏．气流粉碎过程的混沌控制及仿真［M］．上海：复旦大学出版社，2019．

［23］张克，张敬维，王洪有．扁平式气流粉碎机制备超细粉体的研究［J］．化工机械，1996（1）：1-6，61．

［24］肖正强，蔡力创，欧阳克氙，等．流化床气流磨的发展及研究现状［J］．江西科学，2011，29（5）：635-639．

［25］朱晓峰，王强，蔡冬梅．流化床式气流磨关键技术及其进展［J］．中国粉体技术，2005（6）：42-44．

［26］陈海焱，张明星，颜翠平．流化床气流粉碎中持料量的控制［J］．煤炭学报，2009，34（3）：390-393．

［27］张林．超微气流粉碎喷嘴设计关键参数的研究［J］．煤炭技术，2009，28（2）：170-171．

［28］金振中，崔岩，金镛国，等．流化床式气流粉碎机中喷嘴径向位置对粉碎性能的影响［J］．矿山机械，2008，36（3）：80-83．

［29］VEGT O D, VROMANS H, PRIES W, et al. The effect of crystal imperfections on particle fracture behaviour［J］. International Journal of Pharmaceutics, 2006, 317（1）：47-53.

［30］王成端，王永强．超微气流粉碎设备动态参数研究［J］．中国非金属矿工业导刊，2003（4）：65-67，80．

［31］卓震，刘雪东，黄宇新．超细气流粉碎-分级系统中压力参数的研究［J］．流体机械，1999（6）：26-29．

[32] 王三泰. 德国 OHL MANN 气流磨的基本原理及配置 [J]. 硫磷设计与粉体工程, 2001 (1): 45-49, 0.

[33] 陈海焱, 陈文梅. 超细粉颗粒形貌控制技术的研究 [J]. 金刚石与磨料磨具工程, 2003 (4): 65-68.

[34] 盖国胜. 超细粉碎分级技术——理论研究·工艺设计·生产应用 [M]. 北京: 中国轻工业出版社, 2000.

[35] 俞建峰, 夏晓露. 超细粉体制备技术 [M]. 北京: 中国轻工业出版社, 2020.

[36] 徐政, 卢寿慈. 转子型超细分级机数值模拟研究 [J]. 中国粉体技术, 2000, 6 (10): 32-37.

[37] 蒋士忠, 葛晓陵, 王家贤. 卧式涡轮分级机气流场研究 [J]. 非金属矿, 1999, 22 (3): 36-38.

[38] 孙国刚, 任智, 时铭显. 涡轮气流分级机的流场测量与分级粒径计算 [J]. 化工冶金增刊, 1999, 20: 287-293.

[39] BOSMA J C, HOFFMANN A C. On the capacity of continuous powder classification in a gas-fluidized bed with horizontal sieve-like baffles [J]. Powder Technology, 2003, 134 (1-2): 1-15.

[40] 石学礼, 吕美卿. QON 型循环管式气流粉碎机 [J]. 上海化工, 1995 (2): 10-13.

[41] 苏偲禹. 气流粉碎对粉体物性的影响及破碎机理研究 [D]. 大连: 大连理工大学, 2020.

[42] 许珂敬. 粉体工程学 [M]. 东营: 中国石油大学出版社, 2010.

[43] 王明礼, 胡永强. 超细粉碎技术的研究与应用 [J], 青海科技, 1996, 3 (3): 19-21.

[44] 郑水林. 超细粉碎工艺设计与设备手册 [M]. 北京: 中国建材工业出版社, 2002.

[45] 郑水林. 超细粉碎工程 [M]. 北京: 中国建材工业出版社, 2006.

[46] 张根旺. 超细粉碎设备及其应用 [M]. 北京: 冶金工业出版社, 2005.

[47] 何枫, 谢峻石, 杨京龙. 喷嘴内部流道型线对射流流场的影响 [J]. 应用力学学报, 2001 (4): 114-119, 160.

[48] 刘东升, 李凤生, 宋洪昌, 等. 气流粉碎过程中激波的产生、影响及防止研究 [J]. 化工学报, 1997, 48 (2): 208-213.

[49] 罗付生, 顾志明, 邓国栋, 等. 超细粉碎及表面改性新技术 [J]. 新

技术新工艺, 2001 (8): 46-48.

[50] NYKAMP G, CARSTENSEN U, MULLER B W. Jet milling-a new technique for microparticle preparation [J]. International Journal of Pharmaceutics, 2002, 242 (1-2): 79-86.

[51] PALANIANDY S, AZIZLI K A M, HUSSIN H, et al. Mechanochemistry of silica on jet milling [J]. Journal of Materials Processing Technology, 2008, 205 (1-3): 119-127.

[52] SUN H, HOHL B, CAO Y, et al. Jet mill grinding of portland cement, limestone, and fly ash: Impact on particle size, hydration rate, and strength [J]. Cement and Concrete Composites, 2013, 44 (11): 41-49.

[53] BENTHAM A C, KWAN C C, BOEREFIJN R, et al. Fluidised-bed jet milling of pharmaceutical powders [J]. Powder Technology, 2004, 141 (3): 233-238.

[54] 李凤生, 宋洪昌, 刘宏英. 气流粉碎过程中的静电问题 [J]. 化工进展, 1995 (2): 13-15.

[55] 刘宏英, 李春俊, 李凤生. 易燃易爆材料超细粉碎技术及设备研究新进展 [J]. 爆破器材, 1999 (2): 27-31.

[56] 邓国栋, 刘宏英. 超细高氯酸铵粉体制备研究 [J]. 爆破器材, 2009, 38 (1): 5-7.

[57] 吴飞. 高燃速推进剂用钝感超细高氯酸铵的制备及性能研究 [D]. 南京: 南京理工大学, 2016.

[58] 李广超. 基于气流粉碎法的钝感超细类球形高氯酸铵的制备及性能研究 [D]. 南京: 南京理工大学, 2018.

[59] 施金秋, 邓国栋, 汪庆华, 等. 微米级硝酸钾粉体的制备及防结块研究 [J]. 爆破器材, 2016, 45 (2): 38-42.

第 5 章　新型粉碎与分级力场的
气流粉碎技术及应用

5.1　新型气流粉碎技术研究背景

5.1.1　传统气流粉碎技术在微纳米氧化剂制备方面存在的瓶颈

随着高燃速固体推进剂与燃料-空气炸药及温压炸药等火炸药产品对粒度更小（如小于 $3\mu m$）的微纳米 AP 等氧化剂的需求量增大，就要求进一步减小微纳米氧化剂的粒度并提高其制备能力。虽然传统的扁平式气流粉碎设备能够实现平均粒度为 $3\sim5\mu m$ 的 AP 等氧化剂的批量化生产，但是，对于粒度 d_{50} 在 $1\sim3\mu m$ 或更小的 AP 产品，传统扁平式气流粉碎技术及设备，已无法满足安全、高效、大批量制备的迫切需求[1-2]。这是因为，采用气流粉碎技术对 AP 等氧化剂进行微纳米化处理时，一旦设备设计或操作不当，粉碎过程中的静电、硬性冲击与摩擦等因素将可能引发燃烧或爆炸风险。随着 AP 等氧化剂的粒度减小，其本身的感度随之升高，粉碎过程的安全风险也会增大。然而，为了实现粒度更小的氧化剂的气流粉碎制备，就必须施加更强的力场（能量），在气流粉碎过程中表现为更强烈的冲击、摩擦、剪切等作用，以及更高流速、更大流量的气流所引起的体系中更强、更多的静电，这又反过来使得粒度更小、感度更高的氧化剂更容易发生热分解进而引起燃爆安全风险。另外，粉碎产能放大后，AP 等氧化剂的微纳米化处理过程的物料在制量随之增大，处理过程所需的辅助设施设备的运转频率也会增大，如阀门的开启、闭合将更加频繁，所形成的摩擦、挤压等不利机械刺激也会增多、增大，进而又导致安全风险提高。

若采取在普通小型、小批量生产的气流粉碎设备基础上增加设备数量的方式，以此来满足提高产量需求，则势必带来工房面积增大、操作人员增多、辅助成本大幅度提高等问题。并且，不同设备所生产的产品，其粒度等质量指标可能会不一致，进而影响微纳米氧化剂的应用效果。因此，为了能够实现粒度更小的 AP 等氧化剂的大批量工业化生产，就必须提升气流粉碎机制备小于 $3\mu m$ 的 AP 等氧化剂的能力，使之能够在同等工房面积或同等能耗条件下，使产能提高 3 倍甚至更高。这就对气流粉碎设备及工艺技术的放大带来了严峻的挑战,因为放大后涉及安全与产品质量问题,需精心设计、谨慎解决。

如果仅仅在现有技术及设备基础上,对粉碎设备的尺寸进行几何相似放大,随之而来所需的工房尺寸、配套设施设备、能耗等都将大幅度提高,并且试验及生产过程中的安全风险也将大大提高,这制约了普通类型放大设备的实际应用,使得小于 3μm 的 AP 等氧化剂无法实现大批量生产。更为重要的是,对氧化剂进行微纳米化粉碎时,每种气流粉碎设备的产能及其对应的粒度与粒度分布等指标都有一最优控制区间,不能一味地通过对设备尺寸进行几何放大来达到产能放大的目的。因为这样通常都会随着产能放大而引起产品粒度变大、粒度分布变宽、颗粒球形度降低等问题。这极大地制约了采用气流粉碎技术制备粒度更小的氧化剂及其产能的扩大。因此,要达到粒度更小的氧化剂($d_{50} = 1 \sim 3 \mu m$)的制备能力提高,从而实现大批量可控制备,就必须要研究新型的气流粉碎技术及设备。

在传统扁平式气流粉碎机内,被粉碎的氧化剂物料在高速气流所产生强烈的冲击、摩擦、剪切、磨削等粉碎力场作用下逐步细化,同时在高速旋转的气流场所形成的离心力与向心力场的综合作用下,实现粗细颗粒自动分级。粗颗粒被甩向粉碎室周边留在粉碎室内,沿粉碎室周边内壁高速旋转冲击、摩擦、剪切、磨削而被继续粉碎,细颗粒随气流向粉碎室中心运动至排气口而排出,从而达到粗细颗粒自动分级的目的。基于传统扁平式气流粉碎设备,或传统改进型扁平式气流粉碎设备(如 GQF-3 型气流粉碎设备),在解决了静电、刚性冲击与摩擦等引发的安全问题的基础上,仍然不能够实现小于 3μm 的 AP 等氧化剂大批量制备,其原因在于:被高速旋转的离心力场甩至粉碎室周边内壁的粗颗粒氧化剂,需在粉碎室内反复冲击、摩擦、剪切、磨削,才能被细化至合格的粒度范围。随着所需求的目标氧化剂产品的粒度减小,粗颗粒沿粉碎室内壁做旋转运动并经粉碎细化的时间将会延长,粉碎室内的粗颗粒会进一步增多,引起沉积在粉碎室周边的粗颗粒氧化剂增多,进而使得粗颗粒氧化剂的运动阻力增大,粉碎效果降低。在这种情况下,若仍然继续加料,甚至为了提高产能还进一步提高加料速度,则势必会引起粉碎室内粗颗粒浓度进一步提高,使分级效果降低。这就会导致粗颗粒氧化剂进入细颗粒分级区的概率增大、数量增多,并随细颗粒氧化剂一起从出料管排出,从而使得产品粒度增大、粒度分布变宽,进而无法实现粒度更小的 AP 等氧化剂的大批量制备。例如对于 GQF-3 型气流粉碎设备,虽然能够制备出平均粒度为 $1 \sim 3 \mu m$ 的 AP,但制备能力较小(5~10kg/h),不能满足大批量制备的迫切需求。

5.1.2　氧化剂新型微纳米化气流粉碎技术的设计

为了进一步提升扁平式气流粉碎设备生产粒度小于 3μm 的 AP 等氧化剂

的能力，针对气流粉碎过程的物料运动规律与破碎规律及设备放大设计，李凤生教授带领的团队开展了系统深入的研究工作。首先针对气流粉碎过程进行了模拟仿真研究，然后设计出具有不同类型特殊结构的气流粉碎设备，并用于氧化剂微纳米化试制，之后结合仿真设计与试验验证结果，优化气流粉碎设备结构，并进行设备放大设计。在设计与验证相结合并逐级放大的过程中，掌握气流粉碎设备结构及工艺参数对氧化剂微纳米化效果（如粒度、产量）的影响规律，最后提出了新型气流粉碎的基本原理并建立了相应的设备体系。

首先基于 FLUENT 等软件，采用计算流体力学与计算结构动力学相耦合的方法，完成了超声速气流粉碎过程的数值模拟。通过对粉碎室内气流流场进行模拟仿真研究，得到了粉碎室内气流压力、流速等的分布规律，如图 5-1~图 5-3 所示。

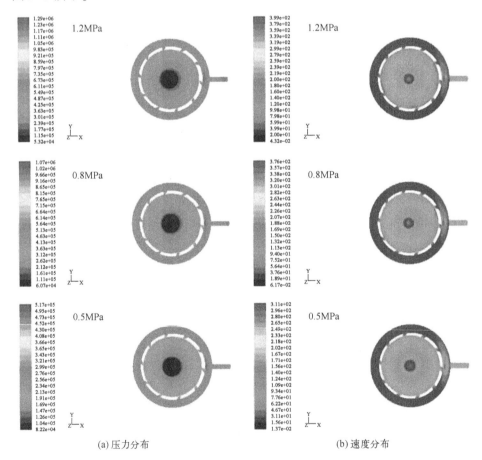

(a) 压力分布　　　　　　　　　　　　　　　　(b) 速度分布

图 5-1　不同压力下入口水平面压力分布和速度分布（见彩插）

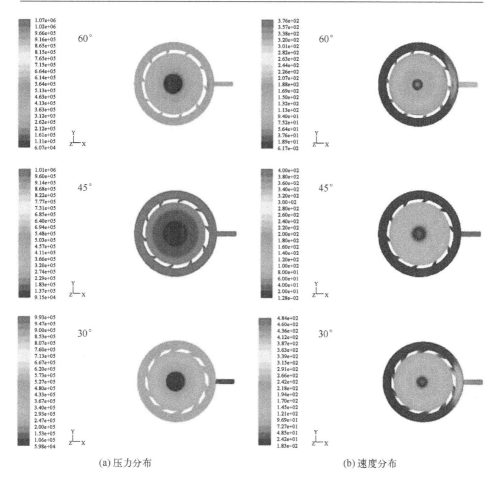

(a) 压力分布　　　　　　　　　　　　　　(b) 速度分布

图 5-2　不同入射角时入口水平面压力分布和速度分布（见彩插）

　　在上述模拟仿真研究的基础上，设计出新型气流粉碎腔体结构及粉碎力场与物料流场，进一步研制出相应的气流粉碎设备，并对 AP 等氧化剂开展粉碎试验验证。提出了实现气流粉碎设备产能与产品质量提升的基本设计思路，即通过特殊的结构设计，使氧化剂颗粒在有限的粉碎室内受到多重精确力场作用而获得显著加速，产生更强的粉碎力场和分级力场，实现高效粉碎和精确分级，进而使 AP 等氧化剂在大批量微纳米化制备时的产品粒度进一步减小、粒度分布变窄，从而大幅度提升小于 $3\mu m$ 的微纳米氧化剂的制备能力，并进一步提出了基于新型加速力场的气流粉碎技术。

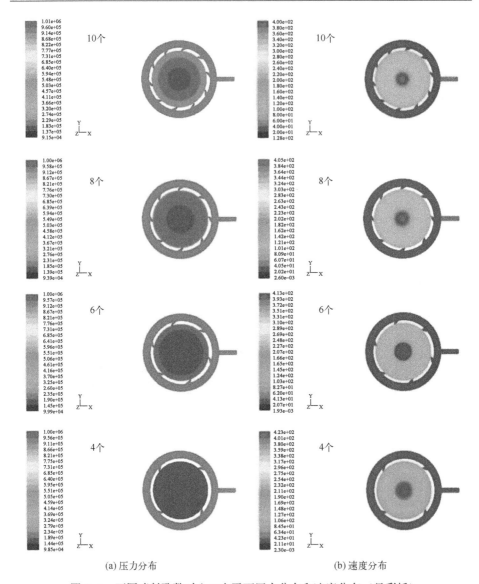

(a) 压力分布　　　　　　　　　　　　　　　(b) 速度分布

图 5-3　不同喷射孔数时入口水平面压力分布和速度分布（见彩插）

5.2　新型粉碎与分级力场的气流粉碎技术分类及基本原理

　　新型粉碎与分级力场的气流粉碎技术设计，其核心宗旨在于使物料颗粒在气流粉碎室内受到多重力场耦合作用，产生显著的加速效应，实现大幅度提高物料颗粒的运动速度，从而大大提高物料的粉碎效果与微纳米颗粒分级效果，达到进一步减小产品粒度并显著提高粉碎产能的理想效果。南京理工大学国家特种超细粉体工程技术研究中心李凤生教授带领团队从粉碎原理、粉碎流场、粉碎力场与分级力场等多方面开展了大量深入、细致、系统的研究。目前，已研发出多种新型气流粉碎技术，其提高粉碎与分级效果的原理主要包括四大方面：①改善粉碎流场提高粉碎与分级效果；②多级粉碎力场联用提高粉碎与分级效果；③改善粉碎流场和增强粉碎力场，协同提高粉碎与分级效果；④多级引射耦合加速，提高粉碎与分级效果。

5.2.1　改善粉碎流场提高粉碎与分级效果

改善粉碎流场提高粉碎与分级效果的气流粉碎技术，其原理在于：优化粉碎腔体结构，如设计新型异形粉碎腔体结构，以改善粉碎室内气流与物料的流场，进而提高粉碎与分级效果。基于这种研究思路，在 GQF-3 型气流粉碎设备的基础上，对粉碎腔体结构、喷嘴结构、设备材质、粉碎工艺参数等进行优化，研制出不同类型的异形粉碎腔体，并结合 AP 开展粉碎试验，结果表明：采用异形曲面粉碎腔体对 AP 进行粉碎，具有较好的粉碎效果与分级效果。典型的异形曲面粉碎腔体如图 5-4 所示。

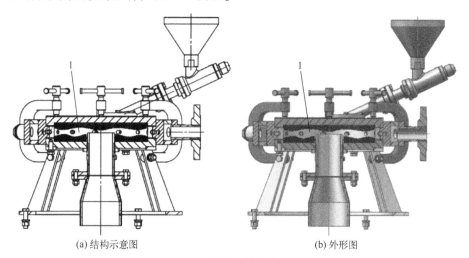

(a) 结构示意图　　　　　　　　　　(b) 外形图

1—异形曲面粉碎腔。

图 5-4　异形曲面粉碎腔体结构示意图

这种结构的粉碎腔体之所以有较好的粉碎与分级效果，关键是因为粉碎室内流场被改善，粉碎室内凸起位置阻止了大颗粒随气流向中心运动，使大颗粒局限于粉碎室外圈凹形环状带区域。只有当颗粒粉碎至一定粒度后，才能随气流翻越粉碎室内的凸起环形带进入中心区。若粉碎室内有多圈凸起环形带，则相当于粉碎室内有多级环形粉碎区，每个区域带内的产品粒度都不相同，中心圈内产品较外圈内产品细，最中心部分的产品最细，而且分布很窄。对于这种异形粉碎腔体，被粉碎物料在粉碎室内的运动状态及分布情况如图 5-5 所示。

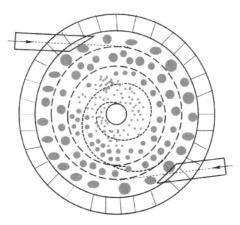

图 5-5　异形曲面粉碎室内被粉碎物料的运动及分布状态

　　虽然采用这种异形曲面结构粉碎腔体能够获得较细且分布较窄的产品，能够使平均粒度在 2~3μm 的 AP 产品的产能有所提高，但增幅有限（仅 3~5kg/h），依然无法满足粒度小于 3μm 的 AP 产品大批量生产的需求。这是因为，这种异形粉碎腔体的设计，虽然优化了分级力场，提高了分级效果，但其对粉碎力场的提升效果有限，从而不能使粒度较小的 AP 等氧化剂的制备能力获得显著提高。并且这种异形粉碎腔体设计复杂，加工难度很大，要求流场设计与曲面结构形状必须匹配，否则会造成粉碎室内流场混乱，反而使粉碎效果变差。另外，加料速率必须非常均匀、稳定，若有波动将会严重影响产品的粒度和粒度分布以及形貌。

　　如上所述，仅仅通过设计异形粉碎腔体结构，优化扁平式气流粉碎机内的流场，仍然无法满足 d_{50} 在 1~3μm 的 AP 等氧化剂大批量制备的迫切需求。因此，还需设计创新气流粉碎设备的粉碎腔体结构及与之对应的气流场与物料运动场和粉碎力场，使氧化剂颗粒在粉碎室内产生更高的运动速度，并进一步受到更强、更均匀可控的粉碎力场及精确分级力场作用，才能使气流粉碎制备的氧化剂产品的粒度进一步降低、粒度分布更加均匀、产能大幅度提高。

5.2.2　多级粉碎力场联用提高粉碎与分级效果

　　多级粉碎力场联用提高粉碎与分级效果的气流粉碎技术，其原理在于：一方面，设计粗颗粒物料高速喷射流场，使 AP 等氧化剂在加料喷嘴内受到强加速作用产生冲刷与磨削粉碎，并以高速喷射进入粉碎室内，与随高速气流做旋转运动的粗颗粒及粉碎腔体内壁发生强烈冲击、摩擦、剪切等作用，使进入粉碎室内的粗颗粒物料迅速高效细化。从而解决传统扁平式气流粉碎设备内由于粗颗粒物料来不及粉碎细化，只能沿粉碎室周边内壁沉积，并越积越多，进而引起的产品中混入粗颗粒及粒度分布变宽等问题。另一方面，优化设计粉碎室内出料管结构，从而使分级区内的流场优化，提升分级区内的气流旋转运动速度，并延长继续粉碎与分级的旋转停留时间，进而强化分级力场，使分级精度提高。通过这种高速喷射与强化分级耦合设计，能够获得粒度更小的 AP 等氧化剂产品，并使其从粉碎室内及时、高效地分离出来，进而提升小于 $3\mu m$ 的 AP 等氧化剂产品的制备能力。

需要特别指出的是，这种高速喷射加料喷嘴的安装角度需精心设计，出料管直径与高度也需精心设计，使它们与粉碎室内的流场相匹配，避免引起粉碎室内高速旋转的流场紊乱。通常，高速喷射的加料喷嘴应确保粗颗粒物料的初步撞击粉碎区在粉碎室内部外侧靠近边壁的区域；出料管的直径设计应确保系统背压在合适范围；出料管的高度设计应结合微纳米颗粒在分级区内的运动速度和在气流中的沉降速度，根据目标产品的粒度指标要求加以优化。

在上述设计原理基础上，基于 GQF-3 型扁平式气流粉碎设备，通过对粉碎腔体结构、喷嘴结构、设备材质、粉碎工艺参数等进行优化，研究发明了 GQF-3plus 型多级流能扁平式气流粉碎设备，其主机结构模型如图 5-6 所示。

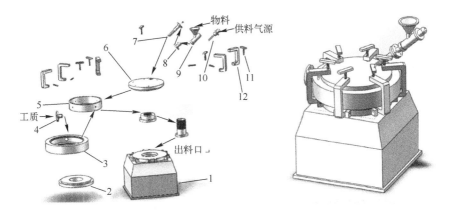

1—基座；2—下盖；3—座圈；4—上盖；5—中圈；6—上盖；7—进料管；
8—进料接管；9—加料斗；10—进料气入口；11—上盖固定卡扣；12—支撑耳。

图 5-6　GQF-3plus 型气流粉碎设备主机结构模型

　　这种新型的设备具有高速喷射和强化分级耦合效应，能够使物料在粉碎室内产生高速冲刷粗粉碎、高速对撞细粉碎、高速磨削微纳米化粉碎，并实现高精度分级。通过引入高效消除静电与积热的措施，以及能量精确输入与及时输出的平衡与有效控制措施，实现 AP、高氯酸钾、硝酸铵等氧化剂安全、批量微纳米化制备。这种新型的气流粉碎设备的工作原理及物料粉碎过程如图5-7和图5-8所示。

图5-7　高速喷射与强化分级耦合气流粉碎原理示意图（见彩插）

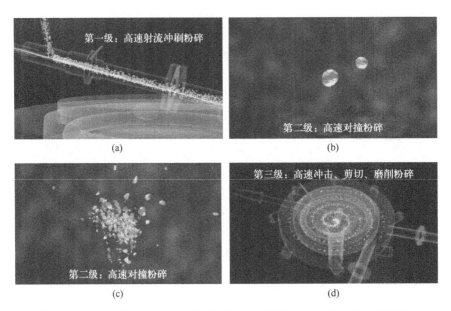

图5-8　高速喷射与强化分级耦合微纳米化气流粉碎过程示意图（见彩插）

采用 GQF-3plus 型气流粉碎设备，能够实现平均粒度小于 3μm 的 AP 微粉高效制备，生产能力达 15kg/h 以上，并且这种粉碎设备占地面积小、拆卸与清洗方便、操作简单，并且连续化、柔性化制备能力强。通过调节粉碎气流压力、物料进料速率、粉碎气体温度等工艺技术参数，还可制备得到微纳米级别的高氯酸钾、高氯酸钠、高氯酸锂、硝酸钾、硝酸铵、氯酸钾等，实现了平均粒度 0.5~3μm 可控可调。与 GQF-3 型传统改进式气流粉碎设备相比，采用具有高速喷射与强化分级耦合效应的 GQF-3plus 型气流粉碎设备制备小于 3μm 的 AP 等氧化剂时，在同等能耗条件下产能提高 50% 以上，并且还能实现类球形微纳米氧化剂的制备。这种粉碎技术及设备已在国内相关单位实施应用，并建成了微纳米 AP 生产线，实现批量化生产，运行多年从未发生安全事故和产品质量问题。

5.2.3　改善粉碎流场和增强粉碎力场，协同提高粉碎与分级效果

改善粉碎流场和增强粉碎力场，协同提高粉碎与分级效果的气流粉碎技术，其原理在于：一方面，针对传统扁平式气流粉碎技术喷嘴数量较少（通常是 6~12 个），且喷嘴轴线布置在同一水平面所引起的气流场发散较大、颗粒加速效果较差的问题，创新设计将喷嘴布置在不同平面，使喷嘴所形成的射流粉碎力场与分级力场在粉碎室内更强烈且分布更均匀，并避免粉碎室内上下边界层的粉碎"盲区"，从而提高对物料颗粒的粉碎效果，有效减少或消除分级区上下边界层中的粗颗粒，以及避免粉碎室内底部的粗颗粒堆积。另一方面，优化设计喷嘴结构，将较小数量、较大尺寸的喷嘴布置模式，设计为较多数量、较小尺寸的喷嘴布置模式，从而减少单个喷嘴的喷射气流场发散程度，使粉碎室内喷射气流的势心带总宽度尽可能增大。在这些创新设计下，使 AP 等氧化剂颗粒产生显著的加速效应，从而增强粉碎室内的粉碎力场与分级力场，提升整个粉碎室内的粉碎力场强度及分级精度，达到提升 AP 等氧化剂微纳米化气流粉碎制备能力的目的。

通过对粉碎腔体四周进气喷嘴的排列位置、个数、喷嘴的结构形状及尺寸等因素进行优化设计，并研究其对粉碎效果的影响，结果表明，在一定结构条件下，四周进气喷嘴排成多排比单排的粉碎效果好，这种结构的优势对于大尺寸扁平式气流粉碎机来说十分明显。另外，这种多级射流粉碎场耦合加速气流粉碎技术，还能够有效地防止黏性物料的黏壁现象。必须重视的是，多排喷嘴的安装、排列十分讲究，要求也十分严格，必须合理设计布置，否则将会使粉碎室内形成紊流，影响粉碎效果。在 GQF-3 型气流粉碎设备基础上，研制出了 GQF-5plus 型多级射流耦合加速气流粉碎设备。采用这种新型的气流粉碎

设备对 AP 进行批量微纳米化（$d_{50} = 1 \sim 3\mu m$）粉碎，不仅粒度分布更窄，而且粉碎产能比同等能耗的 GQF-3 型气流粉碎设备提高 80% 以上。这种气流粉碎设备的结构如图 5-9 和图 5-10 所示。

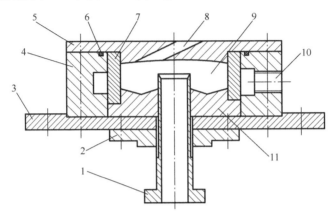

1—出料管；2—固定盘；3—底板；4—气体分配室；5—上盖；6—密封圈；
7—内磨环；8—进料口；9—粉碎室；10—粉碎进气口；11—下部内衬。

图 5-9　GQF-5plus 型气流粉碎主机粉碎腔体结构示意图

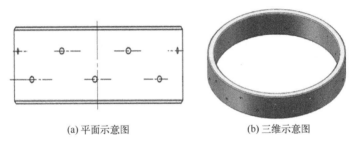

(a) 平面示意图　　　　　　　　(b) 三维示意图

图 5-10　GQF-5plus 型气流粉碎设备内磨环的喷射孔布置示意图

　　这种气流粉碎设备的主机粉碎腔体结构，主要包括气体分配室、上盖、内磨环（喷嘴布置环）、下部内衬以及出料管等，设备的关键在于内磨环结构设计及粉碎腔体总体设计。

　　通过相关分析研究表明，采用 GQF-5plus 型多级射流耦合加速气流粉碎技术及设备，不仅能够批量化（大于 20kg/h）制备出平均粒度在 $1 \sim 3\mu m$ 的氧化剂（如 AP），还能够制备出类球形微纳米氧化剂，使其平均粒度控制在 $2 \sim 3\mu m$、产量达 10kg/h 以上。所制备的类球形微纳米 AP，具有吸湿性小，不易团聚结块，摩擦感度和撞击感度显著降低等优势，在高燃速固体推进剂与燃料-空气炸药及温压炸药等火炸药产品中具有良好的应用前景。

5.2.4　多级引射耦合加速提高粉碎与分级效果

多级引射耦合加速提高粉碎与分级效果的气流粉碎技术，其原理在于：一方面，在粉碎腔体气体分配环上设计与喷嘴轴线呈一定角度的引射加速通道，该通道内能够在高速喷射气流的作用下形成一定的吸引力，使被离心力分离甩至粉碎室周边内壁的粗颗粒物料被吸进该加速通道内，在设计的特殊喷嘴所产生的超高速气流裹挟下，随气流喷出而被引射加速，以更高速度（可达超声速）冲入粉碎室；与从加料喷嘴进入并被高速引射加速的粗颗粒、在粉碎室内高速旋转运动的粗颗粒以及粉碎腔体内壁，产生更加强烈的冲击、剪切、摩擦、磨削等相互作用，使粗颗粒氧化剂被快速、高效细化，进而提高粉碎效率。这避免了传统扁平式气流粉碎设备在工作时，粗颗粒被高速旋转的离心力场甩至粉碎室周边后，由于此时气流的流速与动能所限，导致粉碎力场的粉碎强度受限而无法及时细化沿粉碎室周边旋转的粗颗粒，使得粉碎室内粗颗粒越积越多，引起粉碎室内粗颗粒浓度越来越大，进而使得粗颗粒逃逸进入粉碎成品中，导致粒度变大、粒度分布变宽、产能无法提高等问题。

另一方面，设计异形连续弧面粉碎腔体，这不仅使粉碎区内工质和物料的浓度变大，使工质的流速变大且物料颗粒相互碰撞的概率变大，强化了粉碎过程，而且使氧化剂颗粒在从粉碎室边壁向出料管运动的过程中，气固两相流中的微细颗粒浓度连续减小，从而提高了分级精度。研究人员针对普通出料管通常是圆柱形所引起的物料在设备内的停留时间较短、所形成的离心力场较小的问题，设计了中间小、两端大的弧面型出料管道，使物料颗粒在粉碎室内形成更大的离心力场，进而提高自动分级精度，使产品粒度更细，并且也通过设计圆锥形盖板，引导气流向出料口流动，避免流场紊乱。另外，圆弧面的出料管设计，引导气流反向冲击出料管附近的上下内壁边界层，使粗颗粒物料及时进入粉碎区内，实现高效、快速粉碎，防止粗颗粒物料随气流进入出料管而使得产品粒度分布变宽。

在这种特殊的多级引射耦合加速力场作用下，物料能够及时快速被粉碎，通过控制粉碎压力、进料速度、进料压力等工艺参数，可实现 AP 等氧化剂安全、高效、大批量微纳米化（$d_{50} = 1 \sim 3\mu m$）气流粉碎制备。基于这种原理的 GQF-10plus 型和 GQF-20plus 型气流粉碎设备的结构分别如图 5-11 和图 5-12 所示。

这种新型的气流粉碎设备，主要包括加料口、加料喷嘴、外腔体、耐磨内腔体、二次加速通道、粉碎喷嘴、出料管、锥形压盖等，关键在于对二次加速通道的设计与异形连续弧面粉碎腔体的设计，以及出料结构的设计，进而控制

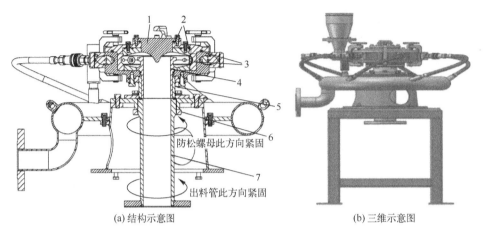

防松螺母此方向紧固

出料管此方向紧固

(a) 结构示意图　　　　　　　　　　　　　　(b) 三维示意图

1—凸台；2—上盖及内衬；3—中圈及内衬；4—下腔体内衬；5—出料管；6—紧固螺母；7—出料延长管。

图 5-11　GQF-10plus 型气流粉碎设备基本结构示意图

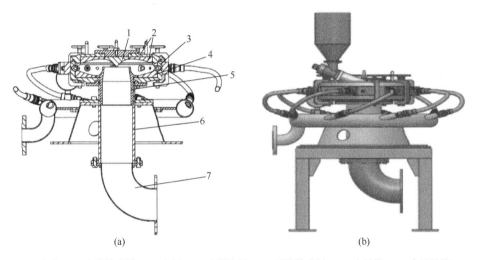

(a)　　　　　　　　　　　　　　　　　(b)

1—凸台；2—上盖及内衬；3—中圈；4—中圈内衬；5—下腔体内衬；6—出料管；7—出料导管。

图 5-12　GQF-20plus 型气流粉碎设备基本结构示意图

气流及物料的流动场和与之对应的加速力场，实现多级引射耦合加速效应。

　　这种新型气流粉碎设备的结构设计，既能够使初步破碎的粗颗粒物料得到加速后再次进入气体流场中，以更高的速度产生更强的冲击、摩擦、剪切等粉碎作用，提高粉碎效率，又能够显著增大粉碎室内的离心力场，使自动化分级的精度更高，进而可以得到粒度更小、分布更窄的微纳米产品。另外，还能防止物料黏附在粉碎腔体内壁，可适用于对黏性物料进行粉碎，物料兼容性强、粉碎效果好。

在多级引射耦合加速气流粉碎原理基础上研制出的新型气流粉碎设备,在保证粉碎室内及时快速消除积热与静电,并避免机械摩擦和撞击所引发的安全隐患等安全设计基础上,通过使物料颗粒在不同的流动场中以不同的方式获得加速,从而实现粉碎产品的粒度更小、分布更窄、产能更大,产品质量稳定性进一步提高。

这种新型气流粉碎设备结构简洁紧凑、占地面积小、操作简单、维护方便,并已在相关单位建成了微纳米 AP 大批量连续生产线,经实际应用验证表明:与同等体积、同等能耗的 GQF-3 型气流粉碎设备相比,对于粒度 d_{50} 在 1~3μm 的 AP 产品,具有多级引射耦合加速效应的 GQF-10plus 型气流粉碎设备的产能提高 3 倍以上,并且产品的粒度分布更窄。例如采用 GQF-10plus 型气流粉碎设备对 AP 进行微纳米化粉碎处理,对于粒度 d_{50} 约 2.5μm 的 AP 产品,粉碎产能达 60kg/h 以上。并且所研制出的具有多级引射耦合加速效应的 GQF-20plus 型气流粉碎设备产能进一步提升,对于粒度 d_{50} 约 2.5μm 的 AP 产品,设计产能达 120kg/h 以上;对于粒度 d_{50} 小于 1μm 的亚微米级 AP 产品,设计产能达 25kg/h 以上。

5.3　多级引射耦合加速气流粉碎技术的推广应用进展

上述多级引射耦合加速气流粉碎技术及设备,如 GQF-10plus 型气流粉碎设备,由于操作简便,产品粒度小、粒度分布窄、产能大,过程安全可控等显著优点,已获得工业化应用并产生了优异的应用效果。基于 GQF-10plus 气流粉碎设备的生产现场照片如图 5-13 所示。

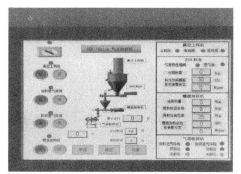

<table>
<tr><td>(a) 现场布置图</td><td>(b) 控制系统操作界面图</td></tr>
</table>

图 5-13　基于 GQF-10plus 气流粉碎设备的生产线现场

采用 GQF-10plus 型扁平式气流粉碎设备,研究了加料速率对 AP 粉碎效果的影响，如图 5-14 所示。

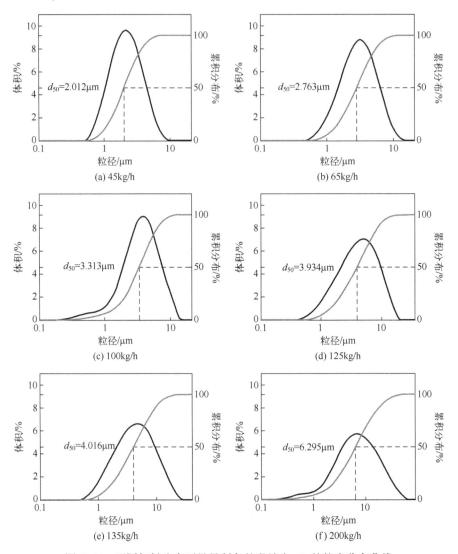

图 5-14　不同加料速率下批量制备的微纳米 AP 的粒度分布曲线

　　由图 5-14 可知，采用 GQF-10plus 型气流粉碎设备对 AP 进行微纳米化处理时，在相同气流压力、相同进料粒度等条件下，随着加料速率增大，粉碎产品的平均粒度增大、粒度分布变宽。相关研究结果也表明，当加料速率、气流压力等保持不变时，随着进料粒度增加，粉碎产品的平均粒度略微增大。需要指出的是，即使当 AP 的进料速率大于 200kg/h 后，产品的平均粒度依然较小

（d_{50} 在 6~7μm），且粒度分布较窄。与传统扁平式气流粉碎设备相比，对于平均粒度在 3~5μm 的 AP 产品，这种新型的气流粉碎技术及设备在同等能耗条件下，产能提高 3~5 倍；与 GQF-3 型气流粉碎设备相比，当能耗相同时，产能提高也达 3 倍。对于平均粒度约 2μm 的 AP 产品，在同等能耗下，GQF-10plus 型气流粉碎设备的产能比 GQF-3 型气流粉碎设备的产能提高 6~8 倍。

　　尤为重要的是，采用这种多级引射耦合加速气流粉碎技术及设备，对 AP 进行微纳米化处理时，不仅能够显著降低 AP 产品的粒度并提高产能，还能够对加料速率的波动（非线性）具有很强的兼容能力，即当喂料速率发生波动变化时，所制备的微纳米 AP 粒度分布仍然很窄，有效避免了粗颗粒所引起的粒度分布曲线拖尾的问题。这在微纳米 AP 等氧化剂大批量工业化生产中具有显著的优势。

　　采用这种新型的气流粉碎技术及设备，在实现一次粉碎即可完成 AP 等氧化剂大批量微纳米化（$d_{50} = 0.5~3\mu m$）制备的同时，还能够实现微纳米 AP 颗粒批量类球形化处理。这就避免了采用传统改进型扁平式气流粉碎机对微细颗粒进行类球形化处理时，需采用较低的气压通过多次对颗粒表面进行气流打磨及整形处理所带来的操作复杂、处理效率低、极易出现物料反喷及架桥、粉碎过程安全风险较大等问题，大大提高了微纳米 AP 的制备效率与产品的质量以及制备过程的安全性。基于这种新型气流粉碎技术及设备所制备的不同粒度级别的微纳米 AP 的 SEM 照片及粒度分布曲线，如图 5-15~图 5-20 所示。

图 5-15　工业粗颗粒原料 AP 的 SEM 照片

　　随着固体推进剂与混合炸药等火炸药产品向高燃速或高爆速方向发展，采用更小粒度的 AP 等氧化剂是行之有效的途径。然而，随着 AP 粒度进一步减

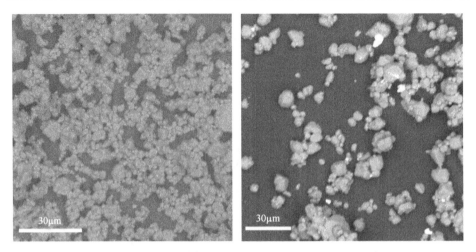

图 5-16　大批量制备的 d_{50} 在 3~5μm 的 AP 的 SEM 照片

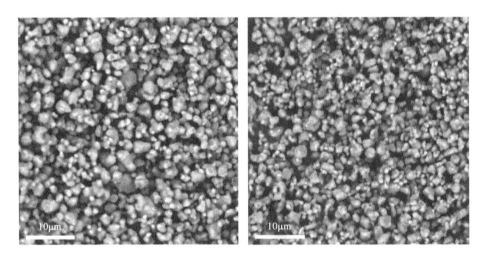

图 5-17　批量制备的 d_{50} 在 1~3μm 的 AP 的 SEM 照片

小，其机械感度也迅速增大，并且吸湿性也明显增强，严重制约了其在高燃速固体推进剂与高性能混合炸药等火炸药产品中的高效应用。因此，降低微纳米AP 的感度和吸湿性并提高其安全性就显得尤为重要。

　　如前所述，将微纳米 AP 等氧化剂球形化处理，是降低其感度与吸湿性、提高综合性能的有效途径。在 GQF-3plus 型、GQF-5plus 型、GQF-10plus 型等基于新型加速力场的气流粉碎设备基础上，通过优化粉碎工艺，改进腔体结构，就能够实现类球形微纳米 AP 的制备。通过对采用这些新型气流粉碎设备制备的类球形微纳米 AP 的形貌、粒度与粒度分布、比表面积、堆积密度、吸

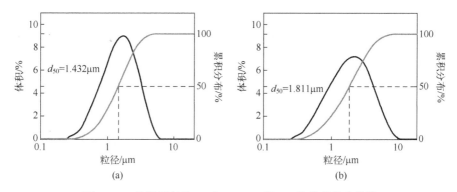

图 5-18　批量制备的 d_{50} 在 1~3μm 的 AP 的粒度分布曲线

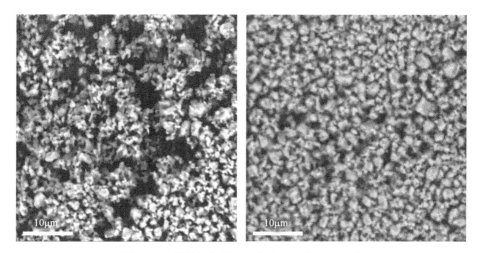

图 5-19　批量制备的亚微米级 AP 的 SEM 照片

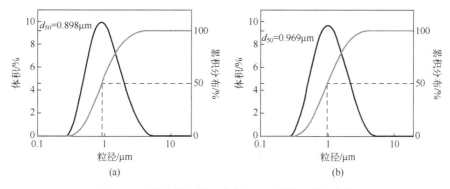

图 5-20　批量制备的亚微米级 AP 的粒度分布曲线

湿性，以及撞击感度和摩擦感度等的研究表明：微纳米 AP 产品的平均粒度在 0.5~10μm 可控、可调，形貌为类球形且纯度高，尤其是对于平均粒度小于 3μm 的 AP，其球形度可达 0.9 以上，且制备能力大，能够满足工业化应用需求。

进一步研究发现，对于粒度小于 3μm 的 AP，采用这些新型气流粉碎设备所制备的产品，不仅比采用传统扁平式气流粉碎技术或传统改进型扁平式气流粉碎技术所制备的产品粒度更小、粒度分布更窄，而且产品颗粒的球形度更高。例如与采用 GQF-3 型改进式气流粉碎设备相比，采用 GQF-10plus 型气流粉碎设备制备的同等粒度级别的类球形微纳米 AP，其比表面积进一步减小，堆积密度进一步提高，吸湿性进一步降低、防结块性也得以改善，且撞击感度和摩擦感度均降低。此外，对于粒度小于 3μm 的 AP 复合粒子，采用基于新型加速力场的气流粉碎设备所制备的产品其复合均匀性更好，氧化剂与其他组分（如燃烧催化剂）的接触面积更大、更充分，在固体推进剂中应用后，可使推进剂的燃速获得进一步提高，力学性能进一步增强，工艺性能进一步改善，综合性能获得显著提升。

新型气流粉碎技术（如多级引射耦合加速气流粉碎技术）的研发成功及应用，为氧化剂安全、大批量、高品质微纳米化（小于 3μm）研制提供了技术支撑，并为新型高燃速固体推进剂及高性能燃料-空气炸药与温压炸药等火炸药产品的研制及装药生产，提供了强有力的技术保障。随着氧化剂微纳米化技术及设备的进一步发展，新型武器装备的研制必然获得长足进步。

参 考 文 献

[1] 李凤生. 超细粉体技术 [M]. 北京：国防工业出版社，2000.

[2] 李凤生. 特种超细粉体制备技术及应用 [M]. 北京：国防工业出版社，2003.

第6章 自动化技术及配套辅助设备在氧化剂气流粉碎中的应用

在采用气流粉碎技术对氧化剂进行微纳米化处理时，通常首先对粗颗粒氧化剂原料进行筛分处理，以破除团聚结块并除去异物；其次再将筛分好的物料输送或转运至气流粉碎设备的料仓内；最后由连续加料系统将物料连续加入气流粉碎主机，被粉碎后的微纳米氧化剂随气流进入后续气固分离及除尘系统，实现气固分离后卸出并被收集。随着高燃速固体推进剂与燃料-空气炸药及温压炸药等火炸药产品对微纳米氧化剂的需求量增大，气流粉碎设备的制备能力也要求进一步提高，筛分、加料、出料等工艺过程的物料处理量随之大幅度增加。若还是采用人工过筛、人工搬运、人工出料等方式，则会带来极大的操作人员安全风险和劳动强度，这不仅不利于操作人员身心健康，还会对生产安全和产品质量等带来极大的挑战。

这是因为，一方面，大量的人工操作不仅会导致人员身体疲累，产生操作误差，操作环境中存在的微纳米氧化剂粉尘还会引起操作人员接触或吸入伤害，并且其汗渍、衣物纤维（或衣扣）等可能会引起产品污染，这会降低产品质量甚至引发后续应用中的安全风险；另一方面，氧化剂具有易燃易爆特性，在对氧化剂进行微纳米化气流粉碎的全过程中，若不精心细致操作，一旦某过程对氧化剂体系施加的力场或能量场超过安全阈值，将可能引发燃爆风险。由于气流粉碎过程物料处理量大，粉碎现场的物料在制量较大，一旦发生安全事故，将可能造成操作人员伤亡。并且，氧化剂的粒度越小，其感度越高，安全风险也越高，对于高燃速固体推进剂急需的小于 $3\mu m$ 的氧化剂，其气流粉碎过程更是存在相关安全风险。

因此，安全问题是氧化剂微纳米化气流粉碎过程必须重视的关键问题。为了降低人员安全风险及危害，必须实现人机隔离、远程操作，这就需要相关辅助设备与气流粉碎设备配套使用并实现自动化控制。另外，从气流粉碎生产过程的可控性、可追溯性，以及产品质量自动稳定调控等方面出发，也需要相关辅助配套设备及自动化控制技术的配合。气流粉碎过程的自动化程度越高，相关安全风险也越小，产品的质量稳定性也越好。

为了实现气流粉碎过程自动化控制，首先要完成几个关键步骤的自动化：

如大块状氧化剂团聚体的自动破碎筛分、连续均匀稳定自动化输送及加料、粉碎后的微纳米氧化剂物料连续自动化卸料（防止结拱架桥以及附壁效应）等。这也是普通粉体微纳米化粉碎过程所需解决的问题。然而，氧化剂的易燃易爆和强吸湿特性，致使普通材料（如具有黏滞性的二氧化钛、二氧化锆）微纳米化气流粉碎过程的相关辅助设备及自动化技术，难以直接应用到氧化剂微纳米化气流粉碎过程中。这大大限制了氧化剂微纳米化气流粉碎过程自动化水平的提高，同时也是氧化剂气流粉碎过程将要重点解决的问题和难题。本章将结合自动化输送、自动化加料、自动化气固分离与收料、自动化包装、自动化计量等技术与相关设备进行阐述，并对氧化剂微纳米化气流粉碎过程的自动化技术及设备研究进展进行介绍。

6.1　自动化技术简介

机器或装置在无人干预的情况下按规定的程序或指令自动进行操作或控制的过程称为自动化[1]。在生产过程中，机器或设备（装置）的运行参数以及外界环境参数，如气流粉碎过程的温度、进料压力、粉碎压力、喂料（加料）速率、分级叶轮转速、粉碎室内物料质量、旋风分离器与除尘器阀门开启或关闭时间、阀门之间运行时间间隔、气锤或振动器振打频率，以及环境温度、环境湿度等，通常需保持恒定或者按照一定的规律变化。要满足这种需要，应当对生产机械和设备及时进行调控，以消除外界对生产过程的影响。这种控制，除了依靠人员的及时操作，也可以由相关设备代替人工控制，即自动化控制操作。用来完成这种控制的设备称为控制器，被控制的机械和设备称为被控对象。被控对象和控制器及其连接线路组合在一起的结构称为自动控制系统。这种自动进行操作或控制的过程称为自动化。

6.1.1　自动控制系统分类

由于自动化技术发展很快，自动控制的应用极为广泛，自动控制系统的种类也很多。结合自动控制的应用范围和不同系统的特点，可按以下 4 种方式对自动控制系统进行分类[2]。

1. 按照给定值的变化规律分类

按照给定值的变化规律，自动控制系统可分为恒值控制系统、程序控制系统和伺服系统。

1）恒值控制系统

当给定值为常数时，使被控量保持恒定或基本保持恒定的系统称为恒值控制系统。

2）程序控制系统

程序控制系统的给定值按照预定的规律随时间变化。恒值控制系统的给定值随时间的变化保持恒定，因此其又可以看成程序控制系统的特例。

3）伺服系统

伺服系统最初用于船舶的自动驾驶、火炮控制和指挥仪中，后来逐渐推广到很多领域，特别是自动车床、天线位置控制、导弹和飞船的制导等。在伺服系统中，给定值也是随时间变化的，即给定值是时间的函数，然而这种函数关系事先不知道，或者不需要知道。这是伺服系统和程序控制系统的主要区别。

伺服系统又称随动系统。伺服系统泛指使输出变量精确地跟随或复现某个过程的控制系统。在很多情况下，伺服系统又专指被控量（系统的输出量）是机械位移或位移速度、加速度的反馈控制系统，其作用是使输出的机械位移（或转角）准确地跟踪输入的位移（或转角）。伺服系统的结构组成和其他形式的反馈控制系统没有本质上的区别。伺服系统按所用驱动元件的类型可分为机电伺服系统、液压伺服系统和气动伺服系统。

采用伺服系统主要是为了达到下面几个目的：

（1）以小功率指令信号去控制大功率负载，如火炮控制和船舵的控制；

（2）在没有机械连接的情况下，由输入轴控制在远处的输出轴，实现远距离同步传动，如天线位置控制；

（3）使输出机械位移精确地跟踪电信号，如记录和指示仪表。

2. 按照控制动作和时间的关系分类

按照控制动作和时间的关系，自动控制系统可分为连续控制系统和采样控制系统。

1）连续控制系统

连续控制系统中各个组成部分的输入输出信号是时间的连续函数。这种系统可用微分方程描述，通常称这一方程为它的数学模型。

2）采样控制系统

采样控制系统是指系统中有一处或几处的信号是等时间间隔的脉冲序列或数字序列的控制系统，又称离散控制系统或脉冲控制系统。采样控制系统由采样器、数字控制器、保持器和被控对象组成，如图 6-1 所示。采样器通过等时间间隔（采样周期）的采样，把连续的偏差信号转换成离散信号，由数字控制器对它进行适当的变换，以满足控制的要求。这种作用与连续控制系统中的校正或控制装置相似。最后通过保持器再将数字控制器输出的离散控制信号转换成连续的控制信号去控制被控对象。

图 6-1　采样控制系统组成示意图

在控制系统中采用数字计算机已成为普遍的趋势，输入计算机的信号必须具有离散的形式，而且在计算机内还需进一步把离散信号进行量化，即将其转换成数码形式。此外，对于连续控制系统的数字仿真过程，系统的离散化也是必不可少的一个步骤。因此，采样控制系统的应用是十分广泛的。

与连续控制系统相比，采样控制系统具有以下三个优点：

（1）数字元件同模拟元件相比具有较高的可靠性、稳定性等；

（2）受扰动的影响较少，无论在扰动还是在输入的作用下，采样控制系统都能在经过几个采样周期结束动态过程而达到新的稳定状态；

（3）实现控制规律的精度较高，而且有较大的灵活性，数字控制器比模拟控制器更易于调整，只要修改程序就可以适应设计上的更改。

3. 按照描述控制系统的微分方程的类型分类

按照描述控制系统的微分方程的类型，自动控制系统可分为线性控制系统和非线性控制系统。

1）线性控制系统

线性控制系统是指状态变量（或输出变量）与输入变量间的因果关系可用一组线性微分方程或差分方程（该方程称为系统的数学模型）来描述，其状态变量和输出变量对于所有可能的输入变量和初始状态都满足叠加原理的系统。作为叠加性质的直接结果，线性控制系统的一个重要性质是其响应可以分解为两个部分：输入响应和状态响应。其中，由常系数线性微分方程式所描述的系统称为定常线性控制系统，当系数随时间而变化时则称为时变线性控制系统。

2）非线性控制系统

输出变量相对于输入变量的运动特性不能用线性关系描述的控制系统称为非线性控制系统。描述非线性控制系统的数学模型，按变量是连续的或是离散的，可分为非线性微分方程组或非线性差分方程组。非线性控制系统形成的原因有二：一是被控系统中包含有不能忽略的非线性因素；二是为了提高控制性能或简化控制系统结构而人为地采用非线性元件。例如，将死区特性环节和微分环节同时加到某个二阶系统的反馈回路中，可以使系统的控制既快速又平稳；又如可以利用继电特性来实现最速控制系统。

4. 按照控制系统输入输出量的数目分类

按照控制系统输入输出量的数目，可将自动控制系统分为单变量系统和多变量系统。

1）单变量系统

只有一个输入量和一个输出量的系统，称为单输入单输出系统。在自动控制系统中，许多简单的或基本的控制系统往往都是单变量系统。

2）多变量系统

这种控制系统具有多个输入量或输出量，又称多输入多输出系统。同单变量系统相比，被控对象、测量元件、控制器和执行元件都可能具有一个以上的输入变量，或一个以上的输出变量。例如，气流粉碎过程产品的粒度、粉碎产能等，就是多变量系统的控制。多变量系统不同于单变量系统，它的每个输出量通常都同时受几个输入量的控制和影响，这种现象称为耦合或交叉影响。

6.1.2　数字控制系统

采用数字技术实现各种控制功能的自动控制系统，称为数字控制系统，其特点是：系统的一处或几处的信号具有数字代码形式。其主要类型是计算机控制系统，包括计算机监督控制系统、直接数字控制系统、计算机多级控制系统和分散控制系统。下面对这 4 种主要数字控制系统分别简要介绍。

1. 计算机监督控制系统

这种系统是一种利用计算机对工业生产过程进行监督管理和控制的数字控制系统，简称计算机监控系统。计算机监控系统是在操作指导系统的基础上发展起来的。操作指导系统是一种开环控制结构，系统中计算机的作用是定时采集生产过程参数，按照工艺要求指定的控制算法求出输入输出关系和控制量，并通过打印、显示和报警提供现场信息，以便管理人员对生产过程进行分析或以手动方式相应地调节控制量（给定值）去控制生产过程。

计算机监控系统在输入计算机方面与操作指导系统基本相同，不同的是监控系统计算机的输出可以不经过系统管理人员的参与，而直接通过过程通道按指定方式对生产过程施加影响。因此，计算机监控系统具有闭环形式的结构，而且监控计算机具有较复杂的控制功能。可以根据生产过程的状态、环境、工艺参数，按事先规定的控制模型计算生产过程的最优给定值，并据此对模拟调节仪表或下一级直接数字控制系统进行自动调整，也可以进行顺序控制、最优控制以及适应控制计算，使生产过程始终处在最优工作状况下。

2. 直接数字控制系统

在这类系统中，计算机的输出直接作用于控制对象，故称直接数字控制，是利用计算机的分时处理功能直接对多个控制回路实现多种形式控制的多功能数字控制系统。直接数字控制系统是一种闭环控制系统，如图 6-2 所示。由一台计算机通过多点巡回检测装置对过程参数进行采样，并将采样值与存储器中的设定值进行比较；再根据两者的差值和相应于指定控制规律的控制算法进行分析与计算，得到所要求的控制信息；然后将其传送给执行机构，用分时处理方式完成对多个单回路的各种控制。

图 6-2　直接数字控制系统控制逻辑示意图

直接数字控制系统是一种在线实时控制系统。在线控制是指对被控对象的全部操作（反馈信息的检测和控制信息输出）都是在计算机直接参与下进行的，无须系统管理人员的干预，又称联机控制。实时控制是指计算机对外来信息的处理速度，能满足快速控制的要求。

直接数字控制系统是按分时方式进行控制的，即按照固定的采样周期对所有的被控回路逐个进行采样，并依次计算和形成控制输出，以实现一台计算机对多个被控回路的控制。系统中的计算机起着多回路数字调节器的作用。通过组织和编排各种应用程序，可以实现任意的控制算法和各种控制功能，具有很大的灵活性。直接数字控制系统所完成的各种功能都集中到应用软件里。

3. 计算机多级控制系统

这种控制系统是按照企业组织生产过程的层次和等级，配置多台计算机来综合实施信息管理和生产过程控制。通常，计算机多级控制系统是由管理计算机系统和过程计算机系统组成的多机系统。其中，过程计算机从属于管理计算机，形成一个可进行信息交换并协同工作的多级控制系统。这种多级控制的多机系统工作方式，往往比同样个数的单机工作要有效得多。典型的计算机多级控制系统（图 6-3）由直接数字控制系统（Direct Digit Control，DDC）、计算机监督控制系统（Supervisory Computer Control，SCC）和管理信息系统（Management Information System，MIS）三级组成。管理信息系统的主要任务是进行生产计划和调度，指挥监控系统的工作。管理信息系统的工作通常由中型计算机或大型计算机来完成，按照管理范围还可分为若干等级，如车间级、工厂级、公司级等。

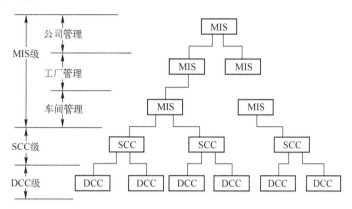

图 6-3　计算机多级控制系统结构示意图

4. 分散控制系统

这种控制系统是一种由多台计算机分别控制生产过程中多个回路，同时又可集中获取数据和集中管理，分散控制系统是控制、计算机、数据通信和屏幕显示技术的综合应用，其基本控制结构如图 6-4 所示。分散控制系统采用微处理机分别控制各个回路，用中小型工业计算机或高性能的微处理机实施上一级的控制。各回路的上下级之间通过高速数据通道交换信息。分散控制系统具有数据获取、直接数字控制、人机交互以及监控和管理等功能，其优点是控制功能分散，显示、操作功能集中等。

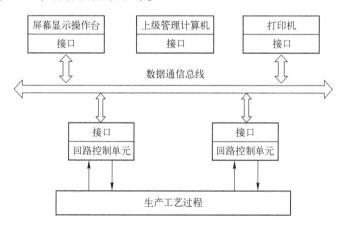

图 6-4　分散控制系统结构示意图

分散控制系统是在计算机监督控制系统、直接数字控制系统和计算机多级控制系统的基础上发展起来的，是生产过程的一种比较完善的控制与管理系统。在分散控制系统中，按地区把微处理机安装在测量装置与控制执行机构附近，将控制功能尽可能分散，管理功能相对集中。这种分散化的控制方式能改善控制的可靠性，不像在直接数字控制系统中那样会由于计算机的故障而使整个系统失去控制。当管理级发生故障时，过程控制级（控制回路）仍具有独立控制能力，个别控制回路发生故障时也不致影响全局。相对集中的管理方式有利于实现功能标准化的模块化设计。与计算机多级控制系统相比，分散控制系统在结构上更加灵活、布局更为合理、成本更低。

6.1.3 PLC 控制技术

可编程逻辑控制器（Programmable Logic Controller，PLC）控制技术是一种可编程存储控制器，可以在内部实现逻辑运算、顺序控制、计数、定时等工作任务，并通过数字模拟或者模拟输入/输出模式控制各类机械设备或者生产过程。这种系统主要由电源、中央处理单元、存储器、输入单元、输出元件构成[3]。电源将交流电转换为存储控制器内部所需的直流电；中央处理单元是整个可编程存储控制器的中枢系统，负责处理和运行用户程序，并进行逻辑和数学运算，确保整个系统有序运行；存储器是具备记忆功能的半导体电路，主要是存储系统程序、用户程序、逻辑变量以及其他信息；输入单元是将可编程存储控制器与被控设备的输入接口，是被控设备信息传入可编程存储控制器的连接元件，主要接受主令元件和检测元件传递的信息；输出元件是可编程存储控制器与被控设备的连接元件，将可编程存储控制器的输出信号传递给被控设备，驱动被控设备执行元件运行。由于采用单片微机系统，可靠性高、编程简单，不需要专业的计算机技术知识，就可以完成编程工作[4]。因此，广泛应用于工业生产控制领域。

PLC 控制技术的控制方式分为集散控制系统和现场总线型控制系统，集散控制系统是以微处理器为基础，采用分散控制、集中操作和管理的方式，采用多层分级、合作自治的结构形式，形成金字塔结构，可以避免单一子系统影响整个系统的正常运行。

PLC 控制技术具有扩展性强、可靠性高等优点，其功能已逐渐从单一的控制过程发展到制造系统的监控与控制，并在工业领域（如大型数控机床）广泛应用，取得了良好的应用效果。将其应用在机械电气控制装置中，可以提高电气控制装置的安全性、可靠性、灵敏度，降低机械设备的故障发生概率和生产成本，达到节能减排的目的[5]。在气流粉碎过程中，PLC 控制技术已获得广泛应用。但对于微纳米氧化剂制备、干燥、筛分、储存、转运、应用等全

流程集成化控制的发展需求，由于全系统控制逻辑复杂、控制变量多，PLC
技术已难以满足安全、高效控制的要求。这时就需要采用集散型控制系统
（Distributed Control System，DCS）控制技术。

6.1.4　DCS 控制系统

1. DCS 控制系统的基本结构与特点

DCS 即集散型控制系统，又称分布式控制系统，其主要基础是 4C 技
术[6]，即计算机（Computer）、控制（Control）、通信（Communication）、阴极
射线管（Cathode Ray Tube，CRT）显示技术。DCS 系统通过某种通信网络将
分布在工业现场附近的现场控制站和控制中心的操作员站及工程师站等连接起
来，以完成对现场生产设备的分散控制和集中操作管理。

DCS 是分级递阶的控制系统[7]，其主要特点是集中管理和分散控制。采
用分级递阶的体系结构，主要是从系统工程的角度出发，通过功能分层、危险
分散来提高系统的可靠性和应用的灵活性。最简单的 DCS 至少在垂直方向上
分为操作管理级和过程控制级。在水平方向上各个过程控制级之间是相互协调
的分级，在完成现场数据上传和接受操作管理级指令的同时，各水平级间也可
进行数据交换。这种分工协作的关系能够使整个系统在优化的操作条件下
运行。

DCS 中的分散是在相互协调基础下的自治，分散的含义不仅是分散控制，
还包含人员分散、地域分散、功能分散、危险分散、设备分散以及操作分散等
含义。分散的最终目的是有效提高设备的可利用率。基于上述特点，在局域通
信网络（Local Area Network，LAN）的支持下，一套完整的 DCS 一般由监控
管理级、过程控制级和现场级组成。基于 LAN 的 DCS 系统结构如图 6-5
所示。

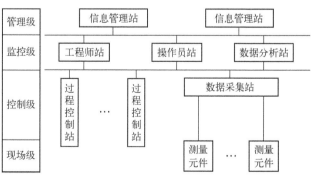

图 6-5　基于 LAN 的 DCS 系统结构示意图

2. DCS 控制系统的优势

DCS 控制系统具有分层管理、实时控制、及时报警、辅助记录、上下联通等功能特点，在实际应用中表现出如下优势。

1）强有力的控制功能

该系统大多数硬件设备主要依靠电路和网络系统进行控制，灵敏度较高，不管是多变量优化控制还是单回路控制，都能够实现良好的控制功能[8-10]。同时该系统的控制内容和控制方式都有备选方案，当原有的控制方式出现问题时，还可以由其他控制方式进行补充，避免出现失控现象，因此系统的失控概率较低。

2）操作十分简便

DCS 控制系统在操作使用时简单易懂，使得操作员能够很好地理解操作方法，不涉及太难的源代码和操作。操作员可以根据可视化数据和对应设备的参数进行调整，当出现故障时也能够采用较为简洁的方式进行报警和停止设备的运行。由于其具有自动报警功能，操作人员可以在系统报警之后，较为简单地使用该系统的故障定位功能及时对报警点进行故障处理。同时，由于 DCS 控制系统能够简单分析各种问题，并提出一些排除故障的措施供操作人员参考，以便能够及时做出有效的操作，使损失降到最低水平[11]。

3）数据分析功能强大

DCS 控制系统具有良好的数据分析功能，能够根据某设备或某个生产环节中以往的信息和运行参数，对当前生产数据设置提供指导。就某个环节可能发生的故障，从企业的数据库中找到对应的信息，进行有效的分析，避免故障的二次发生。

4）灵敏度、准确性较高

由于 DCS 控制系统的反应器主要由网络系统控制，在网络环境不出现问题的情况下，通常灵敏度与准确性较高，这使其在生产过程中对各种设备和生产环节的操作及监管稳定、可靠。在运行参数的设置过程中，对关键设备、关键流程能够进行有效的监控，对于故障设备能够有效分析故障出现的原因，避免人工分析的误差，帮助操作人员良好地把握故障问题的所在，选择适宜的修护方案。

3. DCS 与 PLC 技术相融合

传统的 DCS 是由回路仪表控制系统发展而来的，在回路调节与模拟量控制等方面具有一定的优势。PLC 是专为在工业环境下应用而设计，集微处理技术、自动化技术和通信技术为一体的实时工业控制装置，是从继电器逻辑控制系统发展而来的，在开关量控制和顺序控制等方面占优。

随着微电子技术和计算机通信技术的飞速发展，PLC 在硬件配置、软件编程、通信联网功能以及模拟量控制等方面均取得了长足的进步，从而为工业自动化控制注入了前所未有的生机和活力。基于 PLC 和网络通信技术的新型分布式控制系统的设计与应用，已经成为生产过程自动化的一个主要发展趋势。用 PLC 来构建或改造 DCS，一方面可保证控制的实时性、稳定性以及准确性；另一方面也可大幅度地降低成本，满足用户对控制系统的经济性要求[12]。此外，对于采用分层体系结构的 DCS 而言，每一层的通信速度和网络类型都有所不同；在工业控制中，大多数的数据只需在底层网络中传输，仅有少部分的数据需要跨网传输。针对这一特点，以 PLC 为核心控制器件，在 DCS 的网络通信系统中采用标准工业以太网（Industrial Ethernet）并根据工业控制的特殊要求开发出专用的通信协议，最大限度地快速传送重要信息，不失为一种有效的解决途径。

DCS 控制系统中引入 PLC 技术与器件，是其面向市场并解决低成本、小型化发展需求的有效途径；与现场总线技术相结合，将会有力推进 DCS 的网络化进程。在 DCS 中引入人工智能技术，可提高现场仪表的智能化程度，促进高级控制算法的研究与应用，使 DCS 的协调管理能力更为集中，从而朝着数字化分布式控制系统的方向发展[13]。

当前，PLC 控制技术已在扁平式气流粉碎设备和流化床式气流粉碎设备自动化控制方面获得广泛应用，其性能稳定，能够及时反馈并控制相关过程参数，使得粉碎过程简便、安全、高效。DCS 控制技术在大规模化、复杂化、多变量的工业生产工况下，由于其操作方便、数据处理能力强、灵敏度与准确度高等优势，也已经获得较多应用。但是，由于 DCS 控制技术成本较高，目前氧化剂气流粉碎单元工序的过程控制，通常都是采用 PLC 控制技术。随着氧化剂粉碎、干燥、筛分、输送（转运）、称量等工序集成化设计，PLC 和 DCS 融合控制技术作为一种安全可靠、成本可控的控制模式，必将在 AP 等氧化剂微纳米化制备及应用过程中获得推广应用。

6.2　典型自动化技术及设备

6.2.1　连续自动化输送技术及设备

在批量化、连续化的生产作业中，原料、半成品以及成品，少则每小时数十千克，多则每小时上百千克甚至数十吨或上千吨。在生产过程中，这些物料必须在各工序间有序不间断地输送，依靠人力是很难满足生产要求的。因此，只有充分利用各种形式的输送机械，才能保证生产正常、连续地进行，以实现生产自动化。

随着工业生产的发展与科学技术的进步，对新材料、功能性粉体及特种微纳米粉体等开发应用的迫切需求，大大促进了粉体材料，尤其是微纳米化过程自动化输送技术的发展。其目的主要在于减轻劳动强度、改善作业环境、提高设备的效率、强化产品质量、提高安全可靠性等。在微纳米材料自动化处理过程中，难以避免且影响较大的是运行过程出现故障和骤停。相关统计资料表明：在微纳米粉体材料的自动化操作过程中，以输送、收尘、储料、供料和卸料等单元操作工序所发生的故障频度为较高，而作为故障的种类是以黏附、管道溢塞、固结、磨损、凝聚、偏析和粉尘扬散为较多。

粉体自动化输送包括装置设计、故障分析、洗净设计和控制设计4部分。其中，控制系统需及时传输各种设备运营数据、监视运转状态，并记录物流系统中的原料、中间制品、成品、样品的流向，以及生产量和效率等数据[14]。

微纳米粉体材料输送工程是一个系统，组成系统的各单元操作设备对自动化过程的连续性、稳定性起着关键性作用。因此，在选择微纳米粉体材料的输送设备时，应结合材料的物性特点及其工艺要求，设计与之相适应的输送方式及设备。目前，在工业中使用的粉体输送装置种类多种多样，大致可以分为机械输送、流体输送和容器输送三种方式，如图6-6所示。

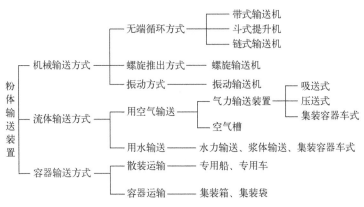

图6-6　粉体物料输送方式及输送装置类别

任何一种输送方式都不可能是万能的，这三种输送方式根据各自的特点有其最适合的使用范围，应结合粉体材料加工应用过程中的实际情况，加以合理设计。作为流体输送类中的气力输送在粉体输送工程中应用广泛。根据管道中气固两相流的流动模式，流体输送有悬浮、部分管底流、团块管底流、高浓度料流、柱料流等种类。根据输送原理及装置，流体输送又可分成真空吸送式、压送式和混合式三大类。

1. 柱塞式气力输送装置

柱塞式气力输送装置又称脉冲式气力输送装置，是为了克服一般高速气力输送装置动力消耗大和磨损严重等问题，而在近几十年发展起来的新型气力输送装置。

普通的粉体气力输送方式都是以高速（弗劳德数 $Fr>25$）装置为主，浓度也较小。脉冲式输送是低速（$Fr<15$）、高密度粉体气力输送，其方法是使物料在管内形成一定长度的柱塞状物料团，每段物料团间保持一定距离，以每秒数米的速度移动。通常来说，一般气力输送是利用气流的动能，而脉冲式气力输送是直接利用空气静压能进行输送的。形成柱塞有许多方式，常见的有脉冲气流式、膜片式和旁通管式。

1）脉冲气流式

这种输送方式利用气流交替开、关形成柱塞，柱塞长度可由脉冲发生器气阀的开关频率调节。

2）膜片式

这种输送方式通常采用压力可调节的双重挡板向料罐喂料，在料罐内下部装有膜片，靠偏心轴上下运动，向输料管送入柱塞状料柱的输送空气由喷嘴吹入，使罐内物料流态化，同时输送由膜片上下运动所产生的料塞。

3）旁通管式

这种输送方式的输送罐与单仓泵相同。当开始送料时，设置在输料管上部的旁通管内通入空气，靠高压空气将料层挤开形成柱塞。

柱塞式气力输送装置除了具有一般压送式气力输送装置的优点，还具有以下优点：输送速度小，因而管壁磨损小，粒子破碎也少；空气消耗少，因而功率消耗亦少；混合比高，所以输送管径小，终点处物料空气分离设备易解决或可省略。这种输送方式也能输送一些易破损及摩擦变形或变质的物料。

柱塞式气力输送的缺点是：对物料具有一定的要求，对摩擦阻力大、黏滞性强的物料优越性不大；管径过大，物料柱塞不易保持，尤其是在起步时易堵塞，限制了输送量的扩大。例如对于具有燃爆特性且具有黏滞性的微纳米氧化剂而言，若采用这种输送方式，将会引起管路堵塞，输送过程的安全风险较高。

2. 静压气力输送系统

这种输送系统采用静压输送原理，直接利用空气的压力能，将容器中的粉状物料通过导管输送到受料器内。物料在导管中输送的速度可获得控制，以每秒数米的速度在管道中移动。这种低速输送对物料破损程度可大大降低，且料气比低，耗气量少，节约能源，输送过程无噪声。由于采用静压输送原理，物料在管道中受压力推动，即使物料的粒度大小不一或遇到混合状物料时，其运动速度也是一致的，不会引起离析分层现象。

这种输送方式对于易吸湿、黏滞性较强的微纳米氧化剂来说，也容易引起输送管道堵塞进而导致输送过程不顺畅。

3. 螺旋式气力输送泵

这种输送泵是通过螺旋将物料输送至混合室内，在压缩空气作用下，使进入混合室的物料流态化，然后使气固混合物从出料口排出进入后续管道而得以输送。这种输送方式的螺杆采用从进料端至出料端螺距越来越小的渐缩式螺杆，以保证物料在推进过程中趋于密实，形成料封，阻止混合室的压缩空气倒吹入螺旋泵内腔和料斗内。这种输送方式的输送速度可通过螺旋的转速、螺距、螺槽深度等进行调节。由于这种输送方式对物料形成的挤压作用较强，可能引发氧化剂燃烧或爆炸，因而通常不用于氧化剂输送。

4. 喷射泵供料输送系统

喷射泵供料器的构造和原理如图 6-7 所示。其应用文丘里管原理，压缩空气从喷嘴高速喷出（约为声速的一半），在喷嘴的出口处形成负压，将粉状物料引入并使之随喷出气流进行输送。这种混料方式具有如下优点：没有运动部件，设备结构简单，体形小；受料口处于负压区，所以上部料斗可以敞开、物料可连续吸入；在扩散管前方变为正压，分离器构造简单（与正压吹送优点相同）。

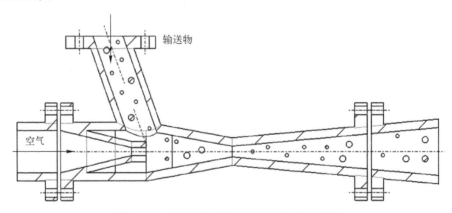

图 6-7　喷射泵供料器的构造和原理示意图

喷射泵是靠喷嘴高速动能在扩散管中转换成压力能进行输送的，转换率较低，仅 1/3 左右，所以输送量与输送距离受到限制。为使效率不致过于降低，喉部扩散角 $\theta = 8°$ 为宜，收缩角为 25°~30°，喷出速度一般取 130~150m/s。对于输送距离短（<100m）、输送量小的软质物料，可以采用高压风机作动力，系统比较简单。喷射泵的缺点是：空气消耗量大，效率低，输送硬粒物料会造成喉部磨损严重。

这种输送方式可用于氧化剂粗颗粒物料的输送，但在输送时，可能存在由于输送气流压力过大而引起物料颗粒破碎的现象。对于微纳米氧化剂粉体物料，若喉部尺寸太小，或输送管路较小且较长，则容易引起物料在输送管内堵塞，进而引起加料口物料反喷现象[15]。因而，这种输送方式通常不用于对微纳米氧化剂的输送。

5. 稀相负压气流输送系统

负压输送系统是利用气力输送风机对输送系统进行抽吸，在系统中形成负压气流，使物料和空气通过吸入口进入输送系统，并随气流到达末端，最后通过过滤器进行气固分离。由于压力差的存在，外界空气被吸入管道，同时物料随空气的运动而被带入管道。到达终点后，物料从空气中分离出来并被收集，空气经净化后排入大气或进行循环使用。负压输送系统多用于集中式输送，即多点向一点输送，如车间除尘、粮食入仓等。这种输送系统适用于多地到一地的集中运输，便于堆积面积大、分散的物料；进料简单，出料复杂；采用负压抽吸，避免物料泄漏，并且无须担心气力输送风机的油和水分混入物料。

负压输送的优点在于能有效地收集物料，物料不会进入大气，这对于有毒物料的气力输送尤其重要。但由于真空度的影响，负压输送的容量和输送距离不宜过大或过长。真空度一般控制在 40~50kPa，通常系统压降的限度是 0.044MPa。在负压输送时，位于系统末端的真空源（风机或气体真空发生器）产生真空，通过管道将输送的粉料吸走，能够有效防止气体介质过热进而控制输送物料的温度。

采用稀相负压气力输送系统对物料进行输送时，管道输送压力为低真空状态，管道真空度沿气力输送管道逐渐增高，管道风速为 10~35m/s，物料在管道内呈悬浮雾状。稀相负压气流输送系统适用性广，应用广泛，粉体、颗粒物均可顺利输送。由于负压稀相气流输送系统内压力低于大气压，水分更易蒸发，所以对水分多的物料较其他方法更容易输送；系统输送气体一般直接取自大气，气体的温度即为环境温度，因此负压气力输送系统适用于对温度敏感的热敏性物料。此外，稀相负压气流输送系统前端可以多点取料、轮流取料或选择性取料；末端可以多点卸料、同时或轮流卸料且可以连续运行，现场出现粉尘泄漏的概率几乎为零。值得注意的是，在负压输送过程中，需及时排气除尘，否则容易造成系统故障。

6. 稀相正压气力输送系统

正压输送是利用输送系统的前端，也就是系统起点的风机向输送管道内通入压缩空气，利用管道起点与终点的压力差，使空气在管道内流动，并带动物料由起点运动至终点。正压输送系统中，物料由供料装置送入输送系统，在输送终点，物料与空气分离。正压输送系统适用于分散输送，即一点向多点输送，在输送管道中，物料可在任意卸料点依靠物料的重力与输送介质实现分离。

与负压气力输送系统相比，正压输送系统的输送距离较长。另外，正压输送具有漏气检查和处理方便的特点，气力输送风机磨损相对较轻。同时，根据压力不同，有低压（小于50kPa）、中压（50~100kPa）、高压（100kPa及以上）等输送系统。正压输送适用于大运量、长距离运输，可在输送管路上任意卸载点实现卸料。不可忽视的是，若输送距离过长、压力过大，将容易引起物料较为强烈的摩擦，使物料产生较大温升。

采用稀相正压气力输送系统进行物料输送时，利用气体动压，物料以较高速度在管道中前进（8~25m/s），输送压力沿输送管道逐渐降低；输送过程连续，输送流态、输送速度与输送压力、料气比基本保持稳定，运行可靠性高，容易维护；应用于闭环系统时，不必增加气力缓冲设备，容易控制；管道内无物料积存，输送对环境污染小。

6.2.2　连续自动化加料技术及设备

在气流粉碎过程中，需保证连续加料稳定性以确保粉碎效果。为了保证加料的均匀性和防止过大料块及各种机械杂质（如螺母、铁屑、棉纱头等）堵塞文丘里喷射式加料器，气流粉碎设备的标准加料系统，通常应当具有如图6-8所示的形式。

待粉碎的物料经过振动筛1，把粗大的团聚块体分离出来，进入机械粉碎机（或其他处理设备）2预粉碎到合适粒度后，与通过筛网的物料一起进入料斗3。为了防止物料在料斗3的卸料口架桥或黏附在料斗侧壁上，料斗内需安装一定型式的搅拌器，如图中4所示的行星式螺旋搅拌机，螺旋推进器既能绕它的轴线自转，又能沿料斗内壁公转，从而把物料推入加料器5中。加料器5把物料均匀连续地送入文丘里喷射式加料器6后，被加料工质引射到气流粉碎机7中。

上述标准加料系统，在实际应用时需结合具体情况进行优化。例如，当粉碎的物料进料粒度比较均匀连续，没有过大的料块，或者气流粉碎只是解磨凝

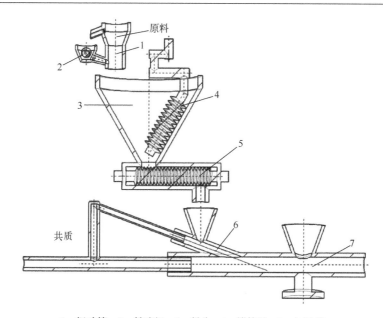

1—振动筛；2—粉碎机；3—料斗；4—搅拌机；5—加料器；
6—喷射式加料器；7—气流粉碎机。

图 6-8　气流粉碎设备的标准加料系统结构示意图

聚体颗粒或比较松散的聚集体颗粒。这时，振动筛 1 和粉碎机 2 便没有存在的必要。如果物料是由风力输送系统送来的，那么料斗 3 的上方，要安装袋式除尘器一类的气固分离装置。此外，当进料中有可能混入铁杂质时，进料系统要安装磁分装置。然而，系统中的料斗 3 和加料器 5 是不能取消的，以确保加料稳定性，防止连续粉碎过程出现断料。

气流粉碎设备的加料系统，具有如下特点：第一，进料一般都很细，大都是细粒状物料或粉状物料，因此要选择适合于输送和计量粉状物料的加料装置，并且要注意某些有黏滞性的粉状物料黏壁和堵塞；第二，为了维持气流粉碎的恒定粉碎气固比，要求加料量连续均匀，计量准确；第三，若一台气流粉碎设备用于粉碎不同种类或不同品种的物料时，加料器的加料量应当是可调的。

能满足上述加料特点的加料器有很多，如圆盘加料器、回转加料器、螺旋加料器、电磁振动加料器等。

1. 圆盘加料器

对于细粒状物料，圆盘加料器应用很广。这种加料器的主体结构如图 6-9 和图 6-10 所示。

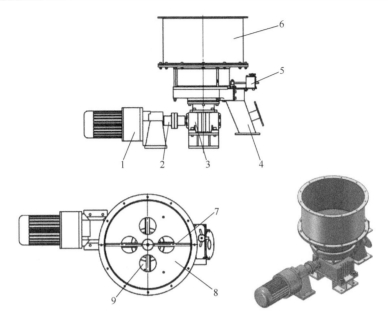

1—电机；2—联轴器；3—减速机；4—出料口；5—控制阀板；6—料斗；
7—桨叶；8—孔板；9—加料盘。

图 6-9　圆盘加料器结构示意图

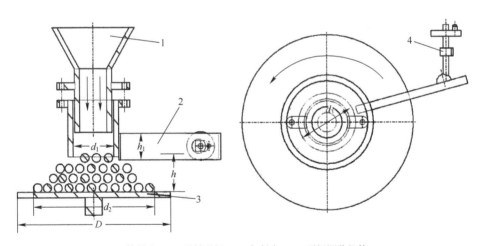

1—储料斗；2—下料刮板；3—加料盘；4—刮板调节机构。

图 6-10　圆盘加料器计算示意图

料斗 1 里的物料落于加料盘 3 上，物料在盘上成截头圆锥体堆积，其上端直径 d_1，下端直径 d_2。当加料盘 3 螺转时，下面的物料层因摩擦力也与圆盘一起转动，因此物料层会产生一定的离心力。如果圆盘的回转速度足够大，那么物料颗粒因离心力的作用将向外四散。通过对圆盘转速加以限制，使离心力不超过摩擦力。显然，当作用在物料颗粒上的离心力与摩擦力相平衡时，便可求出加料圆盘允许的最大转速。设离心力为 F_c，则有

$$F_c = \frac{m\omega_t^2}{R_D} \tag{6-1}$$

又设摩擦力为 F_t，则有

$$F_t = mgf \tag{6-2}$$

式（6-1）、式（6-2）中：m 为颗粒的质量；ω_t 为颗粒的切向速度；R_D 为颗粒所在位置对应的圆周半径（$R_D \leqslant D/2$）；g 为重力加速度；f 为颗粒与圆盘的摩擦系数。

为了不使颗粒飞出圆盘，必要条件是 $F_t \geqslant F_c$，即 $gf \geqslant \omega_t^2/R_D$。又因为 $\omega_t = \pi R_D n/30$，故有

$$gf \geqslant \frac{\pi^2 R_D^2 n^2}{30^2 R_D} \tag{6-3}$$

若 R_D 以 m 计，并取 $g \approx \pi^2$，则圆盘的允许转速 n 应当为

$$n \leqslant 30 \sqrt{\frac{f}{R_D}} \tag{6-4}$$

加料盘上的物料由下料刮板 2 刮下，刮板调节机构 4 的作用是改变刮板的位置，即改变直径 d_3，从而改变加料量。加料盘每转一周，刮板便把一圈物料刮进卸料口。这部分物料量近似地等于截头圆锥体积 V_1 减去以半径 r_3（$d_3/2$）、高度 h_1（刮板高度）表示的圆柱体积 V_2，见式（6-6）与式（6-7）。

$$V_1 = \frac{\pi h}{3}(R_D^2 + R_D r_1 + r_1^2) \tag{6-5}$$

式中：$r_1 = d_1/2$；$R_D = D/2$（极限情况下 $D = d_2$）。

而 V_2 值可近似地表示为

$$V_2 = \pi r_3^2 h_1 \tag{6-6}$$

故被刮下的体积 V 为

$$V = V_1 - V_2 = \pi/3 h(R_D^2 + R_D r_1 + r_1^2) - \pi r_3^2 h_1 \tag{6-7}$$

这样，圆盘加料器的加料能力 Q（m³/h）为

$$Q = 60n\left[\pi/3h(R_D^2 + R_D r_1 + r_1^2) - \pi r_3^2 h_1\right] \tag{6-8}$$

式中：长度 h 以 m 计，转速以 r/min 计。在极限情况下，$r_3 = d_1/2$，$h_1 = h$。

2. 回转加料器

回转加料器也称星型卸料阀，如图 6-11 所示。具有一定长度的转子上均

匀布置数块（一般为 4~8 块）刮板。转子转动时，物料被刮板推向出料口。为了计量精确并减少磨损，刮板与外壳的内壁之间，应当有一定的间隙。加料量计算公式为

$$Q = 60V_0 n\phi \tag{6-9}$$

式中：V_0 为加料器内扇形格子容积（m^3）；n 为转子的转速（r/min）；ϕ 为物料填充系数。

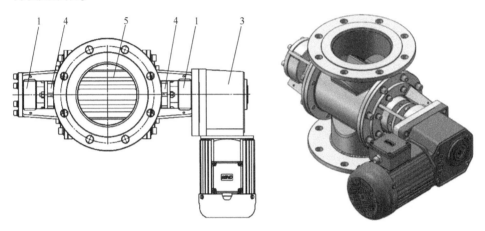

1—轴承；2—壳体；3—减速机；4—密封；5—转子。

图 6-11　回转加料器（星型卸料阀）结构示意图

ϕ 值取决于物料粒度和转子的转速，颗粒越细、转速越低，ϕ 值越大，一般取 0.8~0.9。这种加料器结构简单，制造容易，适用于质地柔软、松散的细粒状物料和粉体物料。在气流粉碎机中，广泛用于料仓下部使被粉碎物料连续排出；也大量用于粉碎成品的卸料，因为其具有很好的锁气性能。

3. 螺旋加料器

螺旋加料器（图 6-12）在气流粉碎机中应用极广，因为其结构简单，制造容易，加料精度高，在某些情况下还可以起到一定程度的预分散作用。螺旋加料器的加料量取决于螺旋直径、转速和螺距，计算公式为

$$Q = 60 \frac{\pi D_L^2}{4} L_S n\phi \tag{6-10}$$

式中：D_L 为螺旋直径（m）；L_S 为螺距，通常取 0.5~1.0(m)；n 为转速，一般取 40~120r/min；ϕ 为物料填充系数，常取 1/5~1/3。

为了使物料的计量准确，可将螺旋加料器改进为振动式螺旋加料器。由于振动，物料充满螺旋空间，使物料的堆积密度恒定，从而达到较高的加料精度

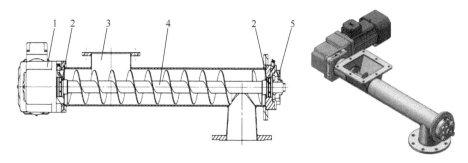

1—轴承；2—壳体；3—减速机；4—密封；5—转子。

图 6-12　螺旋加料器结构示意图

（误差 1%~2%）。这种振动式螺旋加料器下部安装有一个振动装置，该装置的传动轴平行于螺旋的心轴，并且设置了若干个偏心轮，由螺旋加料器的驱动电机带动。这种电机有两个驱动轴（一前一后设置）：一个驱动振动装置和一个驱动螺旋轴。

螺旋加料器需要的全部功率 W（kW），其计算公式为

$$W = \frac{q}{368\delta}(\kappa L + H) \tag{6-11}$$

式中：q 为螺旋加料器的生产能力（t/h）；δ 为传动效率；κ 为克服螺旋摩擦损失的系数；L 为物料在水平方向上的输送距离（m）；H 为物料提升高度（m）。

气流粉碎设备中的螺旋加料器，大都是水平安装的，因而 H 为 0。不同的物料，系数 κ 值是不同的。一般来说，该系数取决于物料沿螺旋工作表面的摩擦系数。如果已知螺旋加料器的结构尺寸，可根据机械原理确定。

4. 电磁振动加料器

这种加料器的原理是利用电磁振荡回路所产生的高频振荡，使物料沿着流槽流入喷射式加料器的料斗内。调节回路参数，便可产生不同的振动频率，从而改变加料速度。这种加料器也可采用气体振荡器驱动，结构简单、操作方便。更为重要的是，这种加料器的加料速率连续、恒定、匀速，又称为线性加料器，因而被广泛应用于大、中、小型气流粉碎设备，如图 6-13 所示。

采用这种连续加料器，可使物料在粉碎过程中，进入粉碎机内的流量始终保持恒定，这样所获得的产品粒度小、粒度分布窄。在对氧化剂进行微纳米化粉碎时，为了使产品粒度更小、粒度分布更窄，往往采用"圆盘加料器+振动加料器""回转加料器+振动加料器""螺旋加料器+振动加料器"等组合加料形式，使粉碎过程中物料加料速率始终保持恒定，进而确保粉碎后产品粒度分

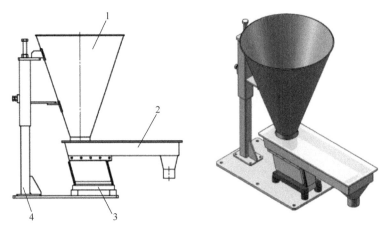

1—加料斗；2—供料槽；3—电磁振动器；4—安装底座。

图 6-13　电磁振动加料器结构示意图

布较窄。

　　这种组合式加料，虽然能够实现匀速、线性加料，但也由于加料系统高度较高，进而使得整个粉碎系统的高度升高。在某些高度严格受控的场合，难以满足要求。针对气流粉碎过程连续、均匀、线性加料的问题，李凤生教授带领的团队结合螺旋加料原理，通过对螺杆结构及加料器结构进行精确设计，并基于物料的流动特性（如安息角），成功研制出了采用单个螺旋加料器即可实现连续、线性加料的系统，实现了粗颗粒氧化剂连续、稳定加料。这种加料系统结构简单、操作便捷，尤其适用于 AP 微纳米化气流粉碎过程的连续、匀速、稳定加料，已在 GQF-10plus 型多级引射耦合加速气流粉碎设备及生产线上实施应用。

6.2.3　连续气固分离与收料技术及设备

　　在采用气流粉碎技术对物料进行微纳米化处理时，所制备的微纳米粉体物料随气体工质一起排出粉碎主机，需对这种气固两相混合物进行分离，以达到物料收集的目的。气固分离所采用的物料捕集回收系统，不仅起着回收夹带物料的作用，还起着维持粉碎室中工质气流稳定流动的作用。因此，捕集回收系统设计的正确与否，对气流粉碎过程至关重要[16]。

1. 对捕集回收系统的要求

1）阻力小

　　捕集回收系统阻力，决定粉碎室内的背压。由式（4-36）可知，背压的大小影响喷气流的速度，即背压越大，喷气流出喷嘴速度 u_2 越小。可以设想，当捕集回收系统堵塞（此时阻力无限大）时，$p_1 = p_2$，$u_2 = 0$，气流粉碎无法进行。当入口工质压力 p_1 不变时，阻力增大，不仅 u_2 下降，而且所喷射的工质质量流量也变少了，因此工质所具有的喷射动能便大幅度下降。这样，不仅粉碎能力降低，分级效果也受到不利的影响。大多数气流粉碎设备，都是依靠工质气流在排出粉碎室时具有的余压来克服捕集回收系统阻力的。

实际生产过程中，为了降低背压 p_2，通常需要在系统的尾部安装引风机（干法捕集回收系统），或者蒸汽喷射装置（湿法捕集回收系统）。借助于它们的抽引作用，会在粉碎室出口处产生一定的负压，如可以达到 $-0.035 \sim -0.014\text{MPa}$。这样，在气流粉碎机的粉碎室中，从喷嘴出口处到卸料区，会产生很大的压力梯度，与这个压力梯度相适应的，是很大的速度梯度，这保证了颗粒的精确分级。

2）阻力要稳定

若阻力不稳定，时大时小，则粉碎室内的背压也相应地忽大忽小。由此引起气流速度不稳定，这是气流粉碎过程所不希望的。

保持阻力稳定的方法因捕集回收系统而异。例如，对于干法袋式捕集装置，要适当增加滤袋的喷吹次数；对于喷淋湿法捕集系统，则要维持一定的冷却水量等。

3）捕集效率要高

气流粉碎的物料，大都是颗粒极细的超微粉体，有些则是贵重的物料，若捕集效率不高，不仅会损失物料，而且粉尘也会污染环境。例如对于微纳米 AP，当粒度小于 $3\mu\text{m}$ 或更小时，微细颗粒可能从滤袋逃逸。因而捕集系统的设计就要尽可能减小滤袋的孔径、增大滤袋数量以提高过滤面积。

4）运行要可靠

这一点对于气流粉碎系统，尤其必要，因为气流粉碎系统一般都是连续作业生产，一旦捕集系统发生故障，势必影响生产过程的连续性，并且还会浪费大量的被粉碎物料。特别是高温工质粉碎，需要较长时间的停车冷却后，才能进行检修。

2. 捕集回收系统的设置

如前所述，气流粉碎设备的捕集回收系统，可采用干法和湿法两种工艺。

对于气流粉碎的超微粉体物料，可选用的干法捕集设备不多，只有袋式除尘器和电气除尘器等。前者应用最广，后者是利用电晕放电原理捕集工质夹带的粉体。电气除尘器的捕集效率通常低于袋式除尘器，但其作为一种高效捕集回收设备，可捕集亚微米颗粒，如对于 $0.1 \sim 1\mu\text{m}$ 的颗粒捕集效率较高。干式电气除尘器系统阻力小，是其一大优点；但其投资大，技术复杂，对粉体物料颗粒的物理性能（如电阻值等）有很强的选择性，故在气流粉碎系统中应用有限。

可供选择的湿法捕集回收设备很多，如喷淋塔、填料塔、冲击式洗涤器、离心（旋风）洗涤器、水喷射式洗涤器、文丘里洗涤器、湿式静电除尘器、卧式旋风水浴除尘器和混合式冷凝器（仅适用于过热蒸汽工质）等。

空气工质多用干法捕集，过热蒸汽工质过去多用湿法冷凝捕集。近年来，由于耐高温滤料的出现，过热蒸汽粉碎过程也开始采用效率更高的高温袋式除尘器进行干法捕集回收。

对于同一种物料采用同样工质粉碎，究竟采用哪种捕集方式为好，要通过技术经济比较而定。例如，二氧化钛颜料蒸汽工质气流粉碎，若采用湿法冷凝捕集系统，设备虽然简单，但捕集下来的物料的回收却比较复杂，物料浆液浓度极低，固体成分只有百分之几，需要进行增稠、过滤和干燥。干燥时物料容易发生凝聚，变成大的凝聚体颗粒，故要返回气流粉碎机重新粉碎。这样，捕集回收系统流程长，设备多，蒸汽冷凝又要消耗大量（约是工质的 20 倍）的冷却水，而且更重要的是，在气流粉碎系统中，总有一部分已粉碎的细产品要重新返回气流粉碎机，白白浪费能源。相比之下，干法捕集回收系统就没有上述缺点。捕集下来的物料仍然是干的，一般不需再处理即可成为产品。若捕集的物料颗粒太细，质量较差，还可单独作为一档产品，或者混匀在主产品中。

另外，干法袋式除尘器的阻力较大，所以在设计干法袋式除尘器捕集系统时，一定要设法降低其压力损失。如果增加反吹次数仍不能把阻力降下来，就要在除尘器后面设置引风机。

3. 预捕集装置设置

无论干法捕集还是湿法捕集，都可以在捕集装置的前面设置预捕集设备。气流粉碎的预捕集设备，几乎都采用旋风分离器。

对于典型的上排气下卸料式扁平式气流粉碎机，从下部成品收集器卸出的成品，称为一次产品（收率通常在 85%~95% 范围内）。相应地，废工质夹带的物料量通常为 5%~15%。如果夹带量偏高，一般应进行预捕集。这样，在湿法捕集条件下，可以多回收一些干产品；在干法捕集条件下，可以减轻捕集装置的负荷。

设置预捕集设备与否，要根据具体情况而定。对于上排气上卸料型扁平式气流粉碎机、下排气下卸料型扁平式气流粉碎机、流化床式气流粉碎机来说，通常需通过设置旋风分离器对物料进行预捕集。尤其是对于粉碎产能较大的气流粉碎过程，如大于 100kg/h，往往都需要设置预捕集装置，以保证末端除尘装置的气固分离效果。

在干法袋式捕集情况下，采用预捕集使废工质气流的固相浓度维持在约
$4g/m^3$，对脉冲袋式除尘器的正常运行是有利的。研究资料报道表明，对于大
型气流粉碎设备，袋式除尘器对固相浓度的捕集范围可为 2%~8%。所以在干
法捕集时，只要适当增大捕集设备的容量并控制固相浓度，便可以取消预捕集
设备。

在预捕集时，多个旋风分离器串联，可将粉碎产品按粒度分级，如可以设
计为 2~4 级。对于某些粒度分布对产品性能影响颇大的粉体物料，采用多级
旋风分离器的处理方式是适宜的。有时为了降低粉碎产品的粒度，可将气流粉
碎机成品收集器中收集的产品重新返回加料系统中，进一步对已经初步细化的
物料进行粉碎。当然，这种方式是很不经济的。尤其是对于氧化剂微纳米化粉
碎过程而言，由于微纳米氧化剂易吸湿、黏滞性较强、易架桥，在进行二次或
多次粉碎时，往往存在加料不顺畅，甚至引起物料反喷现象。

4. 旋风分离器、袋式除尘器和水膜除尘器

1）旋风分离器

旋风分离器的型式很多，尽管气流粉碎产品的粒度往往远小于这些旋风分
离器的临界分离粒度，但因为工质气流中固相浓度很高，而且细颗粒在高强度
的离心力场中易发生离心凝聚，变成较大的絮凝体，故仍有较高的捕集效率。
加之作为预捕集用，不要求特别高的捕集效率，所以一般结构的旋风分离器，
完全符合要求。旋风分离器的捕集效率，受旋风分离器自身结构、物料颗粒粒
度、气体中的固相浓度、物料自身的特性（如黏滞性）等多重因素的影响。
对于氧化剂气流粉碎过程，当采用旋风分离器对粉碎产品进行预捕集时，通常
一级旋风分离器捕集效率在 90%~95%，若采用两级旋风分离器进行捕集，则
预捕集效率可达到 95%~99%。

2）袋式除尘器

袋式除尘器是一种高效捕集回收装置，可以捕集细至 $0.1\mu m$ 的亚微米颗
粒，捕集效率可达 99%。因此，袋式除尘器是气流粉碎干法捕集最常用的捕
集设备。袋式除尘器型式很多，其中以压缩气体脉冲反吹清灰的脉冲袋式除尘
器最为常用。我国自 20 世纪 60 年代开始应用这种除尘器，并进行了大量的科
学研究及技术创新工作，已经广泛应用于各种工业部门。

在一般的气流粉碎生产过程中，气体温度较低（100℃ 以内），常规的滤
袋均能够满足使用温度的要求。但是对于一些温度较高的粉碎场合，如采用过
热蒸汽作为工质进行气流粉碎时，由于工质温度较高，需采用耐高温滤袋。根
据材质不同，常用的耐高温滤袋可分为芳香族聚酰胺纤维滤袋、聚四氟乙烯纤
维滤袋和无机玻璃纤维滤袋。其中，芳香族聚酰胺纤维滤袋可在 220℃ 以下长

期稳定使用；聚四氟乙烯纤维滤袋可在 250℃ 以下长期稳定使用；无机玻璃纤维滤袋使用温度更高，为 250～300℃，但由于捕集效率低，使用寿命短（抗皱褶性特别差），限制了其应用。在某些气体工质温度很高的场合，废工质温度往往会超过高温滤料的允许使用温度，这时还需采用冷却降温的方法，把温度降到某一适宜温度，再进入袋式除尘器。

滤袋过滤物料的过程不仅决定了捕集效率和处理的气体工质量，还决定系统的压降（有时占总压降的 75%）。因而对于某一气流粉碎过程而言，滤袋的材质及过滤面积，需进行精心设计选用。

在氧化剂气流粉碎过程中，往往需对压缩空气进行加热处理，可采用油浴或水浴加热的方式对压缩空气管路进行加热，也可采用蒸汽对压缩空气管路进行加热，进而将压缩空气温度控制在一定范围内。在进行压缩空气加热处理时，根据压缩空气流量、压缩空气加热温升等，对油浴或水浴温度以及蒸汽温度和压力进行设计，并对压缩空气管路长度进行控制。由于加热后气体温度在 100℃ 以内，因而对滤袋材质的耐温特性通常考虑较少；关注较多的是滤袋的防静电效果和过滤面积，因为微纳米氧化剂吸湿性强、黏滞性也强，一旦滤袋防静电效果不好或过滤面积设计不合适，气流粉碎过程将可能出现故障。

3）水膜除尘器

水膜除尘器是一种利用含尘气体冲击除尘器内壁的水膜，使粉尘被水膜捕获、气体得到净化的除尘设备。其包括冲击水膜除尘器、惰性（百叶）水膜除尘器和离心水膜除尘器等多种类型。水膜除尘器工作时，含尘气体由筒体下部顺切向引入、旋转上升，尘粒受离心力作用而被分离，抛向筒体内壁，被筒体内壁流动的水膜层所吸附，随水流到底部锥体，经排污口卸出。水膜层是由布置在筒体上部的几个喷嘴将水顺切向喷至器壁而形成的。这样，在筒体内壁始终覆盖一层旋转向下流动的水膜层，与气体接触而达到除尘的目的。

水膜除尘器已广泛用于电力、化工、矿山、冶金、机械、建材、制药等行业各种设备的除尘处理。需要指出的是，为了保证除尘效果，在除尘器运行前应向设备内添加足够量的清水（当用于脱硫等处理时，还需加入碱液）；当除尘器长时间停止运行或运行较长时间后，还需采用清水对设备进行冲刷清洗，以清除设备内的积灰。另外，对于微小颗粒的粉尘，由于惯性很小，随气流运动时离心力很小，难以与气体分离，很难除掉；这时就需要与其他除尘装置联合使用。

对于 AP 等氧化剂气流粉碎过程，若采用旋风分离器对物料进行气固分离，并且当分离效率较高时，采用水膜除尘设备将是一种操作方便、经济适宜、安全可控的除尘方式。这是因为，采用水膜除尘器不仅可以避免袋式除尘器的滤袋（或滤筒）堵塞风险，不用定期更换滤袋，进而减少人工操作，还避免了袋式除尘器下部出料口由于微纳米氧化剂结拱架桥而导致的出料口堵塞问题。当粉碎结束后，无须像袋式除尘器那样采用大量水清洗并烘干后才能使用，基本上可以实现即开即用，实际应用非常便捷。另外，由于 AP 等氧化剂溶于水，即便是微纳米气流粉碎过程中产生微小颗粒的粉尘，也能够被水膜除尘器有效溶解而捕集，除尘效率高、效果好。

5. 卸料-锁气装置

对于旋风分离器和袋式除尘器的卸料口，以及上排气下卸料型扁平式气流粉碎机下部的成品收集器，都需要安装卸料-锁气装置。卸料-锁气装置种类很多，但在气流粉碎设备上，经常采用的是回转式卸料阀（星型卸料阀）和双蝶阀组合卸料。

回转式卸料阀的结构见图 6-11。这种机械式卸料-锁气装置的结构，与前面介绍的回转加料器是一样的。由于卸出的物料是极细的粉体，所以能起到阻气密封作用。这种卸料阀的卸料能力，主要用转子的转速来控制。刮板与转子，可以采用铸造型的，也可以采用焊接型的。为了减小刮板与壳体之间的间隙而又不致发生磨损或卡住现象，刮板可用耐磨的合成材料制成，用螺钉固定在转子上。

许多黏滞性强的细粉体物料，往往容易黏附在刮板和转子上，轻则降低其卸料能力，重则完全不起卸料-锁气作用。为了防止这种黏壁堵塞现象，可采用提高刮板和转子表面光洁度的方法。例如对刮板和转子外表面进行抛光与电镀加工；或者涂刷和包覆各种摩擦系数甚小的涂层或薄膜材料层（如橡胶层或塑料层）；抑或采用机械振动的方法，如在转子内部空间放置几个钢球，转子回转时，因钢球与壁间的碰撞从而将黏附的物料振荡掉下来，这种方法虽然有效，但也增大了噪声。对于微纳米氧化剂物料，卸料效果较差。

双蝶阀组合卸料是另一种常用的卸料-锁气装置，其结构如图 6-14 所示。其卸料过程是依靠上下双蝶阀周期性地交替开启、闭合，从而实现连续卸料。在其工作时，上蝶阀开启一定时间，物料从旋风分离器或除尘器进入上下蝶阀之间的缓冲料仓；之后上蝶阀关闭，下蝶阀开启，物料从缓冲料仓经下蝶阀调入收集桶或收集袋中；然后下蝶阀关闭，上蝶阀开启，如此反复，实现物料连续卸料。上蝶阀和下蝶阀开启的时间，可根据气流粉碎设备的产能、物料流动性、缓存料仓容积等进行设定。

在气流粉碎过程中，旋风分离器或袋式除尘器外壁通常会设置气锤或气体振荡器，在程序控制下间歇性地对器壁进行振打处理，使黏附在器壁的物料能

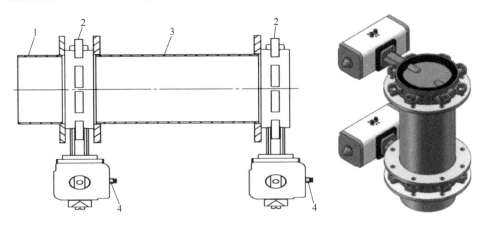

1—短接口；2—气动蝶阀；3—过渡仓；4—快速接头。

图 6-14　双蝶阀组合卸料结构示意图

够进入卸料阀，进而从旋风分离器或除尘器排出至料筒或料袋等收集装置中。即便如此，在对具有黏滞性的物料进行粉碎时，如 AP 等氧化剂的微纳米化粉碎，产品粒度越小，黏滞性越强，仅仅采用气锤或气体振荡器对旋风分离器及除尘器的外壁进行振打处理，已难以使微纳米氧化剂物料顺利从卸料阀卸出。这是因为，一方面微纳米氧化剂物料会黏附在内壁上难以下落；另一方面从内壁下落的物料容易在卸料阀上部结拱架桥，使物料不能顺利进入卸料阀，从而无法顺畅卸出。在这种情况下，旋风分离器收料效率大幅度降低，并且会引起袋式除尘器堵塞。当前国内相关企业在对氧化剂进行微纳米化粉碎时，这种现象经常发生。当出现这种情况时，需人工用锤头反复、连续敲打器壁，以减轻黏附和堵塞；当袋式除尘器发生架桥时，采用敲打方式往往无法使物料顺利下落，因为微纳米氧化剂一旦架桥，采用敲打的方式往往会使得料层越振越实，而增大物料下落的难度。这就需要人工用棒子对架桥的地方进行捅插处理以破坏架桥料层。然而这样操作时，安全风险极高。

针对微纳米氧化剂物料难以从袋式除尘器顺利下料的问题，李凤生教授团队设计了智能化扰动破拱装置，装于旋风分离器或袋式除尘器下部。这种特殊的扰动破拱装置结构原理如图 6-15 所示。

这种破拱装置及技术，有效解决了微纳米氧化剂结拱架桥而导致的物料下料堵塞问题，已在 AP 等微纳米化气流粉碎制备过程中实施应用，并产生了非常优异的应用效果。使用这种特殊结构的破拱装置后，袋式除尘器不再发生微纳米 AP 等物料下料不顺畅的问题。

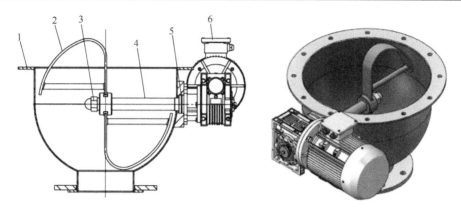

1—料斗；2—桨叶；3—螺母；4—轴；5—密封；6—传动系统。

图 6-15　扰动破拱装置结构原理示意图

6.2.4　连续自动化包装技术及设备

目前，国内外开发的微纳米粉体包装设备，主要是水平螺旋送料式包装设备、竖直螺旋送料式包装设备、阀口落料式包装设备三大类。粉体包装机的核心设备是自动定量包装秤。自动定量包装秤有许多结构形式，粉体包装设备的配套组合有许多方案可选用，这些形式和配套的选择依据主要还是被包装物料的性能以及产能要求。在对粉体物料进行包装时，一方面要求包装设备的称量精度高（这是最基本的要求）；另一方面还要求包装设备具有自动脱气防止粉尘。这是因为微纳米粉体（$d_{50} < 5 \mu m$）颗粒的粒度小，极容易随空气飘浮。物料中含有大量空气，要进行包装首先要解决粉体物料的脱气问题，防止空气携带微细物料颗粒逃逸，造成包装过程粉尘飞扬，从而改善包装环境条件。

1. 自由落料净重式双秤包装机

双秤包装机是一种用于流动性较好、密度较大的粉体或颗粒料的净重式定量称重包装机。自由落料净重式双秤包装机的上道工序是过渡料仓，下料的物料经过一个分叉器分别给两只独立的称量斗供料。给称量斗快速加料的方式有两种：一种是单加料门结构；另一种是双加料门（或三料门）结构。这一部分的结构较为复杂，因为既要达到高速度加料，又要达到高精度称量（0.1%），所以必须要充分考虑各个机构的运动速度、振动冲击以及粉体在流动时的摩擦阻力。

称量时要求在极短的时间内完成大加料、小加料、关料门及落差控制，以及过量或不足的判断，最后开启排料门卸料等动作，并且还要避开在加料瞬间物料因自由落体的重力加速度对称量斗的冲击所造成的虚加增重。所以结构上采用两套独立的加料结构和称量斗轮流循环工作。在控制上两个称量斗各自用1台称重控制仪表，再用1台PLC来协调两台称量仪表的连锁及上下游设备的联动。

高速称量灌装过程中称量精度和称量速度是两个既相互矛盾又相互联系的指标，既关系到生产能力，又关系到生产成本。影响称量精度的因素有称重传感器性能指标、包装机的结构刚度、称重仪表称重分度值设定的大小、自由落差值、自动零位检测和补偿值的选择等。影响称量速度的因素有称重传感器的安装形式，仪表设定参数中的自动置零次数，自动落差补偿次数以及大、中、小加料斗重量的比率值设置是否合理等。总之，在包装机调试过程中必须统筹兼顾到各种影响因素。

高速包装机必须合理选择各种除尘措施，尤其是轻质的粉尘非常容易飞扬，因此电气设备接线盒需密封设计，电和气动管路的通道均应用密封接头过渡。此外，在承接和排放物料的缓冲料斗下层应设置破拱用的气动振荡器或气锤，以防积料。前者振幅小但频率高，后者则反之。应根据粉料的性质及结构件的形式做适当布置。

2. 螺旋加料毛重式包装机

对于流动性较差，黏度稍大，密度一般的粉料，当要求包装速度并不太高时，可以采用螺旋加料毛重式包装秤。这种毛重包装秤是将夹袋机构安装在称重传感器的加载端，称重传感器的安装端与秤架连接。将空的包装袋夹持在夹袋机构后，夹袋机构与包装袋一起便成为称重传感器的皮重。称重仪表在每次计量控制前需自动进行"去皮"操作，将这个皮重值扣除。

螺旋加料毛重式包装机的形式可以是卧式，也可以是立式。卧式螺旋中又可分为粗细两条螺旋，也可以是单螺旋。立式的都是单螺旋。在包装速度（产量）较高时，往往采用水平双螺旋结构。当称量控制仪表发出"大加料"信号时，粗细两条螺旋同时运转，因此粉料的流量很大。当称量控制仪表发出小加料信号时，只有细直径的螺旋运行，粉料排出的流量大为减少，两条螺旋各有一台带减速器的异步电机传动，不必调速，但电机应具备频繁启动、停止的功能。

在包装速度不高时可以采用单条水平螺旋加料，采用变频调速器对该螺旋的传动电机进行有级或无级调速，用以实现大加料、中加料、小加料的控制要求。当粉料的密度很小和含气量很高时，宜用竖直螺旋加料。螺旋加料机的出口必须布置料门机构，因为加料口离包装袋总有一段结构距离，当称量值接近目标量时需提前关闭料门，让停留在空中的一段粉料最终落入包装袋，这个提前量称为落差。如果没有料门，即使考虑了提前量，当骤然停止螺旋时，位于出口螺旋上半个螺旋角的粉料可能因惯性或振动掉下来，也可能不会掉下来；这都会引起称量目标值的偏差，因此螺旋出口处的料门是必需的。

3. 带脱气装置的超微粉体定量包装机

这是一种用于轻质含气量高的、超微粉体灌装的毛重式定量包装结构。当密度很小、含气量高的超微粉体在生产流程中刚排出来时呈流态，随着时间慢慢地泄出气体，料面逐步下降。如果按其自然沉降，想要达到包装袋密实灌装和储运要花费几十分钟，显然不能满足工业化生产规模的要求。因此，对于这种超微粉体的包装必须解决两大问题：一是尽快将空气分离出来；二是尽量防止轻质超微粉体在灌装过程中飞扬。

1）防止粉尘飞扬的措施

采用竖直螺旋加料时，螺旋对粉体有预压缩作用。使螺旋出料的料门在整个加料称重过程中始终与袋中粉料表面保持最小的距离，既保证加料门不与袋口物料接触（保证称量准确度），同时又不致因粉料落差过大而飞扬。因此在秤的加料结构上采用的是毛重秤的形式，将夹袋机构连同夹持在上面的包装袋等同于一个称量斗。

称重传感器的安装端紧固在一个可沿两根圆形导柱上下移动的构件上，该构件由一个串联型双行程长气缸支撑并可做竖直方向上的移动。串联型双行程气缸由长短两个气缸串联而成，上层气缸较长，下层气缸较短。上层长气缸的作用是得到包装启动指令后气缸上升，将已夹好包装袋的夹袋机构连同称重传感器及配重机构一起上升，并将竖直螺旋加料管和脱气棒一起插入空的包装袋中，其深度约为包装袋的 2/3 处。

当加料开始后，螺旋下方的料门开启，螺旋以较高速度运转，粉料快速进入包装袋，该过程即为大加料过程。在包装袋中料面上升的同时，长气缸带动夹袋机构和包装袋同步下降，下降速度通过气缸上的节流阀调节，使袋中料面始终与螺旋的下料口保持足够短的距离（约 5cm），这样可有效地防止轻质粉料飞扬。当夹袋机构连同包装袋下降到长气缸的底部位置时，包装秤的大加料动作结束，转为小加料动作，此时气缸停止下降。当小加料完成时，称重仪表判别定量正确与否，若仪表发出称完信号，则串联型气缸的下半部短气缸下降，使夹袋机构连同灌装好的包装袋一起下降到皮带输送机的表面。然后释放包装袋，从而保证已灌装完粉料的包装袋不致在释放后，由于存在较大距离的自由落体冲击，袋中粉体反冲而飞扬起来。

可采用透明的防尘罩以方便观察，防尘罩的顶部除了通过加料螺旋，还有除尘口，可通过软管与除尘机相连，其余地方封闭。罩的下方敞开，为的是让夹袋机构能够让螺旋和脱气过滤棒套入其中，并在加料过程中夹袋机构逐渐向下顺利运行。灌装粉料时从加料开始至结束这一段时间除尘机是开启的，以防止粉尘泄漏到周边空气中。

2）强制脱气的措施

在加料螺旋筒的四周布置若干中空、底端封闭、顶端有金属抽气接管口的微孔过滤管。用软管将微孔过滤管汇总到一个三通接头，三通接头中的一个接口与水环式真空泵（或旋涡气流）相连，第二个接口与压缩空气相连，第三个接口与加料螺旋桶相连。微孔过滤管材质和微孔直径，可根据粉料的粒度来选择。这种结构的过滤管最大特点是具有反吹防堵功能，若将其插入粉体中，抽真空系统工作时可将粉料中的气体抽走。当切换到压缩空气时，又可实现反吹清洗而将黏附在管壁表面和微孔中的粉体吹掉。

在对微纳米粉体物料进行包装时，为了增强脱气效果和减少粉尘飞扬，通常采用多步脱气装置。这种多步脱气装置的主要特点是：在微纳米粉料进入包装加料之前首先进行真空预脱气，使物料堆积密度加大，含气量减小；在包装加料过程中增设夹层真空脱气和机械排气装置（如变节距螺旋结构等），使物料进一步脱气；当物料进入包装袋后，进行管状插入式真空脱气，使最终灌入袋内的粉体物料堆积密度大大增加。在整个物料流动过程中，各连接处为全密封结构，并设计透气分离装置，实现气固分离；加料机构和包装袋进行相对运动，实现无落差包装或保证落差很小。此外，在物料必须开敞处，均设计除尘口与除尘机相连。

在进行真空预脱气时，通常是采用密实机对微纳米粉体进行密实处理，使气体被排出，粉体压实，堆积密度增加。大量实践经验表明：通过密实机处理后，减小了粉体物料的体积，无论是小袋包装还是吨袋包装，均能解决包装时含气粉体装不满包的问题。由于在包装过程中排出了气体，增加了物料的松装密度，可实现一次包实并达到最大包装充填量，使包装袋尺寸减小。在减小包装成本的同时，较等量物料具有占地面积小、运输更加便捷等优势[14, 17]。

4. 包装袋自动化密封技术

1）热合密封技术

热合密封技术是利用材料（通常是塑料）在受热时发生熔融或塑性变形的特性，通过将物料袋（包装袋）开口的一端在夹持装置作用下贴合，并在夹板（夹条）升温作用下将物料袋开口的两边融合在一起，然后使物料袋冷却固化，进而密封住物料袋开口端的一种技术。这种技术在包装袋输送、自动化切边、袋口自动化折边等辅助技术配合下，便可实现自动化热合密封。

典型的自动化热合密封系统主要结构包括外包装输送机、包装袋内袋热合单元、袋口切边单元、袋口折边单元和袋口贴易撕条单元等装置，用于包装袋内袋热合、袋口切边折边、袋口贴上易撕纸胶带等。内袋热合高度位置可在一定范围内调整。①传送链：整个密封过程当中一直夹着袋子上部，从而避免缝合故障或者袋子拖后。②包装袋加热块：易于控制温度和压力，适用于各种包装袋内袋热合，根据产量安装不同数量。③袋口切边包热封纸胶带：包装袋内袋热合后通过切刀将袋口切平整，再沿中心线自动折叠纸胶带并自动加热密封处理，纸胶带密封后将自动切断。④纸胶带热封块：易于控制温度和压力，适用于各种厚度纸胶带热合。⑤热合封口机高度调节：热合封口机可以上下移动，根据包装重量及高度通过手柄或电机调节高度，从而满足热合高度需求。

热合密封系统密封效果的好坏，关键在于包装袋热合的均匀性，通常出现的问题是：部分未热合现象和部分熔断现象。若包装袋在受拉力时产生褶皱，则这些褶皱易导致热合不充分，从而引起部分未热合现象。若包装袋在热合区域受热熔化的过程中，其抗拉能力大大下降，此时的包装袋受物料重力拉扯的影响，很容易导致包装袋部分熔断，这也会导致热合包装过程失败。因此，热合密封系统的改进完善通常也是结合具体的自动化技术，针对热合不完全或熔断现象，开展系统优化设计，以达到高效热合的需求。热合过程加热温度通常较高（>120℃），可能引起物料发生热分解，因此对于氧化剂这类易燃易爆材料，通常不采用这种包装袋密封技术。

2）缝袋密封技术

缝袋密封技术是针对具有一定强度和韧性的包装袋（如编织袋、牛皮袋），利用机械缝纫技术将包装袋开口端的两边缝合在一起，从而实现包装袋密封的一种技术。这种技术在自动化推送、自动化袋口整理、自动化切断、自动化卸袋等技术配合下，便能够完成对物料的自动化缝合密封。

典型的缝袋密封系统主要由机架、输送机构、整理机构、推送机构、缝纫机构、切断机构、卸袋机构等组成。①整理机构：该机构的作用是将连接套整理、排列、计量，并输送到预定工位。②推送机构：该机构将包装材料和连接套由一个包装工位顺序传送到下一个包装工位。③缝纫机构：当推送机构把连接套推送到指定位置时，缝纫机构开始封口，根据不同需求进行缝纫。有时采用四边缝纫，其中袋子顶部要双排缝纫，包装袋两侧的缝纫机同时对袋子两侧缝纫。④切断机构：采用冷切，即利用金属刀刃将包装材料剪断。⑤卸袋机构：将包装好的产品从包装机上卸下、定向排列并输出，可以利用斜坡装置借助工件的自重滑到下一工位。

为了提高密封效果，通常可采用增加缝线紧密度或多道缝合的方法，如多数场合均采用两道缝线密封设计。然而，即便开展了加强密封效果的措施，由于缝线本身不能防水，在缝合过程中会产生穿过该包装袋内部的诸多针孔；当使用时包装袋的底部接触到地面或潮湿位置，容易导致包装内容物发生受潮、变质、受到污染等问题，进而导致保存期缩短，这是缝袋密封技术面临的问题。这种技术在常温下进行密封，可用于氧化剂等易燃易爆物料包装袋的密封处理。然而，这种密封技术在拆袋时，若直接拆开缝合线，可能会形成缝合线的碎屑掉入包装带内，进而产生物料中引入杂质的问题。若直接剪断缝合部分，则会使物料袋变短，当遇到物料需烘干（或其他处理）后再次加入包装袋的场合，便不适用。因而 AP 等氧化剂包装袋密封处理通常也不采用这种技术。

3）束袋扎带密封技术

束袋扎带密封技术是利用机械模拟人工扎带封口过程，首先将盛有物料的包装袋沿物料堆积面上部进行束集整理，然后在机械作用下将束集好的包装袋进行绕动处理，之后在另一机械作用下对包装袋束集部位用扎带进行捆扎处理，实现包装袋捆紧，从而达到密封要求。这种技术在自动化送袋机、自动化输送装置、自动化除尘装置等技术及装置配合下，便能够实现对物料的自动化扎带密封。

典型的束袋扎带系统主要由机架、抓袋机构、推送机构、束袋机构、绕袋机构、扎带机构等组成。①抓袋结构：该机构用于对盛好物料的包装袋袋口进行抓紧处理。②推送机构：将盛有物料的包装袋输送至指定位置。③束袋机构：将被抓紧的盛有物料的包装袋，沿物料堆积面上部，自下而上将未盛放物料的包装袋部分进行束集处理。④绕袋机构：其作用是将已经束集好的包装袋上部没有物料的部分进行旋转绕动，使包装袋上部密封效果更好。⑤扎带机构：该机构将模拟人工扎带过程，对已经束集且绕转好的包装袋进行捆扎（尼龙袋或胶带）处理，以达到密封的要求。

根据实际包装要求，可将对包装袋进行捆扎一道或多道处理，也可进行多层包装袋捆扎处理，进而达到提高密封效果的目的。这种自动化扎带密封技术，对于解决当前某些特种行业小颗粒状危化品的包装过程机械化程度低、人工劳动强度大、作业环境差等问题十分有利，且能够避免人工直接接触所导致的安全隐患。尤其是对于需要多层包装袋扎带或多道扎带处理的场合，这种自动化技术的优势十分明显。另外，采用这种自动化扎带密封技术后，不仅密封效果好，而且不容易出现热合密封热合不完全或熔断问题，并且也不会出现缝袋密封方式所带来的线头杂质以及开袋后难以再次密封的问题，因而在对密封要求较高的行业具有广阔的应用前景。可采用这种技术对氧化剂、金属粉等易燃易爆材料，进行自动化包装密封处理。

6.2.5　连续自动化计量技术及设备

在规模化工业生产中，常常需要对各种原材料及辅料进行过程计量与控制，特别是粉体物料的过程计量和控制尤为需要。但是粉体物料的过程计量与控制的发展相对较慢，系列化程度和覆盖面较之气体和液体物料的控制要缓慢得多。粉体物料的过程计量和控制不能单纯地仅就物料的计量和控制方面去考虑，而是需要针对实际生产的工艺过程，如粉体物料的输送、过程储存、外部环境等各种因素，进行综合考虑，以实现粉体物料过程计量与控制的稳定和准确[18-22]。

在氧化剂气流粉碎过程中，或氧化剂包装、应用等过程中，需对氧化剂的量进行精确称量控制。通常可采用普通的静态称量法，即在人工或机械操作下，对氧化剂进行准确称量后，再将氧化剂加入包装桶（袋）或料仓中。这种静态称量方式操作简单，称量准确，已在氧化剂制备及应用领域获得广泛使用。在单批式自动化称量时，通常是先采用螺杆或星型卸料阀等实现物料快速、连续加入，当物料加入量达到设定值后（如目标加料量的 90%、95% 或 98%），然后再采用小量精确加料技术连续加料，直至物料加料量达到设定值，从而既保证加料速度，又保证加料精度。

然而，一方面随着氧化剂复合技术的发展，如将氧化剂与固体燃烧催化剂进行复合处理以提高燃烧催化效果，需要将少量的固体催化剂连续、稳定、精确加入复合处理系统（可采用气流粉碎系统进行微纳米粉碎与复合一体化处理），以提高复合效果。另一方面，随着固体推进剂与混合炸药等火炸药产品的制造工艺技术发展，连续化、自动化、智能化等制造工艺技术已逐渐发展进步，这些新的工艺技术的发展也需要有连续、自动化、精确计量技术与之配套使用；尤其是小量精确加料技术，这对火炸药产品连续制造工艺推广应用至关重要。然而，实现小量连续精确加料的难度非常大。下面结合几个典型的小量连续计量技术与装置，对其加料原理进行简单介绍。

1. 微量粉体仓式失重秤

微量粉体仓式失重秤，是利用测量称重仓的失重速率作为反馈来控制料仓出口流量，其优点是测量比较准确，能完成各个量程范围的微量粉体计量；缺点是物料换仓时会出现短时调节死区。微量粉体仓式失重秤一般由称重小仓测量出实际粉体物料量，被测量的粉体物料通过置于仓体下方的出口，由可调节的阀门或其他可调节装置卸出，出口流量的大小由调节阀门通过实际测量仓重减少的速率来控制。这样基本可以保证这一仓粉体物料的精确度。通常高精度微量粉体仓式失重秤系统，多用于实验室中或试验线上。

2. 环状天平类转子秤

小型化的转子秤，又称为转子式流量计。环状天平类转子秤的计重是利用杠杆原理，测量动态过程中转子内粉体物料的重量，并根据测量转子的角速度来确定粉体喂料的流量。通过控制转子的角速度可以控制转子实际的输出流量。小型化环状天平类转子秤作为微量粉体计量与控制设备，从理论上说是完全可行的。但在实际应用过程中，特别是粉体的称量量程和堆积密度都很小且粉体带有黏滞性时，被测粉体物料的实际称量精度和卸料都需进行结构性改动，否则易出现称量精度下降以及卸料不完全等现象。而这些结构性的改动则会带来较大的成本，使得设备整体应用效率下降。

3. 小型化的冲板（滑槽）类流量计

冲板类流量计的测量原理是利用导槽约束粉体料流，通过对粉体料流在测量板上的冲量进行测量，然后利用标度变换和计算，得出实际粉体的流量。对于连续稳定且流量较大的粉体粒子束来说，采用冲板类流量计对粉体物料进行测量时，通过校正环节可以得到一个相对准确的流量值。然而对于微量粉体采用小型化的冲板类流量计来说，首先难以解决的一个问题就是如何保证微量粉体料流在测量板上的连续稳定；其次微量粉体在测量板上的冲量值是非常微小的，因此对测量传感器的灵敏度有着非常高的要求。

4. 微波测量的管道流量计

借鉴液体和气体流量计采用管道测量的方式，通过微波进行测量的稀相微波固体管道流量计，利用传感器和金属管道之间电磁场的耦合产生一个测量场；然后利用测量场被固体颗粒反射回来的微波能量的频率和振幅，来确定单位时间内通过管道的粉体颗粒的多少。这种类型的计量装置结构简单、安装方便，但是价格定位较高，实际应用的场合并不多见。并且，这种流量计的计量准确性对粉体物料在管道内的分布均匀性的依赖度很高，一旦粉体物料分布不均匀，计量精度将大幅度降低。

5. 微型螺旋定量给料机

微型螺旋定量给料机就是将螺旋定量给料机小型化，简单地说，就是将螺旋秤的管径或螺距缩小，以满足微量粉体的喂料流量。这种方式大致可以满足每小时数十至数百千克量程的喂料量，其缺点是喂料的稳定性、计量精度和适应性较差。例如对于普通的螺旋定量给料机而言，对流动性较强的粉体物料，很难控制其冲料现象的发生，而对于微纳米氧化剂这种吸湿性较强的物料，易在螺旋管中形成板结现象，甚至导致设备无法工作。李凤生教授团队已研究实现了流动性较好的粗颗粒物料连续稳定加料，避免了冲料现象的发生，应用效果良好。

综上所述，各种小量连续计量技术及装置的测试准确性与连续稳定性，都与物料的状态息息相关，并且受到各种不同因素的影响和限制，通常都难以实现微纳米粉体物料连续精确计量加料。尤其是对于微纳米氧化剂，如微纳米级别的 AP、氯酸钾、硝酸铵等，不仅具有吸湿性、黏滞性，还具有燃爆特性，在对其进行精确微量计量时，准确性、稳定性、可靠性更加难以控制。这也是微纳米氧化剂在连续计量加料工艺方面需研究解决的难题。

6.3　典型的氧化剂自动化气流粉碎系统

气流粉碎机是通过高速气流的能量，使得颗粒相互冲击、碰撞、摩擦及磨削而实现微纳米化粉碎的设备。为了实现粉碎过程可控性高，粉碎后产品粒度小、粒度分布窄，必须采取相关自动化技术及配套辅助设备与气流粉碎主机配合使用，构建自动化气流粉碎系统。

目前，气流粉碎过程的自动化控制系统，通常采用 PLC 控制系统，其主要由机架、CPU 模块、功能模块、接口模块、通信处理器、电源模块和编程设备组成，各模块安装在电气控制柜里。在操作运行时，根据生产工艺，系统的输入包括 IO 输入信号和模拟量输入信号。IO 输入信号主要是来自按钮和阀门的状态信号，用于控制系统对按钮按下/抬起、阀门开启/闭合状态的监控。模拟量输入信号主要来自温度、压力和流量等传感器的电流模拟信号，用于控制系统对这些物理量的监测、控制与显示。系统的输出信号包括 IO 输出信号和模拟量输出信号。IO 输出信号主要是通过控制系统对各类电磁阀、指示灯、喇叭的开关进行控制。模拟量输出信号主要是通过控制系统输出电流模拟信号去控制变频器的输出频率和阀门的开度等。

系统的控制软件按生产工艺的要求，划分为功能相对独立的模块，每一模块独立完成一项特定的功能，最后由主控模块将它们按逻辑进行组装。采用模块化设计，使程序的结构简单明了，易于调试。

气流粉碎过程的加料速率，是影响气流粉碎效率和粉碎产品质量的重要因素之一。物料在粉碎室内是流动的，而且在空间的分布密度受压力、流速变化的影响很大，因此对加料速率的控制，直接制约着粉碎室内的物料状态。对于扁平式气流粉碎设备，其粉碎过程的物料加入速率通常是通过圆盘转速、回转阀门转速或螺杆转速等进行调控，针对流动性较好的物料，在料仓内物料充足的情况下，加料速率可基本随转速而保持恒定，加料过程可视为连续过程。对于流化床式气流粉碎设备，由于要求粉碎室内需保证一定的物料量，因而通常加料过程是间断加料，即使物料量在粉碎室内保持在一定的范围内，当物料量小于或接近下限阈值时，开始加料；当物料量达到或接近上限阈值时，停止加料。这都依赖于自动化控制技术。

例如对于流化床式气流粉碎设备，物料在粉碎室内的量是随着粉碎主机一起称重的。物料由下料仓经加料器进入粉碎室内。加料器的加料速率受粉碎室内物料重量信号的控制，当重量由下限值向上限值变化时，加料速率可控制为由大向小变化；当物料量到达设定的上限值时，加料停止；当物料量达到设定的下限值时，加料器继续加料。通过加料器与粉碎室内的物料重量信号实时自动化联控，就可以使粉碎室内物料量适中、稳定，始终处于最优状态。又如对于扁平式气流粉碎设备，要获得粒度小、粒度分布窄的微纳米氧化剂产品，必须确保加料速度连续、稳定、均匀。这不仅需要使星型卸料阀或螺旋加料器等加料装置的运转速度保持恒定，还需要使与星型卸料阀或螺旋加料器直接连接的料仓内的物料维持在一定范围内。这就需要在自动化称重、自动化输送等技术支撑下，在程序控制下使系统实时自动化运行，方能保证加料的连续性、均匀性和准确性。

必须指出的是，当前气流粉碎过程的阀门开启/闭合、指示灯、报警灯等自动化控制，以及温度、压力等自动化监测，都已经比较成熟，这些技术也都已经在氧化剂微纳米化气流粉碎过程实施应用。随着自动化技术的应用及发展，气流粉碎过程也越来越简便，粉碎效率和产品质量稳定性也获得了提高。

微纳米氧化剂在气流粉碎过程中由于结拱架桥、附壁等引起的管路堵塞问题，以及由之导致的产品质量稳定性降低、产能减低等问题，扁平式气流粉碎过程中由于加料不匀速所引起的产品粒度波动、粒度分布变宽等问题，这些都是需要重点关注和解决的。由于微纳米氧化剂的易燃易爆特性，也限制了一些技术的应用，因而使得这些问题的解决存在一定的难度。当这些自动化技术及装置实施应用后，将有望实现针对气流粉碎过程全系统的智能自动化控制。例如根据物料粉碎产品粒度（或其他指标）自动调节加料速率（以及其他工艺参数），实现气流粉碎过程智能化控制，进一步提升微纳米氧化剂产品质量及其稳定性。

另外，微纳米 AP 等氧化剂经气流粉碎制备后，自动化输送（转运）、自动化安全筛分、自动化性能检测（重点是团聚与储存稳定性能）、自动化精确称量、自动化高效应用分散处理等，也是当前面临的技术难题及重点需要解决的问题。当这些自动化技术及装置得以突破及应用后，微纳米氧化剂的全流程处理效率、安全性、质量稳定性，以及应用效果都将获得显著提升。

6.3.1　典型的流化床式自动化气流粉碎系统

流化床气流粉碎的粗颗粒原料自动化上料可采用负压输送方式或正压输送方式；自动化加料可采用如第 4 章所述的重力下落式加料或螺旋推送式加料；粉碎后产品可采用除尘器直接进行气固分离，也可采用旋风分离器对物料进行初步气固分离后再采用除尘器进行除尘处理。结合粗颗粒物料上料输送方式、粉碎加料方式、产品气固分离方式、除尘方式等，可将流化床气流粉碎系统布局成各种各样的形式。其中，采用真空上料机上料，并采用一级旋风分离器和袋式除尘器组合进行气固分离与除尘的系统布置如图 6-16 所示。

图 6-16 中，在这种布置的流化床式气流粉碎系统内，粗颗粒原料经过筛分装置（如无尘投料站）筛分除去大块状团聚体及异物后，在真空上料机产生的负压作用下自动化输送进入料仓。料仓内的物料经连续加料系统（如星型卸料阀+螺杆组合式）连续加入气流粉碎设备内，在粉碎室内被高速气流所形成的力场粉碎并呈流化态；固体颗粒随气流上升至分级叶轮处，在分级叶轮高速旋转所产生的离心力场作用下，粗颗粒被甩至粉碎室边壁而受重力下落至粉碎区继续粉碎，细颗粒随气流穿过分级叶轮进入旋风分离器；在旋风分离器内，物料实现初步气固分离而从旋风分离器下部排出，通常要求分离效率达 95% 以上；经初步分离后的气固混合物进入袋式除尘器，在袋式除尘器内，物料颗粒被滤袋阻隔，气体穿过滤袋实现净化并被排出除尘器；被阻隔的物料在重力作用下掉落或在反吹气体作用下而掉落，进入除尘器下部出料口，在星型卸料阀或双蝶阀等连续出料装置作用下从除尘器排出。这种布局的气流粉碎系统需确保旋风分离器的分离效率，以降低除尘器滤袋的堵塞风险，提高粉碎系统的运行稳定性。在旋风分离器下料口收集的物料，与在袋式除尘器下料口收集的物料，两者的粒度、组成等往往会不一致，其中袋式除尘器收集的物料平均粒度较小，且物料中比重较轻的组分含量较多（对混合物料进行粉碎时）。采用这种布局的气流粉碎系统，能够实现对物料进行较长时间的连续粉碎，且粉碎产品的粒度稳定性较好；尤其是对于平均粒度在 $5\sim10\mu m$ 的细 AP 等氧化剂而言，具有较好的粉碎效果。由于微纳米 AP 等氧化剂的吸湿性很强，需及时对滤袋进行清洗处理以避免滤袋堵塞，通常是在每次粉碎结束后，拆卸滤袋，然后用蒸汽或水进行清洗处理，之后烘干以备下次粉碎时用。

此外，流化床式气流粉碎设备，也可将压缩气体工质设计为闭路循环式，即通过管路连接和相关在线监测控制技术，使气体工质重复使用，这在采用惰性气体（如氮气）作为粉碎工质时通常会用到。

如图 6-17 所示，物料由密封进料系统连续加入粉碎分级主机 5，在粉碎

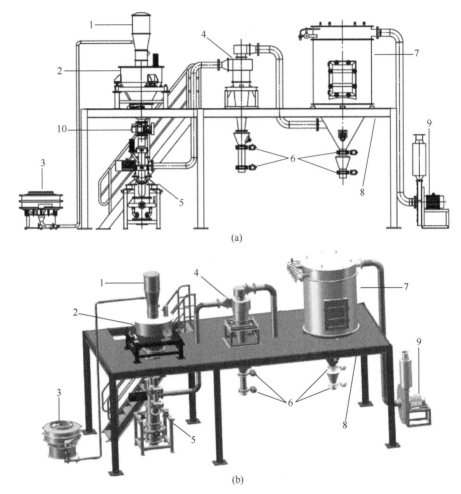

(a)

(b)

1—真空上料机；2—料仓；3—筛分装置；4—旋风分离器；5—流化床主机；
6—连续自动化卸料阀；7—袋式除尘器；8—支撑平台；9—高压风机；10—加料阀。
图 6-16　流化床式气流粉碎系统（旋风收集+袋式除尘）布置示意图

室内，通常设置有 4 个对喷的喷嘴，物料被喷嘴喷出的高速气流旋起。在对物料进行粉碎时，高速气流所孕育的巨大动能使物料颗粒加速，并在喷嘴交汇处发生强烈的相互冲击碰撞，从而达到粉碎目的。被粉碎的物料随上升气流到达分级区，分级区内的分级叶轮分选出所需粒度的物料，随气流进入旋风分离器 6 进行气固分离而被收集。从旋风分离器排出的气流经过除尘器 7 过滤、净化后，通过后续滤清粉单向阀等进一步净化处理后，被引至氮气增压系统 3 的进气管路；再次被压缩并经干燥系统 4 干燥、净化，之后进入过滤器进一步净化，方可再次进入粉碎主机对物料进行粉碎[23-24]。为了保证氮气的供应，在氮气压缩机前端还需配置制氮系统 1 和储气罐 2，确保粉碎系统连续运行时气源充足。

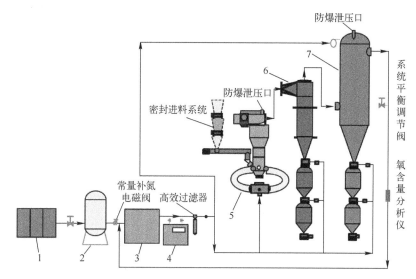

1—制氮系统；2—储气罐；3—氮气增压系统；4—干燥系统；5—粉碎分级主机；
6—旋风分级器；7—除尘器。

图 6-17　工质气体循环使用流化床气流粉碎系统示意图

这种类型的流化床式气流粉碎系统可用于对易燃、易爆、易氧化等特殊组分进行微纳米化粉碎，通常还需在粉碎主机上部、旋风分离器顶部、除尘器顶部设置防爆泄压膜片，以便在意外发生时及时释放设备腔体内的压力，避免或降低危害性。由于该系统对气压、流量、温度、氧含量等都有很高的要求，因而对这些物理量的实时监测与控制是保证整个系统安全、可靠、稳定、高效运行的关键。

6.3.2　典型的扁平式自动化气流粉碎系统

扁平式气流粉碎的粗颗粒原料在筛分处理后，可采用负压输送方式或正压输送方式实现自动化上料并输送进入料仓。料仓内物料的自动化加料可采用星型卸料阀与螺杆组合式加料，即首先采用星型卸料阀从料仓内将物料卸入螺杆加料器的小型过渡料仓内，然后由螺杆加物料推送加入气流粉碎机加料口。也可采用星型卸料阀与振动加料器的组合形式，首先通过星型卸料阀将料仓内的物料加入振动加料器的料斗内，然后由振动加料器将物料均匀加入气流粉碎机的加料口。还可采用螺杆与螺杆组合式加料，首先采用较大的螺杆将料仓内的物料加入下部小型螺杆的过渡料仓内，然后由小型螺杆将物料加入气流粉碎机的加料口。另外，也可采用螺杆与振动加料器的组合形式，首先采用螺杆将料仓内的物料加入振动加料器的料斗内，然后通过振动加料器将物料连续加入气流粉碎机加料口。当然，通过圆盘式加料器、星型卸料阀、螺杆加料器、振动加料器等的组合，还可进一步实现多种加料形式，具体视工艺要求而定。

气流粉碎后的产品可直接进入袋式除尘器进行气固分离与除尘处理，也可首先采用一级或多级旋风分离器进行初步气固分离后，再采用袋式除尘器进行除尘处理，还可首先采用一级或多级旋风分离器进行初步气固分离后，再采用一级或多级水膜除尘器进行除尘处理。结合加料方式、气固分离方式、除尘方式等，可将扁平式气流粉碎系统布局成各种各样的形式。其中，典型的三种布置（直接袋式收集与除尘、一级旋风分离器+袋式除尘、一级旋风分离器+一级水膜除尘器）如图6-18~图6-20所示。

图6-18中，在这种布置的气流粉碎系统内，粗颗粒原料经过筛分装置（如无尘投料站）筛分除去大块状团聚体及异物后，在真空上料机产生的负压作用下自动化输送进入料仓。料仓内的物料经连续加料系统（如螺杆+振动加料器组合式）连续加入气流粉碎设备内，在粉碎室内被高速气流所形成的力场粉碎后，连续排出并随管路进入袋式除尘器；在袋式除尘器内，物料颗粒随气流运动至滤袋表面而被阻隔，气体穿过滤袋实现净化并被排出除尘器；被阻隔的物料在重力作用下掉落或在反吹气体作用下而掉落，进入除尘器下部出料口，在星型卸料阀或双蝶阀等连续出料装置作用下从除尘器排出。这种布局的气流粉碎系统产品组成与投料组成一致，且不存在由于多个收料口而引起的物料粒度差异。然而，这种出料方式对滤袋造成的过滤压力很大，容易导致除尘器滤袋堵塞进而引起气流粉碎系统故障；尤其是对于微纳米氧化剂（如AP）这类吸湿性很强的物料，极容易在滤袋表面黏附，进而引起滤袋堵塞。这就需要及时采用反吹气体对滤袋进行吹扫处理。然而，即便这样，也很难将滤袋上的物料吹扫干净，随着粉碎时间的延长，滤袋仍然会堵塞，需及时对滤袋进行清洗。对于AP等氧化剂微纳米化粉碎来说，一般都要求每次粉碎完成后就将滤袋拆卸清洗，然后烘干处理。

图6-19中，在这种布置的气流粉碎系统内，粗颗粒原料经过筛分装置筛分除去大块状团聚体及异物后，在真空上料机产生的负压作用下自动化输送进入料仓。料仓内的物料经连续加料系统（如螺杆+螺杆组合式）连续加入气流粉碎设备内，在粉碎室内被高速气流所形成的力场粉碎后，连续排出并随管路进入旋风分离器；在旋风分离器内，物料实现初步气固分离，通常要求分离效

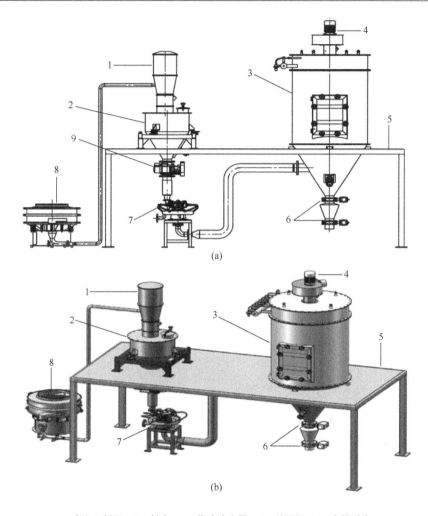

(a)

(b)

1—真空上料机；2—料仓；3—袋式除尘器；4—引风机；5—支撑平台；
6—连续自动化卸料阀；7—扁平式主机；8—筛分装置；9—加料阀。
图 6-18 扁平式气流粉碎系统（袋式收集与除尘）布置示意图

率达 95% 以上，至少也需达 90%；经初步分离后的气固混合物进入袋式除尘器，在袋式除尘器内，物料颗粒被滤袋阻隔，气体穿过滤袋实现净化并被排出除尘器；被阻隔的物料在重力作用下掉落或在反吹气体作用下而掉落，进入除尘器下部出料口，在星型卸料阀或双蝶阀等连续出料装置作用下从除尘器排出。这种布局的气流粉碎系统除尘器滤袋被堵塞的概率大大降低，粉碎过程稳定性提高；但是，旋风分离器所收集的物料与袋式除尘器收集的物料粒度分布可能存在差异，尤其是当加料稳定性较差、气流粉碎主机粉碎能力较弱时，这

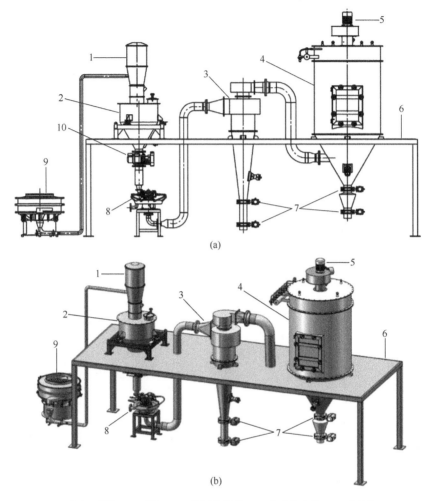

(a)

(b)

1—真空上料机；2—料仓；3—旋风分离器；4—袋式除尘器；5—引风机；
6—支撑平台；7—连续自动化卸料阀；8—扁平式主机；9—筛分装置；10—加料阀。

图 6-19　扁平式气流粉碎系统（旋风分离器+袋式除尘）布置示意图

种现象更为显著。另外，若粉碎几种物料的混合物，还可能出现旋风分离器收集的物料与袋式除尘器收集的物料组成不一致的情况，当物料间的比重差异较大时，这种现象更为明显。采用这种布局的气流粉碎系统，能够实现对物料进行较长时间的连续粉碎，且粉碎产品的粒度稳定性较好。然而，对于氧化剂微纳米化粉碎过程来说，通常也要求每次使用后便立即对滤袋进行拆卸清洗处理，因为微纳米氧化剂极容易吸湿结块，若不及时清理，将可能引起除尘器滤袋堵塞。此外，除尘器上黏附的物料还可能导致下一步物料污染。

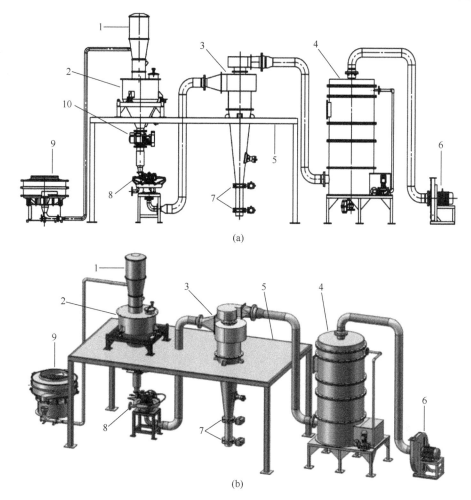

1—真空上料机；2—料仓；3—旋风分离器；4—水膜除尘器；5—支撑平台；
6—引风机；7—连续自动化卸料阀；8—扁平式主机；9—筛分装置；10—加料阀。

图 6-20　扁平式气流粉碎系统（旋风分离器+水膜除尘）布置示意图

　　图 6-20 中，在这种布置的气流粉碎系统内，粗颗粒原料经过筛分装置筛分除去大块状团聚体及异物后，在真空上料机产生的负压作用下自动化输送进入料仓。料仓内的物料经连续加料系统（如星型卸料阀+振动加料器组合式）连续加入气流粉碎设备内，在粉碎室内被高速气流所形成的力场粉碎后，连续排出并随管路进入旋风分离器；在旋风分离器内，物料实现初步气固分离后，气固混合物进入后续水膜除尘器，气体经净化处理后排空，残存的固体颗粒被水膜除尘器阻隔收集后与水形成混合物或溶液；成品物料在旋风分离器下部，

在通过星型卸料阀或双蝶阀等连续出料装置作用下排出而被收集。这种布局的气流粉碎系统避免了滤袋堵塞风险，粉碎过程连续性、稳定性大大提高，但是这种系统要求旋风分离器具有很高的气固分离效率（通常不得低于95%），不然产品得率太低而使得其适用性降低。另外，若旋风分离器分离效率较低，大量的微纳米粉尘进入水膜除尘器，不仅可能引起水膜除尘器堵塞，还会导致排放的气体中存在大量的微纳米粉体颗粒而造成环境污染。采用这种布局的气流粉碎系统对单一物料进行粉碎处理效果较好。若对多种物料组成的混合物料进行粉碎处理，产品中的物料组成将很可能与投料组成不一致，尤其是当物料之间的比重差异较大时。采用这种气流粉碎系统对 AP 等氧化剂进行微纳米化粉碎处理，无须每次粉碎结束后都对除尘器进行拆卸清洗处理，若设计使旋风分离器具有较高的分离效率，将产生十分优异的工业化应用效果。

　　总体来说，氧化剂气流粉碎过程的自动化技术及设备，不仅包括物料自动化输送、自动化加料、自动化出料与收集，以及粉碎产品后续自动化处理（如自动化分装）等技术及设备，还包括全系统自动化控制技术。自动化控制系统不仅需对全过程所有设备的自动化运行进行控制，还要对粉碎过程的温度、气流压力、环境湿度等参数进行自动化监控，并及时做出相关的响应，以达到粉碎过程连续自动化运行的目的。在氧化剂微纳米化气流粉碎过程中，自动化技术及设备的发展及应用，将大大降低人工劳动强度，提高生产过程的安全性和产品质量的稳定性。然而，由于氧化剂的易燃易爆特性，在自动化技术及设备的设计及选型时，必须首先结合物料特性分析过程的安全风险，在确保安全可控后才能进一步进行后续自动化应用实施。另外，针对氧化剂微纳米化气流粉碎过程，如何实现粉碎过程核心参数的及时准确监测与快速智能控制处理，避免当前间歇性的采样分析检测方式（如定时采样分析粒度的方式）所带来的检测结果滞后性，是后续研究需重点关注并解决的问题。此外，在微纳米氧化剂（如 AP）的储存及后续应用过程中，如何及时自动化辨识微纳米氧化剂的关键状态参数，实现对氧化剂储存稳定性和使用安全性及使用效果的预判，更是需要深入研究加以解决的难题。

参 考 文 献

[1] 戴绪愚. 自动化技术 [M]. 上海：上海科学技术出版社，1994.

[2] 杜君文. 机械制造技术装备及设计 [M]. 天津：天津大学出版社，2007.

[3] EPHREM R A, MOHAMMAD O A. A review on the applications of pro-

grammable logic controllers（PLCs）［J］. Renewable and Sustainable Energy Reviews, 2016, 60：1185-1205.

［4］王轶 . 浅谈 PLC 技术在机械电气控制装置中的应用［J］. 电子世界, 2020（11）：182-183.

［5］DU Y K, GAO G H, DU Y S, et al. Research on automation equipment of seedling block formation［C］//Institute of Electrical and Electronics Engineers Inc. , Xi'an, 2018：754-758.

［6］HULEWICZ A, KRAWIECKI Z, DZIARSKI K. Distributed control system DCS using a PLC controller［J］. ITM Web of Conferences, 2019, 28：01041.

［7］朱学军 . 分布式控制系统发展综述［J］. 机床电器, 2004（1）：5-8.

［8］张驰 . DCS 控制系统在化工生产中的应用［J］. 化工设计通讯. 2020, 46（8）：159-160.

［9］牛建璋 . 石油化工行业 DCS 控制系统信号干扰原因及对策［J］. 中国设备工程, 2020（14）：151-152.

［10］石丹丹, 朱富军, 郑亚州 . 化工装置 DCS 控制系统原理及异常失灵的应急处理［J］. 建材与装饰, 2018（45）：195-196.

［11］许喆 . 提高石油化工装置 DCS 控制系统运行周期方案探讨［J］. 科技创新与应用, 2018（28）：121-123.

［12］徐颖, 张强, 许金泉, 等 . 基于 DCS 改造最小验证平台的稳压器压力控制回路比对测试研究［J］. 核动力工程, 2021, 42（1）：90-94.

［13］张英杰, 陈大广 . DCS 控制系统及其工程应用实践［J］. 工业控制计算机, 2012, 25（8）：45-46.

［14］吴宏富, 余绍火 . 中国粉体工业通鉴：第 2 卷（2006 版）［M］. 北京：中国建材工业出版社, 2006.

［15］张少明, 翟旭东, 刘亚云 . 粉体工程［M］. 北京：中国建材工业出版社, 1994.

［16］杨宗志 . 超微气流粉碎（原理、设备和应用）［M］. 北京：化学工业出版社, 1988.

［17］刘建平, 杨济航 . 自动化技术在粉体工程中的应用［M］. 北京：清华大学出版社, 2012.

［18］侯贵斌, 雷仕庆 . 水泥厂粉体物料计量技术的应用现状［J］. 水泥, 2006（9）：55-58.

［19］姚雪荣, 赵明, 高春武 . 脱硫石膏粉湿料仓及卸料喂料机的研制［J］. 新型建筑材料, 2006（9）：15-16.

[20] 鹿建森. 一种易流性粉体物料定量喂料控制系统及其应用 [J]. 水泥工程, 2014 (5): 78-80.

[21] 顾金梅, 栾振辉. 粉体物料定量给料系统的研究与应用 [J]. 煤矿机械, 2005 (1): 83-84.

[22] 刘光年. 多通道微量粉体定量喂料控制系统的应用 [J]. 有色冶金节能, 2020, 36 (4): 53-57.

[23] 束雯, 蔡相涌, 葛晓陵. GMP 超细气流粉碎的自动控制研究 [C]// 第八届全国粉体工程学术会议暨 2002 年全国粉体设备技术产品交流会, 北京, 2002: 156-159.

[24] 吴建明. 惰性气体保护气流粉碎技术在农药加工中的应用 [J]. 世界农药, 2014, 36 (3): 51-55.

第7章　氧化剂微纳米化技术及
应用发展方向

微纳米氧化剂由于其表面效应与小尺寸效应，以及相关物理与化学效应，已在固体推进剂与混合炸药及火工烟火药剂中获得了良好的应用，并显示出进一步提升应用效果的潜在优势。然而，微纳米氧化剂粉体的感度较高，制备过程中的安全风险较大，并且极易吸湿、团聚，实现稳定储存与高效分散应用的难度极大，另外还会引起后续应用产品的感度升高，应用过程中发生燃爆的安全风险增大。这又反过来制约了其优异性能的充分发挥和实际应用效果。如何充分发挥微纳米氧化剂的性能优势，使其由于粒度减小所带来的应用效果提升，与由于粒度减小所带来的吸湿、团聚、难以分散等问题达到平衡并最优化，是微纳米氧化剂后续研究亟待解决的科学技术难题，这也势必伴随微纳米氧化剂研究的全过程。

7.1　加强微纳米氧化剂制备基础理论及模拟仿真研究

在微纳米科学技术领域，发现新现象，认识新规律，提出新概念，建立新理论，为构筑新的微纳米材料制备与应用科学技术框架体系奠定基础，丰富微纳米材料在物理及化学等领域的研究内涵，才能高效地促进其应用。在国家微纳米技术专项的支持下，我国微纳米材料的制备技术获得了长足发展，许多微纳米材料的制备技术研究成功并且已实现工程化和产业化放大。微纳米材料的制备，一方面涉及单一化合物材料的微纳米化制备；另一方面还涉及多种材料所构成的复合物的微纳米化制备[1]。对于单一化合物材料的微纳米化，主要针对粒度、粒度分布、形貌、表面特性等进行处理。对于复合物的微纳米化，不仅涉及粒度、形貌等的处理和优化，还涉及复合物的结构设计，异质、异相和不同性质的微纳米基元的组合，以及微纳米尺度基元的表面修饰与改性等。在这一层面，人们可以有更多的自由度按自己的意愿设计构筑具有特殊性能的新材料。

不管是单一化合物材料，还是复合物材料，其微纳米化技术的发展，都离不开新理论的发展和应用。这是因为，对于已有物性确定的材料，为了提高微纳米化效率和微纳米产品的品质，需要新的微纳米化理论的支撑；对于未知物性的新材料，其微纳米化过程也必然涉及新的理论。尽管微纳米材料的研究已取得很大的进展，但仍有许多问题有待进一步探索和解决，如材料制备过程中的结构精确控制、粒度与形貌调控以及性能优化等，都还需开展大量的基础理论研究。这些都是微纳米材料实现高品质制备及高效工业化应用的基础。

对于氧化剂微纳米化制备过程，可采用基于气流粉碎原理的微纳米化技术，也可采用基于结晶构筑原理的微纳米化技术，还可采用基于机械粉碎原理的微纳米化技术。是否还有新的原理及工艺技术能够实现氧化剂安全、高品质、大批量微纳米化制备？这需要加强理论研究，实现理论的创新和突破。对于已经成熟应用的气流粉碎技术，如何进一步提高粉碎能力、降低粉碎能耗，如何进一步降低粉碎产品粒度、提高微纳米 AP 等氧化剂（$d_{50} < 3\mu m$）制备能力、提高微纳米氧化剂的球形度等，都需要开展进一步深入研究。这就迫切需要加强微纳米化制备方面的基础理论研究，结合气流粉碎过程的物料特性、工艺参数、设备结构等，进行系统深入的研究，在全面分析掌握物料颗粒的粉碎过程及规律后，研究出新的高效粉碎理论。

由于微纳米氧化剂的易燃易爆特性，并且是粒度越小（$d_{50} < 3\mu m$），氧化剂的感度越高，这就带来了微纳米氧化剂在制备过程中安全风险升高的问题。当氧化剂微纳米化制备的新理论与新方法应用时，若在基础研究与工程化及产业化应用之间，仍采用试错模式，靠大量探索试验获取数据，既耗费大量人力与物力，又增大了研究过程的安全风险。这就需要加强模拟仿真研究。如果能采用模拟仿真的方式，结合已有的或新的理论与方法，从理论上推演出氧化剂微纳米化过程及演变规律，获得大量的仿真实验数据并在此基础加以优化、验证，就可大大节约人力与物力，降低研究过程中的安全风险。因此，加强微纳米氧化剂制备过程的模拟仿真研究尤为重要。

氧化剂微纳米化制备过程的模拟仿真研究，不仅对微纳米化制备过程的安全、产品品质和氧化剂微纳米化工艺设计、设备研制与放大具有重要意义，而且对氧化剂微纳米化全流程实现数字化、智能化也至关重要。例如：通过对氧化剂微纳米化制备过程进行数值模拟仿真研究，就可在既定工艺设备的条件下，事先给出某种微纳米氧化剂产品所需的制备工艺参数，也可直观预判某种工艺参数所对应的微纳米氧化剂产品的指标，还可基于某种微纳米化制备工艺，优化设备的结构及材质。进而有效指导氧化剂微纳米化制备工艺和设备的放大，使微纳米化制备过程更加高效、安全、可控，保证工程化与产业化放大后产品的质量稳定性。

尤为重要的是，通过加强"基础理论+模拟仿真"这一研究思路，可以解决那些采用当前工艺及设备不能实现的难题。因为对于微纳米氧化剂制备工艺及设备的工程化与产业化放大，所需的场地（工房）、电耗、成本都大幅度提高，过程的安全风险更是大大增加。这不容许采用试错的方法进行验证，必须确保一次成功。只有在相关基础理论支撑下，基于模拟仿真研究结果，在已有条件下逐级验证，才能为微纳米氧化剂的工程化放大提供可靠的数据支撑并提高放大的成功率。

7.2　加强微纳米化制备技术创新与设备研发

微纳米氧化剂属易燃易爆材料，除了具备普通微纳米材料的特性，还具有以下特点：对冲击、摩擦、剪切、热、火花、静电、可燃成分、硬金属杂质等十分敏感，而且产品粒度越细，其敏感性越高。对氧化剂进行微纳米化处理，将会引起氧化剂颗粒的粒度、比表面积、形状等发生改变。在一定的粉碎技术及设备条件下，氧化剂产品的粒度、粒度分布、形貌、比表面积等，都是重点关注的问题。

对于微纳米氧化剂这类特种微纳米粉体，在制备过程中必须施加足够的外力场，给予大颗粒物料足够的能量，才能使其破碎。然而，由于氧化剂的特殊性质，粉碎过程中施加力（能量）的方式及大小必须适当，否则将会"激活"被粉碎的物质，使其在粉碎过程中发生燃烧或爆炸。因此，针对氧化剂微纳米化制备技术及应用的研发及创新，必须始终将氧化剂的易燃易爆特性作为首要考虑因素，这样才能实现新技术与新设备的实际工程应用。例如新型的氧化剂粉碎技术，必须杜绝可燃成分的引入、严格控制粉碎过程中的温度和静电、防止粉碎过程中机械部件引起的强烈摩擦与撞击等。

氧化剂微纳米化制备技术创新与设备研发，最关键的是氧化剂微纳米化制备核心技术的原理创新及设备研发，重点是要突破传统的粉碎理念，创建新的粉碎原理。传统的粉碎理念是通过将外力场（外能）施加到被粉碎物质上，使物质吸收外能并超过其自身的内聚能进而发生碎裂，该过程是从物质表面自外向内施加粉碎能量。能否创新设计出新的力场（能量场）施加方式，使被粉碎物质不仅外部受力，并且内部也直接受到精准、可控的能量场作用，在这种内外能量场协同作用下实现高效、快速、精准微纳米化，即实现自外向内和自内向外同时施加粉碎能量。进一步再创新设计出智能化柔性施加"软性"粉碎力场的方式，使氧化剂等易燃易爆材料微纳米化制备过程本质上安全可靠、可控，从而真正实现安全、精准、定制化制备。

另外微纳米化制备技术创新与设备研发也包括辅助技术的创新及设备研

发，如物料输送技术、物料计量技术、物料加料技术等。通过这些技术创新与新设备研发及应用，实现微纳米氧化剂制备技术体系的整体创新，更为重要的是实现人工劳动强度低、过程本质安全度高、自动化及智能化水平高等目标，从而使微纳米氧化剂的粒度与形貌更可控、产能更大、制备过程安全风险及能耗更低。

在核心技术创新及设备研发方面，以气流粉碎技术为例，需加强如下方面的研究。首先，加强工艺技术创新，优化工艺流程，使已有气流粉碎设备的效率更高、产品质量更稳定。其次，加强新型的气流粉碎力场设计创新，针对进一步降低粉碎极限与提高粉碎产能的需求，设计新的粉碎主机结构，研发出新型气流粉碎技术，如多级引射耦合加速气流粉碎技术及设备，实现微纳米氧化剂产品的粒度进一步降低、产能进一步提升，以满足固体推进剂与混合炸药及火工烟火药剂的使用需求。

在辅助技术研发创新方面，必须围绕微纳米化制备的核心工艺，结合被处理的氧化剂的物料特性，开展设计创新与设备研制并推广应用，才能达到提升微纳米氧化剂产品质量与产能、降低人工作业强度等目的。为了实现氧化剂微纳米化气流粉碎过程连续化，必须首先解决氧化剂的连续输送、连续精确计量、连续均匀稳定加料等问题，这就需要对粗颗粒氧化剂的输送、计量与加料等技术进行优选集成或设计创新，如本书第 6 章所述的连续稳定螺旋加料技术及设备。对于从粉碎主机排出的微纳米氧化剂粉体来说，由于颗粒极细、表面能很高、表面电荷高，在连续输送、连续气固分离、连续卸料等过程中流散性很差，极易团聚、结块和架桥，导致所制备的微纳米氧化剂粉体无法连续、均匀、稳定地从粉碎系统排出，进而使得气流粉碎过程无法连续稳定运行。这就必须加强微纳米氧化剂粉体连续卸料（下料）技术及设备研究，如本书第 6 章所述的扰动破拱技术及设备，避免微纳米氧化剂结拱、架桥，使粉碎过程顺畅进行。

此外，在氧化剂气流粉碎过程中，产品粒度的实时在线监测与粉碎工艺参数的智能调控，也是今后氧化剂微纳米化制备过程的重要发展方向。随着微纳米氧化剂的需求量越来越大，微纳米化处理过程的制备能力也将越来越大，当前定时取样分析粒度的方法已难以满足产品质量精准控制的需求。因为现有的质量监控方法通常是每隔一定时间（如 1h、2h 或 4h）采样并分析粒度，这种滞后的分析将可能导致大量产品的质量不达标而造成很大的物料浪费。若通过在线检测技术及相关软硬件的设计与应用，使氧化剂微纳米化过程的自动化、智能化水平提高，将能解决人工间歇性调节所存在的低精度与滞后性等问题，为产品质量稳定性与一致性水平的提高提供技术支撑。

7.3　注重防吸湿与防团聚技术研究

氧化剂经微纳米化处理后，尤其是当粒度小于 $3\mu m$ 或更小时，由于微细颗粒的表面效应、小尺寸效应，致使微纳米氧化剂表现出的相关物理及化学特性比粗颗粒氧化剂更加突出。这一方面会使微纳米氧化剂在应用时与可燃组分实现更充分的接触，进而获得优异的效果，如使固体推进剂的燃速大幅度提高、使混合炸药的爆速及爆轰反应完全性也提高。另一方面也使得微纳米氧化剂的吸湿性大幅度增强，在微纳米化粉碎、储存、运输、使用等过程中极易发生吸湿、团聚，甚至引发微细颗粒重结晶长大或颗粒之间形成硬连接而导致粒度增大。这不仅会增大微纳米氧化剂在应用时的分散处理难度，甚至还会使微纳米氧化剂无法使用。因此，微纳米氧化剂的防吸湿、防团聚已成为微纳米氧化剂稳定储存及高效应用的瓶颈技术之一。

采用防吸湿剂对微纳米氧化剂进行表面修饰处理，或采用聚合物对微纳米氧化剂进行包覆处理，抑或采用其他吸湿性较低的物质与微纳米氧化剂进行混合或掺杂以降低其吸湿性，都是防止微纳米氧化剂吸湿的有效措施，但这几种技术途径也会导致微纳米氧化剂在后续实际工程应用中存在诸多不便，如可能会引起相容性恶化、能量降低等问题。通过对微纳米氧化剂的储存工艺进行优化，以达到防止微纳米氧化剂吸湿并防止团聚的目的，是另一种切实可行的途径。李凤生教授带领的团队通过对微纳米氧化剂进行消除静电、降低表面能、脱除表面水分、控制存放温度等处理，成功实现了微纳米 AP 等氧化剂防吸湿及防团聚，使它们在无须其他任何物质修饰或改性的情况下，可稳定储存半年或 1 年以上。这有效地支撑了高能固体推进剂的配方研制，并提高了质量稳定性。

尽管当前处理工艺能够在不添加其他物质的条件下实现微纳米氧化剂的稳定储存，但该防吸湿及防团聚处理过程通常需要较多工序及较长时间，尚需进一步研究并优化。尤其是对于微纳米氧化剂消除静电以降低吸湿性、降低团聚性的快速、高效处理技术，以及微纳米氧化剂体系的静电检测技术，都还急需开展深入研究。这对氧化剂微纳米化技术的发展极为重要。

7.4　重视粉尘防护与环境保护研究

随着氧化剂微纳米化处理能力的提升和产能的放大，微纳米氧化剂制备及应用过程所引起的环境问题逐渐凸显并越来越受到重视。例如对于微纳米氧化剂的制备过程，不可避免地会发生粉尘逃逸，以及设备清洗所带来的废水等，这将会对周围环境带来较大的威胁。尤其是微纳米氧化剂粉尘，其所引起的环境威胁及环保问题最为常见也最为严重，因为粉尘几乎伴随着制备、筛分、包装、运输、使用等全过程。这些微细氧化剂颗粒所形成的粉尘，极易悬浮形成气溶胶，一旦被人体吸入将对呼吸系统造成严重的损害[2]。

微纳米氧化剂的制备和应用全过程，既涉及微纳米材料相关的粉尘防护和环境保护，又囊括微纳米氧化剂相关的危害防治及其评价体系的建立。微纳米氧化剂既可以造福人类，也可能给环境和人体健康带来危害。微纳米氧化剂作为微细粉体材料具有毒性，然而到目前为止，关于其对健康的影响机制及规律尚未能得到系统全面的揭示。更为重要的是，微纳米氧化剂作为强氧化性物质，其对人体及生物体相关生物器官及生物活性成分具有很强的氧化损害作用，这又进一步加大了微纳米氧化剂粉尘的危害程度。

微纳米氧化剂颗粒，尤其是亚微米级和纳米级颗粒，由于小尺寸效应、表面效应等所引起的独特理化性质，使其相关的毒性及毒理学研究与常规块状或粗颗粒显著不同。一方面，纳米颗粒结构微小，在与人体皮肤或呼吸系统接触时，能够轻易进入机体，并能穿透细胞膜，引起类似环境超微颗粒所导致的炎症反应。例如，一般理论认为，同种化合物的纳米级颗粒与微米级颗粒相比，其致炎性和致肿瘤性等毒性会更大。另一方面，纳米材料的比表面积大、表面活性高，该特性会导致其对生物体的毒害效应放大。

微纳米氧化剂颗粒与生物体及生物大分子具有强烈的结合性，潜在蓄积毒性较大且扩散迁移能力强，这将对环境及人类健康造成很大的威胁。例如人体吸入后会导致呼吸系统损伤甚至病变，并且纳米颗粒还可能随淋巴液进入血液，进而输送到人体各个部位，破坏人体免疫系统，造成更大的身体损害。这其中以对肺部的致病危害最为显著，如引起肺尘埃沉着病（尘肺病）以及其他疾患。并且，相关研究还表明，纳米颗粒还可能穿透人体的血脑屏障，进而对人体的神经系统带来巨大的损伤。此外，微纳米氧化剂颗粒进入环境中，会造成严重的环境破坏，如使水质富营养化、使空气质量下降等。

另外，微纳米氧化剂作为易燃易爆材料，其在环境中所引发的意外燃爆事故，对环境所造成的破坏和对人体所带来的伤害问题，也是需要特别重视的。例如，微纳米氧化剂黏附在管道壁面、风机叶轮等部位，或沉积在管道，经长期累积达到一定数量后，可能在热、静电火花、机械刺激，或与可燃成分接触后受到刺激等因素作用下，发生猛烈的燃烧或爆炸，进而造成设备损坏、环境破坏、人员伤亡等。因此，对于微纳米氧化剂，要严格遵守相关安全操作规范，并且还要重视研究以及消除由于微纳米颗粒的特性所引起的意外燃爆事故。

　　针对上述微纳米氧化剂所带来的环境污染与破坏及人体伤害等风险，对于氧化剂微纳米化制备与应用相关行业及从业人员，务必高度重视相关的危害评价体系建立以及危害防治策略建设。这就首先需要增强环保意识，在微纳米氧化剂的制备及应用全过程中提升对环境保护工作的重视程度，使相关人员不断加强对于各种污染问题和因素的关注，并深入研究加以解决。这种环境保护意识的提升需落实到具体的加工生产流程中，也就是针对加工生产流程进行重点分析，了解其中存在的各种环境污染问题，进而才有望能够较大程度地改善微纳米氧化剂所带来的环境污染。当然，这还需要针对加工生产过程中出现的环境污染问题进行严格防护与综合整治，降低其威胁性。例如操作人员在对微纳米氧化剂进行处理时，需严格穿戴好粉尘防护护具，防止微纳米氧化剂颗粒直接与人体皮肤接触，或通过呼吸道进入人体。这是降低微纳米氧化剂直接危害的有效途径。

　　另外，亟须加快微纳米氧化剂所引起的环境危害评价体系建立，并进一步提出更彻底、更系统的危害防治策略。对于微纳米氧化剂颗粒，由于尺度效应和表面效应所引起的环境污染与毒害机理，需系统深入地开展研究，才能更好地实现环境保护。相关毒理学研究表明，影响微纳米材料毒性的因素很多，如颗粒大小、数目、浓度、表面积、物理性质、化学性质等。由此可见，微纳米氧化剂颗粒的粒度特性决定了其会对生物体及生态环境造成威胁，并危及人类健康。在进行微纳米氧化剂颗粒的危害机理研究时，尤其要重视微纳米颗粒的大小、形貌、粒度分布、浓度等对环境人体的危害规律，揭示它们的作用机制，进而为微纳米氧化剂的毒副性控制和有效防护提供理论支撑。通过采取合适的措施，如表面修饰或复合化处理，降低微纳米氧化剂飘浮、飞散的能力，以及颗粒的毒副性，可以减轻或控制甚至消除微纳米氧化剂颗粒所引起的环境污染与人体损害问题。建立切实有效的针对微纳米氧化剂的环境影响评价体系及防治策略，需结合国家法律法规要求，围绕具体生产的产品特性，在深入分析粉尘危害的基础上加以推动实施。

　　对于加工生产操作来说，为了降低其对于周围环境的污染和影响，切实做好生产位置的选择和具体工艺布置与设备选型工作，是极为重要的。这种工艺场所的布置主要是为了减少加工过程中微纳米粉尘逃逸至环境中所带来的危害。例如采用相对独立的生产空间，对粉尘环境进行除尘净化处理；改进生产工艺和生产设备，优化除尘方式以加大工艺过程除尘力度，进而减少粉尘的飞扬；进一步提高工艺过程的除尘效果，降低微纳米氧化剂制备过程中气固分离后气体中的粉尘含量，使粉尘浓度严格达到相关排放要求后再将气体排出。另外，还要采用防尘防爆电器元件，避免设备死角，有效防止微纳米氧化剂粉尘及废弃物料所引起的意外燃爆风险。

氧化剂微纳米化加工处理与环境保护的关系是相互依存、相辅相成的。相关单位在进行氧化剂微纳米加工的同时也要兼顾生态环境的保护，二者缺一不可。将微纳米氧化剂所带来的军事效益和经济效益，与其所引起的环境危害有机结合起来，齐头并进、双管齐下，才能真正促进氧化剂微纳米化科学技术的发展进步。

7.5　微纳米氧化剂高效应用理论与技术及设备研究

微纳米氧化剂由于其小尺寸效应、密实效应、高表面能与高表面活性，表现出优异的性能并获得良好的应用效果。这么多特性同时作用，到底哪一种效应的作用更大？如何精准地控制某种效应的效能发挥并使其最优化？这都是微纳米氧化剂在固体推进剂与混合炸药及火工烟火药剂中实际工程应用时亟待解决的问题。例如 AP 微纳米化后，应用于固体推进剂可使燃速大幅度提高，应用于混合炸药也可使爆速及爆轰反应完全程度获得提高，应用于火工烟火药剂中则会表现出提高起爆灵敏度和起爆稳定性的优势。引起这些效果的原因何在？目前尚不完全明确。固体推进剂与混合炸药及火工烟火药剂的性能，随氧化剂粒度的变化规律及机理，至今也不完全明晰。

因此，为了实现微纳米氧化剂高效应用，必须首先加强应用基础理论研究，深刻、精准揭示出微纳米氧化剂在固体推进剂与混合炸药及火工烟火药剂应用中，其燃烧性能、爆炸性能、起爆灵敏度，以及力学性能、感度等的作用机理及影响规律。并研究出进一步提高应用效果的理论及技术途径，使微纳米氧化剂的优异特性得以充分发挥，在应用时产生超常效果。只有这样，微纳米氧化剂才能获得真正大规模工业化实际应用，也才达到了研究微纳米氧化剂的初衷。

将氧化剂尺度微纳米化后，在实际工程应用前，需在如下三方面取得突破：

（1）必须研究揭示出其自身热分解历程、能量释放规律、感度等随颗粒尺寸、形貌、粒度分布等的变化机理及规律。

（2）必须揭示出微纳米氧化剂在固体推进剂与混合炸药及火工烟火药剂中应用后，微细氧化剂颗粒与产品中的其他成分接触混合所形成的新体系的热分解历程或燃烧/爆炸反应历程，以及能量释放规律、感度变化规律、机械力学作用规律等随颗粒尺寸、形貌、粒度分布等的变化机理及规律。

（3）必须研究出不同颗粒尺寸、形貌及粒度分布的微纳米氧化剂，与其他成分充分接触并实现高效分散的技术途径。

在深入解析微纳米氧化剂高效应用理论的基础上，还需进一步开展如下 5 方面的技术创新与设备研发研究。

7.5.1 微纳米氧化剂安全高效自动化筛分技术及设备研究

微纳米氧化剂在应用时，首先需进行筛分处理，以除去较大团聚体及异物。当前的筛分处理方式，通常是在微纳米氧化剂投入捏合机前，采用人工搓筛，或在人工辅助下采用振动筛筛分，抑或在旋转刮板或刷子的挤压作用下过筛。这种处理方式效率较低，处理过程粉尘较大，尤其是有人工操作时，工人受粉尘危害很大。例如在人工辅助下采用振动筛进行筛分处理时，整个工房通常是粉尘飘扬，即便操作工人全身穿戴劳保护具，也难以避免地会吸入较多微纳米氧化剂粉尘。这存在极大的安全隐患。因此，必须研究出安全、高效、自动化的微纳米氧化剂筛分技术及设备，为改善作业环境、提高产品品质、提升筛分处理过程的安全性提供支撑。

7.5.2 微纳米氧化剂连续精确计量加料技术及设备研究

微纳米氧化剂的连续精确计量加料，已成为制约固体推进剂与混合炸药及火工烟火药剂制备技术进步和产品质量提升的重要瓶颈。尤其是随着火炸药产品连续化制造工艺的发展，微纳米氧化剂的连续精确计量加料技术已成为迫在眉睫必须解决的关键技术。然而，微纳米氧化剂吸湿性很大，极容易团聚、结块，实现连续精确计量加料的难度非常大。这需要在如下 4 个方面取得突破：

（1）必须解决微纳米氧化剂粉体在连续输送加料过程中的流散性问题，使之不易团聚、结块、架桥，实现连续均匀输送。

（2）必须解决输送设备、加料漏斗的结构与形状设计，使之能连续产生合适的分散力场，进而确保微纳米氧化剂粉体在输送设备及加料漏斗内，在分散力场的作用下始终都处于良好的分散状态：不团聚、不结块、不架桥。

（3）必须研发出微纳米氧化剂粉体在连续、均匀加料过程中的连续精确计量技术，并实现远程自动化控制，实时、精确显示出物料的加入量及加料速率。

（4）还必须研发出微纳米氧化剂粉体连续、均匀、准确加料技术与设备，能随时根据计量设备显示出的计量结果，进行加料速度的修正与自动化调控，使之按设计要求连续准确加料。

当上述这 4 个方面取得突破后，才有望实现微纳米氧化剂在应用时连续、均匀、精确加料。

7.5.3　微纳米氧化剂在应用过程中安全高效分散技术及设备研究

微纳米氧化剂在固体推进剂与混合炸药及火工烟火药剂中的分散问题，是制约微纳米氧化剂的优异特性获得充分发挥并产生超常应用效果的关键因素。研究表明：现有的传统搅拌分散原理及技术与配套设备，已无法满足微纳米氧化剂安全、高效、连续均匀分散的要求。尤其是对于高燃速、高固含量推进剂，当氧化剂的平均粒度小于 $3\mu m$ 后，安全、高效分散难度更大。这就必须突破现有的一些分散理念，研发出新的分散原理及新技术与配套设备。

例如采用智能化仿生"柔性搓揉"连续均匀分散新原理及新技术，使分散设备实时智能感知分散力场与物料状态，并及时做出智能化、柔性化调控，以解决微纳米氧化剂在由高分子黏结剂、单质炸药、金属粉、催化剂等多种成分所形成的特殊高分子复合材料体系中的安全、高效、连续均匀分散的难题。进而充分发挥微纳米氧化剂的优异特性，进一步提高应用效果及应用产品的综合性能。

在进行微纳米氧化剂高效分散技术研究过程中，以及新型的高效分散设备应用前，加强模拟仿真研究，是提高微纳米氧化剂分散效果、保证新技术与新设备的应用安全性和成功性的重要支撑。这是因为：一方面，通过对微纳米氧化剂在应用过程中的分散性，以及氧化剂颗粒与其他组分间的微观结合状态进行模拟仿真研究，可系统全面地分析微纳米氧化剂颗粒在火炸药体系中的分散、分布状态和界面演变规律，为高效分散所需的力场、温度场等设计提供指导，还可进一步为分散设备的设计，及其放大后的结构与材质及工艺优化，提供直接有效的指导，进而提高分散效率和效果。另一方面，通过对含有微纳米氧化剂的固体推进剂等火炸药产品的性能进行模拟仿真研究，可提前预判微纳米氧化剂的引入对产品燃烧性能、爆炸性能、力学性能、感度等的影响规律，为既定应用产品的性能最优化设计和武器装备所需新型特殊配方产品的定制化设计，以及分散过程的安全控制，提供强有力的理论指导和数据支撑。

总之，在微纳米氧化剂分散过程中，通过加强对新技术及新设备的模拟仿真研究并推动仿真结果应用，不仅能够大幅度减少微纳米氧化剂在实际应用时所需的大量探索试验研究工作，优化工艺、节约成本、缩短新型应用产品的研制周期，进而提升产品综合性能。还能够为微纳米氧化剂在固体推进剂与混合炸药等火炸药产品中应用时，所涉及的基础研究、工程化试制与放大、产业化及推广应用等过程的相关人员，提供科学、形象的指导，便于该领域教学、科研、生产、管理及人员培训等效率提高，推动行业技术进步。

7.5.4 微纳米氧化剂高效表面处理与多功能化修饰技术研究

微纳米氧化剂的比表面积大、表面能高，极易吸湿并发生团聚甚至颗粒长大，进而导致性能降低或优异特性丧失。在其应用前，可预先进行表面处理，如表面包覆、粒子复合、表面功能化修饰等，避免在应用过程中所引起的性能降低。并且，通过表面处理或粒子复合，进行特殊粒子设计实现微纳米氧化剂多功能化，如核壳型氧化-催化一体化设计、核壳型降感-抗吸湿一体化设计、多元氧化剂核-壳一体复合化等，进而提升微纳米氧化剂的性能，提高应用产品的综合性能。要实现这一目的，就需要对微纳米氧化剂的表面高效、均匀、高精度处理的技术进行突破和创新，并对性能优化与提升的理论进行创新，还需对微纳米氧化剂多功能化耦合与结构复合处理的理论及技术进行创新，最终促进其高效能应用。

7.5.5 应用性能在线或快速分析检测技术研究

微纳米氧化剂在固体推进剂与混合炸药等火炸药产品中应用后，对应用产品的组分均匀性、力学性能、燃烧性能、感度及爆炸性能等进行在线或快速表征，是提高其应用效能、促进大规模实际应用和提升产品综合性能的重要支撑，也是急需解决的瓶颈问题。例如当微纳米氧化剂在复合固体推进剂中应用时，从捏合分散到固化成型，通常需7天左右的时间，且成型后的样品还需进一步整形处理后，才能对燃烧性能、力学性能等进行分析表征。该过程周期较长，对新型推进剂配方的研制极为不利。一旦出现装药后产品性能不能满足实际需要，不仅不能将相关产品及时交付使用，还会引起大量的产品浪费，甚至引发安全问题，这对大型固体火箭发动机装药生产极为不利。

如何实现推进剂产品性能的快速、精确表征？例如，直接采用推进剂捏合分散药浆进行性能表征测试，进而精准有效推测出成型产品的性能；或直接在线（快速）分析推进剂药浆特性，如组成、组分分布均匀性，进而精准预测固体推进剂产品的燃烧性能、力学性能、感度等。这些都是非常迫切需求的技术。

为了实现这些目标，必须首先实现性能在线或快速表征的理论与技术创新，提出新的表征理论、研制出新的表征技术，最终助力实现微纳米氧化剂在火炸药产品中的高效能应用。

只有充分研究揭示出微纳米氧化剂高效应用的机理及影响规律，攻克相关技术难题与瓶颈，才能从本质上为微纳米氧化剂的安全、高效、大规模应用奠定基础，最终为固体推进剂与混合炸药及火工烟火药剂产品的综合性能改善和武器装备应用性能提升提供支撑。

　　21世纪，世界各国都对富有战略意义的微纳米技术领域予以足够的重视，以提高在国际社会发展中的竞争能力。以军事需求为牵引，大力发展微纳米氧化剂制备及应用全过程的基础研究、技术创新及工程应用研究，推动新型高性能武器装备的研发应用，这是需要重点关注的。同时，也是需要在多学科的科技人员共同努力下，采用多种研究方法进行交叉创新、联合攻关才能实现的。纵然微纳米氧化剂的制备与应用过程中会不断遇到新的挑战，难度虽大，但机遇也必将并存。当围绕这些难题取得了新理论与新技术及新设备的突破后，必将会促进微纳米氧化剂科学与技术的发展，并推动其安全、高效、高质量制备与高性能应用，提升含有微纳米氧化剂的高燃速固体推进剂与燃料−空气炸药及温压炸药等火炸药产品的综合性能，进而使这些火炸药产品更好地服务于国防现代化建设和国民经济发展。

参 考 文 献

　　[1] 刘杰，李凤生．微纳米含能材料科学与技术［M］．北京：科学出版社，2020．

　　[2] 李凤生，刘宏英，陈静，等．微纳米粉体技术理论基础［M］．北京：科学出版社，2010．

图 1-1　微纳米氧化剂制备及应用过程中相互制约的矛盾关系

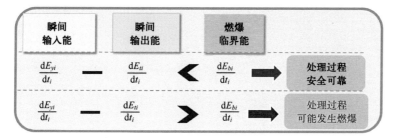

图 1-2　微纳米氧化剂制备及应用处理过程中的能量平衡关系

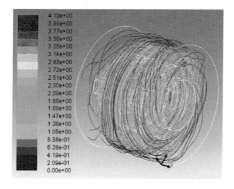

图 3-12　粉碎室内的流线图

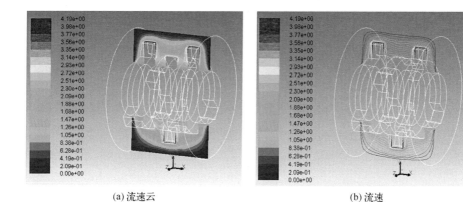

(a) 流速云　　　　　　　　　　　　　　　　(b) 流速

图 3-13　粉碎室内的流速云和流速等值线

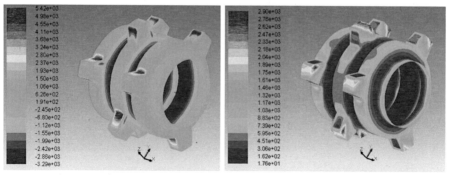

(a) 表面压力

(b) 表面剪切力

图 3-14　粉碎室内搅拌叶片表面压力和表面剪切力

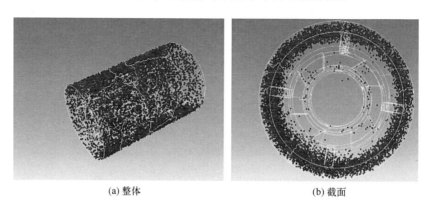

(a) 整体

(b) 截面

图 3-15　粉碎室内的研磨介质整体和截面分布示意图

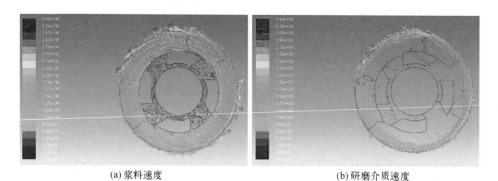

(a) 浆料速度

(b) 研磨介质速度

图 3-16　粉碎室内的浆料速度和研磨介质速度分布示意图

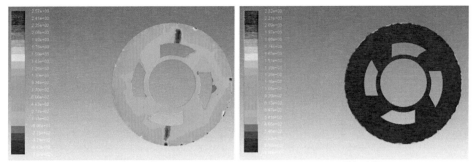

(a) 挤压力场 　　　　　　　　　　　　　　　(b) 剪切力场

图 3-17　粉碎室内的挤压力场和剪切力场示意图

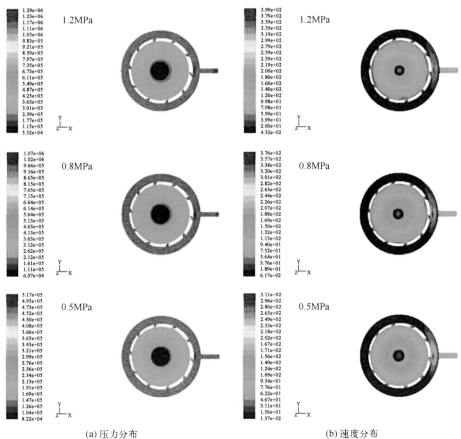

(a) 压力分布 　　　　　　　　　　　　　　　(b) 速度分布

图 5-1　不同压力下入口水平面压力分布和速度分布

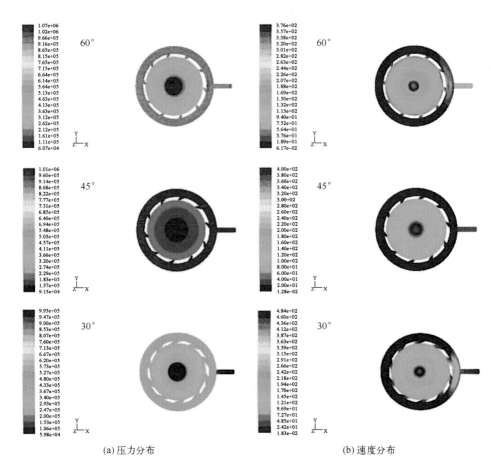

(a) 压力分布   (b) 速度分布

图 5-2　不同入射角时入口水平面压力分布和速度分布

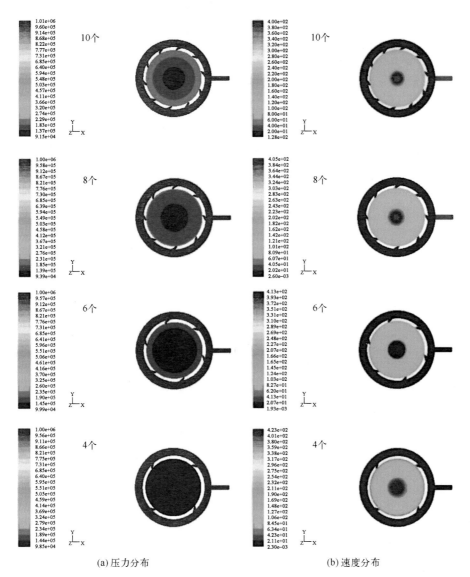

(a) 压力分布　　　　　　　　　　　　　(b) 速度分布

图 5-3　不同喷射孔数时入口水平面压力分布和速度分布

图 5-7　高速喷射与强化分级耦合气流粉碎原理示意图

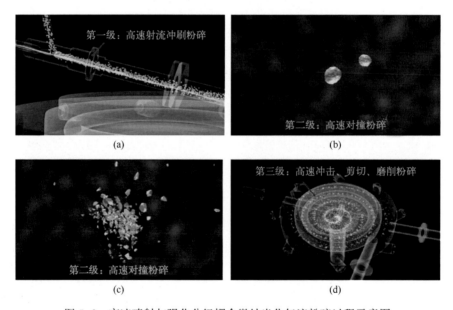

图 5-8　高速喷射与强化分级耦合微纳米化气流粉碎过程示意图